高等学校地图学与地理信息系统系列教材

GIS软件应用实习教程

——SuperMap iDesktop 7C

主　编　刘亚静

副主编　姚纪明　王晓红

WUHAN UNIVERSITY PRESS
武汉大学出版社

图书在版编目(CIP)数据

GIS 软件应用实习教程:SuperMap iDesktop 7C/刘亚静主编．—武汉:武汉大学出版社,2014. 8(2020.7 重印)
高等学校地图学与地理信息系统系列教材
ISBN 978-7-307-14075-2

Ⅰ.G…　Ⅱ.刘…　Ⅲ. 地理信息系统—高等学校—教材　Ⅳ.P208

中国版本图书馆 CIP 数据核字(2014)第 193218 号

责任编辑:方慧娜　　责任校对:鄢春梅　　版式设计:韩闻锦

出版发行:**武汉大学出版社**　(430072　武昌　珞珈山)
(电子邮箱:cbs22@ whu.edu.cn 网址:www.wdp.com.cn)
印刷:湖北睿智印务有限公司
开本:787×1092　1/16　印张:16　字数:390 千字
版次:2014 年 8 月第 1 版　　2020 年 7 月第 3 次印刷
ISBN 978-7-307-14075-2　　定价:30. 00 元

前　　言

地理信息系统在近半个世纪以来取得了长足的发展，已广泛应用于资源调查、环境评估、灾害预测、国土管理、城市规划、邮电通信、交通运输、军事公安、水利电力、公共设施管理、农林牧业、统计、商业金融等几乎所有领域。地理信息科学是理论、技术与应用三者相结合的学科，也是理论和实践相结合的学科，要求学生具有较强的实践动手能力，掌握空间数据输入、编辑、处理、分析和输出等基本功能，通过实验课程巩固和拓展理论课程讲授的内容。

本书主要采用 SuperMap iDesktop 7C 软件对 SuperMap GIS 操作功能进行讲解，结合 GIS 原理与应用的课程，围绕着空间输入、处理、分析等关键环节来组织实验内容。每个实验均有实验目的、背景、内容和步骤，能够给初学 GIS 软件的学生提供帮助。

本书分为 16 个实验，主要包括 SuperMap iDesktop 7C 入门操作、地图配准、投影变换、栅格地图矢量化、空间数据的编辑、空间数据的处理、专题图制作、空间分析、排版出图、海图模块、三维场景应用等部分。全书以 GIS 技术方法、应用实例、实习操作为主线，以空间数据、空间分析、综合应用为重点，突出操作过程与方法。

本书由刘亚静主编，姚纪明和王晓红担任副主编，初稿完成后由刘亚静来统稿。

本书编写人员分工如下：刘亚静负责统稿并编写实验一至八；姚纪明负责实验九、十、十一、十二、十三、十六的编写；王晓红负责实验十四、十五的编写。另外，参与资料收集和整理工作的人员还有赵兰、时静、贾雪珊。

特别感谢北京超图科技发展有限公司艾兴蓉女士在本书编写过程中给予的莫大帮助。

本书在编写过程中，广泛参阅并引用了国内外有关文献资料以及超图软件公司的各种资料，也得到了许多同仁的帮助，在此一并表示感谢。

由于编者水平有限和时间仓促，书中难免会有不足和缺陷。在今后的教学和科研中，编者仍然会不断地充实教材内容。对本书中存在的错误和不当之处，恳请广大读者批评指正。

作　者

2014. 6 于唐山

目　　录

实验一　SuperMap iDesktop 7C 入门操作

一、实验目的

(1)熟悉 SuperMap iDesktop 7C 的运行环境。

(2)掌握 SuperMap iDesktop 7C 及其工作空间、数据源、数据集的基本概念。

(3)掌握 SuperMap iDesktop 7C 工作空间的打开、关闭等基本操作。

(4)掌握 SuperMap iDesktop 7C 数据源创建、打开的基本操作。

(5)掌握 SuperMap iDesktop 7C 数据集创建、导入的基本操作。

二、实验背景

SuperMap iDesktop 7C 是一款企业级插件式桌面 GIS 应用与开发平台，利用它可以高效地进行各种 GIS 数据处理、分析、二三维制图及发布等操作。

工作空间用于保存用户在该工作环境中的操作结果，包括用户打开的数据源、保存的地图、布局、资源(符号库、线型库、填充库)和三维场景等。当用户打开工作空间时可以继续上一次的工作成果来工作。按照存储形式，工作空间可以分为文件型工作空间和数据库型工作空间两大类型。

文件型工作空间以文件的形式进行存储，SuperMap iDesktop 7C 和 SuperMap Deskpro 6R 文件格式为 *.smwu 和 *.sxwu，SuperMap GIS 6 及以前版本文件格式为 *.smw 和 *.sxw,每一个工作空间文件中只存储一个工作空间；数据库型工作空间是将工作空间保存在数据库中，目前仅支持存储在 Oracle 和 SQL Server 数据库中。

数据源由各种类型的数据集组成，用于存储空间数据，独立于工作空间。SuperMap iDesktop 7C 系列产品的空间数据可以存储在文件中和数据库中，即数据源可以保存在文件中或者数据库中。数据源可以分为三大类：文件型数据源、数据库型数据源和 Web 数据源。

数据集是 SuperMap GIS 空间数据的基本组织单位之一，是数据组织的最小单位。数据集可以作为图层在地图窗口中实现可视化显示，即可以将数据集中存储的几何对象以图形的方式呈现在地图窗口中。对于栅格和影像数据集，则根据其存储的像元值以图像的方式显示在地图窗口中。

SuperMap GIS 的数据集类型包括：点数据集(Point)、线数据集(Line)、面数据集(Region)、纯属性数据集(Tabular)、网络数据集(Network)、复合数据集(CAD)、文本数据集(Text)、路由数据集(LineM)、影像数据集(Image)、栅格数据集(Grid)、CAD 模型数据集(CAD)。

一个数据源中可以包含多个各种类型的数据集，可以通过工作空间中的数据源来管理数据源中的数据集，包括创建数据集或者导入其他来源的数据作为数据集以及进行其他操作等。

三、实验内容

(1)在 SuperMap iDesktop 7C 中，熟悉其基本结构框架及功能。

(2)在 SuperMap iDesktop 7C 中打开已有工作空间，在修改工作空间中保存以及关闭当前工作空间，对示范数据进行“打开”、“保存”、“另存工作空间”的操作。

(3)打开一个工作空间，浏览数据源、数据集、地图及其属性。

(4)在打开的工作空间中新建数据源，把工作空间中原有数据源中的数据集复制到新建的数据源中。

四、实验数据

软件示范数据：

SuperMap iDesktop 7C 安装目录\SampleData\City\Changchun. smwu

SuperMap iDesktop 7C 安装目录\SampleData\World\World. smwu

五、实验步骤

1. 启动 SuperMap iDesktop 7C 桌面产品

启动 SuperMap iDesktop 7C 通常有两种方法：如果安装过程中已经创建了桌面快捷键，直接双击 SuperMap iDesktop 7C 桌面快捷方式；如果没有创建桌面快捷键，则可单击开始\所有程序\SuperMap\SuperMap iDesktop 7C\SuperMap iDesktop 7C。

SuperMap iDesktop 7C 窗口如图 1-1 所示。

2. SuperMap iDesktop 7C 窗口组成

(1)工作空间管理器：主要列出用户操作的数据、地图以及资源等。

(2)地图窗口：当打开一幅地图后，可在右边地图窗口浏览以及编辑地图，如图 1-2 所示。

(3)图层管理器：当前打开的地图窗口中的所有图层都可以通过图层管理器看到，并且在此可以修改各个图层的信息。

(4)输出窗口：用于输出操作步骤及操作结果的一些信息。

3. 打开工作空间

1)打开文件型工作空间的一般操作

(1)选择菜单“文件→打开→文件型”(见图 1-3)，弹出“打开工作空间”对话框(见图 1-4)；

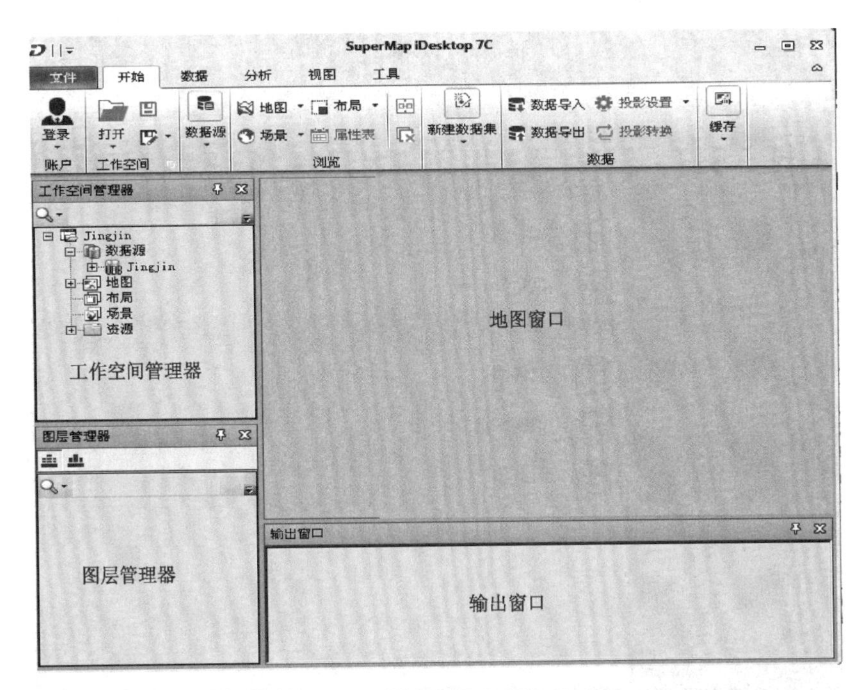
SuperMap iDesktop 7C
文件
开始
数据
分析
视图
工具
登录
打开
数据源
地图
布局
场景
属性表
新建数据集
数据导入
投影设置
数据导出
投影转换
缓存
账户
工作空间
浏览
数据
工作空间管理器
Jingjin
数据源
Jingjin
地图
布局
场景
资源
工作空间管理器
图层管理器
图层管理器
地图窗口
输出窗口
输出窗口

图 1-1

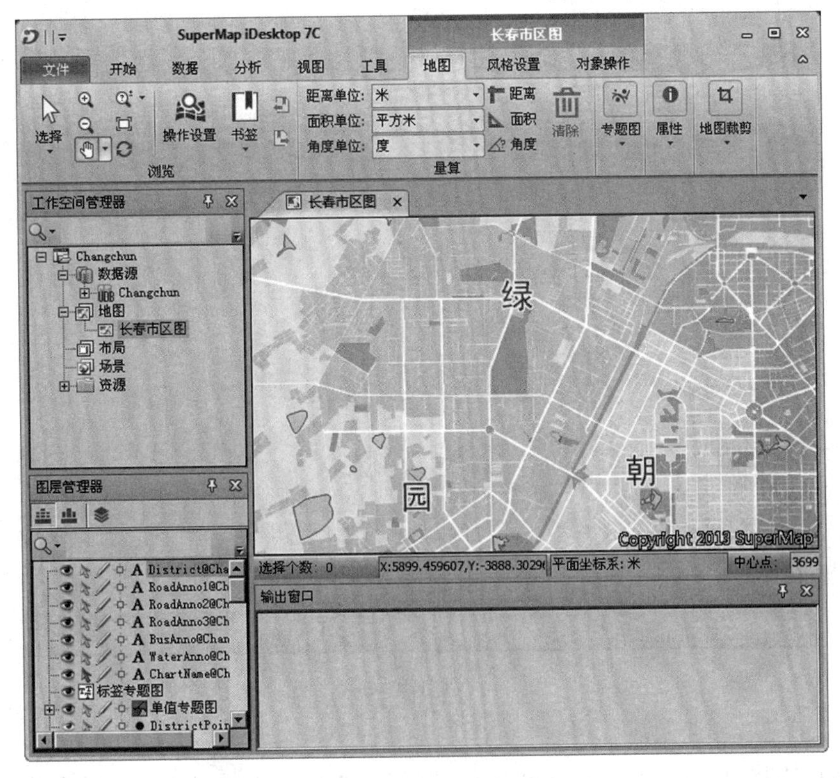
SuperMap iDesktop 7C
长春市区图
文件
开始
数据
分析
视图
工具
地图
风格设置
对象操作
选择
操作设置
书签
距离单位:
米
面积单位:
平方米
角度单位:
度
距离
面积
角度
清除
专题图
属性
地图裁剪
浏览
量算
工作空间管理器
长春市区图
Changchun
数据源
Changchun
地图
长春市区图
布局
场景
资源
绿
朝
园
Copyright 2013 SuperMap
图层管理器
District@Cha
RoadAnno1@Ch
RoadAnno2@Ch
RoadAnno3@Ch
BusAnno@Chan
WaterAnno@Ch
ChartName@Ch
标签专题图
单值专题图
DistrictPoin
选择个数: 0
X:5899.459607,Y:-3888.3029
平面坐标系: 米
中心点:
3699
输出窗口

图 1-2

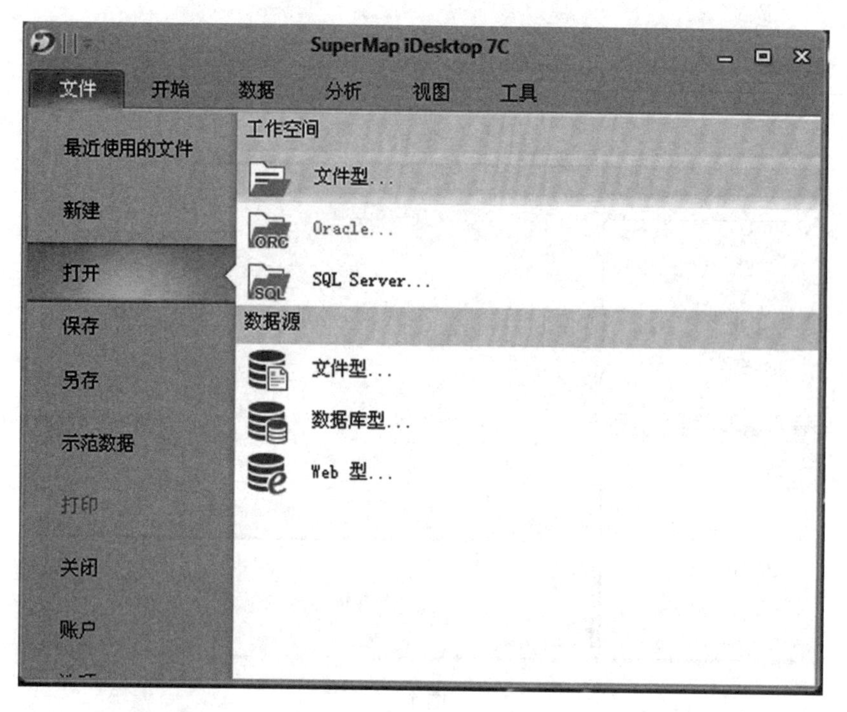

图 1-3

图 1-4

(2)也可直接单击“开始”选项卡“工作空间”组中的按钮，打开“打开工作空间”对话框；

(3)在“打开工作空间”对话框中指定工作空间文件的路径及名称，这里采用实例数据

"Changchun. smwu";

(4)单击"打开"按钮，完成操作。

如果打开文件型工作空间需要密码，则单击"打开"按钮以后会弹出提示对话框，提示用户输入密码，如图 1-5 所示。单击"确定"按钮，即可打开工作空间。

图 1-5

2)打开 SQL Server 数据库型工作空间的一般操作

(1)选择菜单"文件→打开→SQL Server"(见图 1-6)，弹出"打开 SQL Server 工作空间"对话框(见图 1-7)；

(2)也可直接单击按钮，打开"打开 SQL Server 工作空间"对话框；

(3)在"打开 SQL Server 工作空间"对话框中指定位置填写相应信息；

(4)单击"打开"按钮，完成操作。

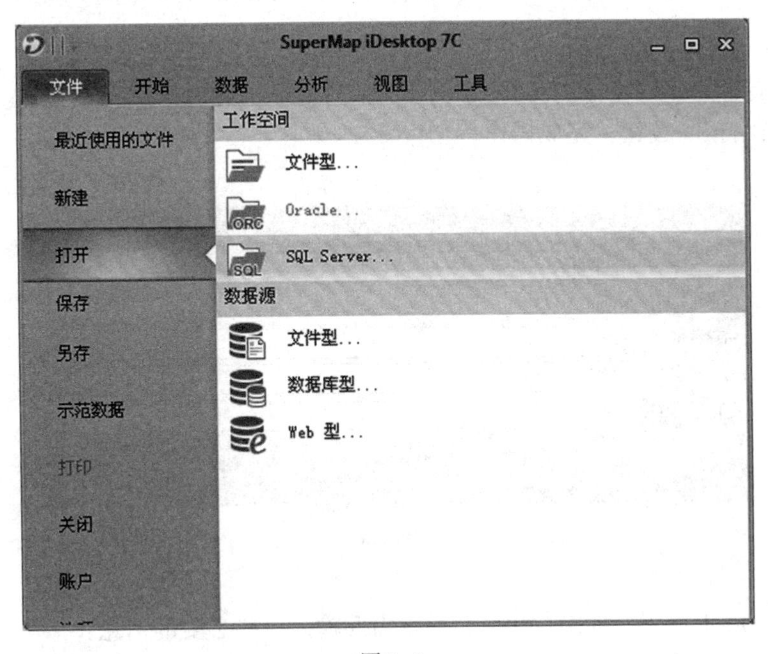

图 1-6

在"打开 SQL Server 工作空间"对话框中，用户需要输入一些必要的信息：

- 服务器名称：输入 SQL Server 数据库服务器名称。"服务器名称"右侧的组合框下拉列表中将会列出曾经访问过的服务器名称，用户可以选择其中的服务器名。

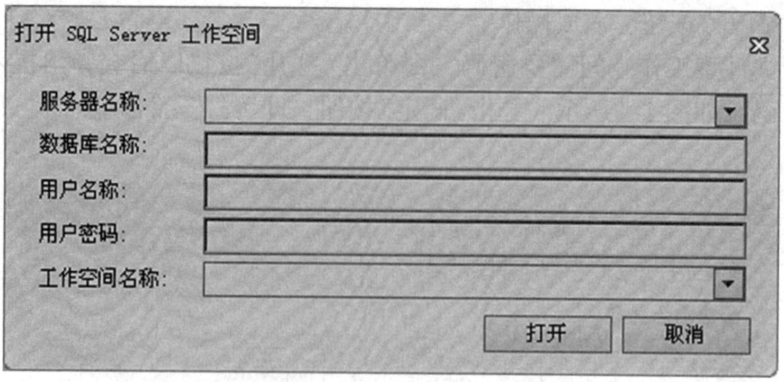

打开 SQL Server 工作空间

服务器名称：
数据库名称：
用户名称：
用户密码：
工作空间名称：
打开 取消

图 1-7

- 数据库名称：输入工作空间所在的 SQL Server 数据库的名称。
- 用户名称：输入进入工作空间所在的 SQL Server 数据库的用户名。
- 用户密码：输入进入工作空间所在的 SQL Server 数据库的密码。
- 工作空间名称：输入要打开的工作空间名称。如果正确输入了服务器名称、数据库名称、用户名称、用户密码后，“工作空间名称”右侧的组合框下拉列表中就会列出当前数据库中所包含的所有工作空间的名称，用户可以选择要打开的工作空间。

3）打开 Oracle 数据库型工作空间的一般操作

（1）选择菜单“文件→打开→Oracle”，弹出“打开 Oracle 工作空间”对话框（见图 1-8）；

（2）也可直接单击按钮  打开，打开“打开 Oracle 工作空间”对话框；

（3）在“打开 Oracle 工作空间”对话框中指定位置填写相应信息；

（4）单击“打开”按钮，完成操作。

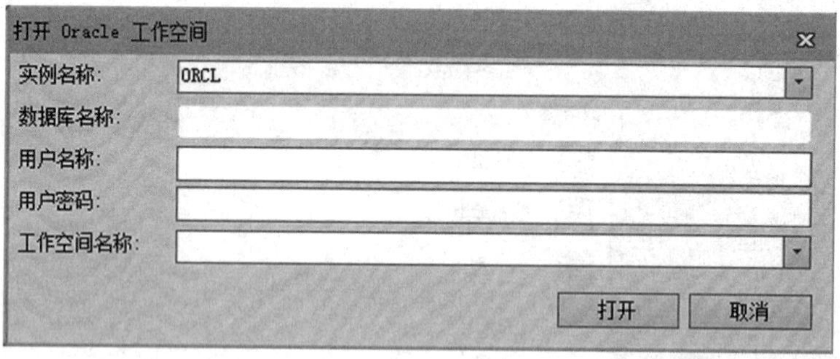

打开 Oracle 工作空间

实例名称： ORCL
数据库名称：
用户名称：
用户密码：
工作空间名称：
打开 取消

图 1-8

在“打开 Oracle 工作空间”对话框，用户需要输入一些必要的信息：

- 实例名称：输入 Oracle 客户端配置连接名。“实例名称”右侧的组合框下拉列表中将会列出曾经访问过的连接名称，用户可以选择其中的连接名。
- 数据库名称：输入工作空间所在的 Oracle 数据库的名称。
- 用户名称：输入进入工作空间所在的 Oracle 数据库的用户名。
- 用户密码：输入进入工作空间所在的 Oracle 数据库的密码。

● 工作空间名称：输入要打开的工作空间名称。如果正确输入了实例名称、数据库名称、用户名称、用户密码后，“工作空间名称”右侧的组合框下拉列表中会列出当前数据库中所包含的所有工作空间的名称，用户可以选择要打开的工作空间。

4)注意事项

(1)在每次启动程序之后，系统已默认打开一个“未命名工作空间”。

(2)在系统中，当前只能存在一个工作空间，若在已有工作空间基础上再打开另一个工作空间，则之前打开的工作空间将自动关闭，因此不能同时打开多个工作空间。

(3) *.smwu 是 SuperMap Deskpro 6R 和 SuperMap iDesktop 7C 系列产品的默认工作空间文件格式；*.sxwu 是 6R 和 7C 系列产品提供的 XML 格式的工作空间文件格式，可以通过“另存为”功能存储为 *.sxwu 工作空间文件。*.sxwu 格式的工作空间文件用记事本打开后可以比较方便地获取到该工作空间里面的信息，比如数据源、地图以及资源文件等，便于利用这些信息设置其他工作空间尤其是地图中风格的设置。

(4) SuperMap Deskpro 6R 和 SuperMap iDesktop 7C 系列产品都支持打开 *.smwu、*.sxwu、*.smw 和 *.sxw 工作空间文件，SuperMap Deskpro 6R 系列产品可支持将工作空间保存为 *.smwu、*.sxwu、*.smw 和 *.sxw 文件格式；SuperMap iDesktop 7C 系列产品可支持将工作空间保存为 *.smwu、*.sxwu 文件格式。

(5)若打开的工作空间为 *.smw 和 *.sxw 格式，则 SuperMap iDesktop 7C 系列产品的新功能对应的操作不能被保存下来，例如复合标签专题图等。只有将工作空间另存为 SuperMap UGC 6.0 或 7.0 版本，才能将产品的新功能对应的操作保存下来。

(6) *.smw 是 SuperMap GIS 6 系列产品及以前版本的默认工作空间文件格式，*.sxw 是对应的 XML 格式的工作空间文件格式。

(7) SuperMap GIS 6 系列产品及以前版本不支持打开或保存 *.smwu 和 *.sxwu 格式的工作空间文件。

小提示：

XML，即可扩展标记语言，是 eXtensible Markup Language 的缩写。

可扩展标记语言(XML)是一种简单的数据存储语言，使用一系列简单的标记描述数据，而这些标记可以用方便的方式建立，虽然 XML 比二进制数据要占用更多的空间，但 XML 极其简单，易于掌握和使用。

4. 保存/另存工作空间

“保存”按钮提供保存当前打开的工作空间中的操作结果以及保存工作空间的功能。工作空间中的操作结果只有先保存到工作空间中，然后再进行工作空间本身的保存，这些操作成果才能最终保存下来，在关闭工作空间后再次打开工作空间时，才能获取上一次工作的环境以及操作成果。

(1)单击“开始”选项卡“工作空间”组的“保存”按钮，只有工作空间中有未保存的内容时，该按钮才可用，如图 1-9 所示。

图 1-9

(2)弹出“保存”对话框，提示用户当前工作空间中有哪些未保存的内容，包括：未保存的地图、三维场景、布局，如图 1-10 所示。

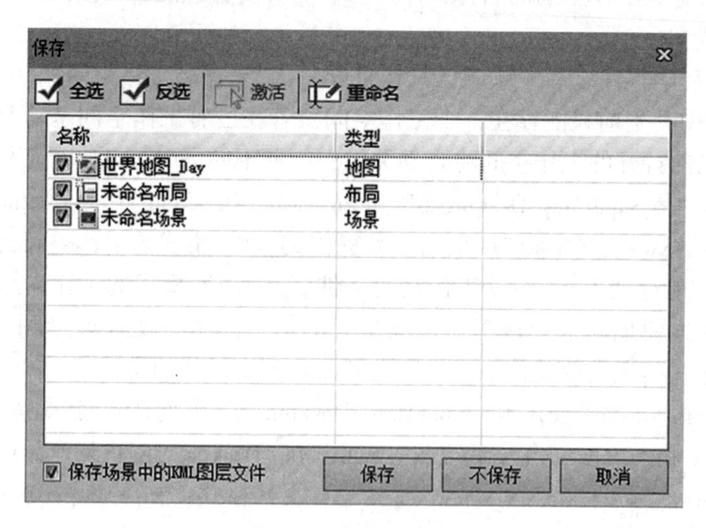

图 1-10

①对话框中的列表为未保存的项目，每个项目前有一个复选框，默认为选中状态，当复选框被选中时，表示将该项内容保存到工作空间中；否则，不进行保存。

②“重命名”按钮用来重新指定被选中项目的名称，即可以改变被选中地图、布局或三维场景的名称。

③“全选”和“反选”按钮，用来全部选中和反选选中列表中未保存的项目。

④保存场景中的 KML 图层文件：该复选框用于设置在保存工作空间时，是否同时保存场景中存在的 KML 图层文件。若勾选该复选框，则在保存工作空间的同时，也保存 KML 图层文件；若不勾选该复选框，则不同时保存 KML 图层文件。

(3)指定好要保存到工作空间中的内容后，单击对话框中的“保存”按钮，保存指定的内容到工作空间中并关闭对话框。

(4)如果当前打开的工作空间是已经存在的工作空间，则在上一步中单击“保存”按钮后，即可实现工作空间的保存；如果当前打开的工作空间是一个新的工作空间(非已有的工作空间)，则在上一步单击“保存”按钮后，将弹出如图 1-11 所示的“保存工作空间为”对话框，通过“保存工作空间为”对话框可以将工作空间保存为所需要的类型的工作空间。

(5)单击对话框中左侧的项目，对话框右侧将显示保存相应类型的工作空间所需参数的设置。

①在“保存工作空间为”对话框的左侧选择“文件型工作空间”项，对话框的右侧会出现保存文件型工作空间时的用户输入界面，用户需要输入一些必要的信息。

- 工作空间文件：单击右侧的 ... 按钮，在弹出的“保存工作空间为”对话框中指定工作空间文件保存的路径，输入工作空间文件的文件名并指定工作空间文件的保存类型

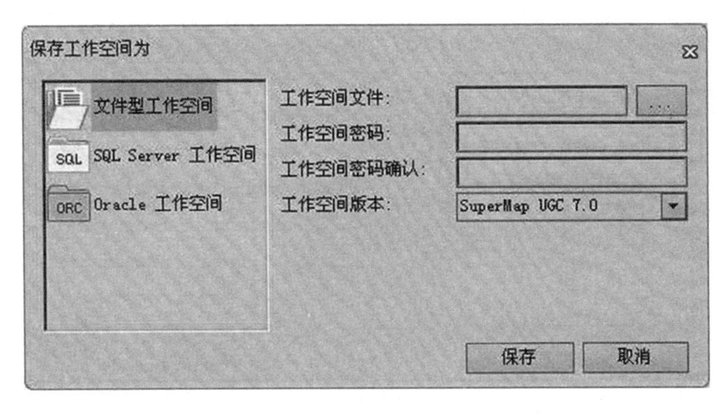

图 1-11

(＊.sxwu 或者＊.smwu)。

- 工作空间密码：为工作空间设置密码进行加密。
- 工作空间密码确认：对输入的密码进行确认。

在将工作空间另存为文件型工作空间时，只能将工作空间另存为＊.sxwu 或者＊.smwu格式的文件，如图 1-12 所示。

图 1-12

②在"保存工作空间为"对话框的左侧选择"Oracle 工作空间"项，对话框的右侧会出现保存 Oracle 工作空间时的用户输入界面，用户需要输入一些必要的信息，如图 1-13 所示。

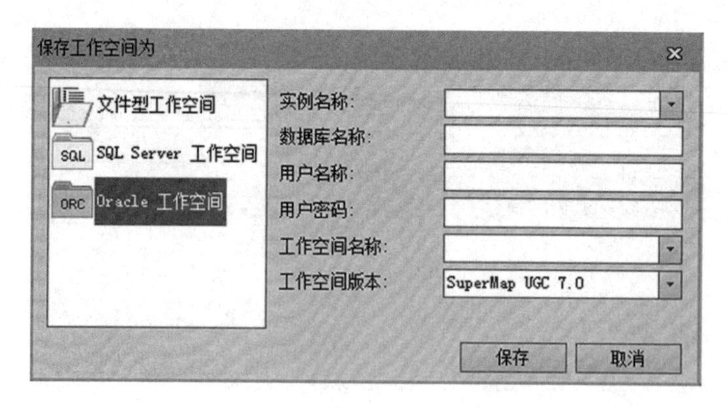

图 1-13

● 实例名称：输入 Oracle 客户端配置连接名。“实例名称”右侧的组合框下拉列表中将会列出曾经访问过的连接名称，用户可以选择其中的连接名。

● 数据库名称：输入工作空间将要保存到的 Oracle 数据库的名称。

● 用户名称：输入进入指定 Oracle 数据库的用户名。

● 用户密码：输入进入指定 Oracle 数据库的密码。

● 工作空间名称：输入新的工作空间的名称。如果正确输入了实例名称、数据库名称、用户名称、用户密码后，“工作空间名称”右侧的组合框的下拉列表中会列出当前数据库中所包含的所有工作空间的名称。

信息输入完毕后单击“保存”按钮即可将工作空间保存到指定的 Oracle 数据库中。

③在“保存工作空间为”对话框的左侧选择“SQL Server 工作空间”项，对话框的右侧会出现保存 SQL Server 工作空间时的用户输入界面，用户需要输入一些必要的信息，如图 1-14 所示。

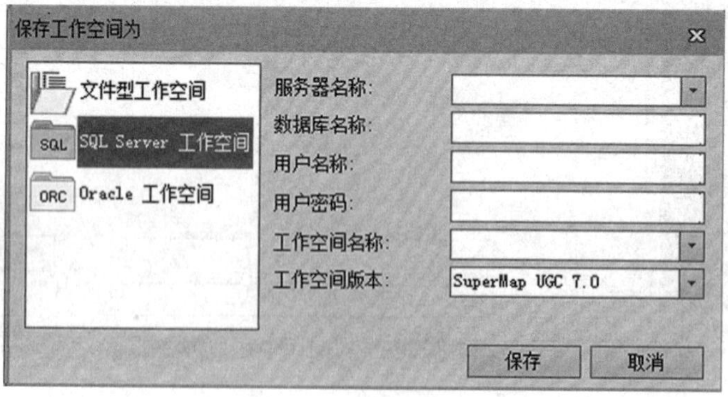

图 1-14

● 服务器名称：输入 SQL Server 数据库服务器名称。“服务器名称”右侧的组合框下拉列表中将会列出曾经访问过的服务器名称，用户可以选择其中的服务器名。

● 数据库名称：输入工作空间将要保存到的 SQL Server 数据库的名称。

• 用户名称：输入进入指定 SQL Server 数据库的用户名。

• 用户密码：输入进入指定 SQL Server 数据库的密码。

• 工作空间名称：输入新的工作空间的名称。如果正确输入了服务器名称、数据库名称、用户名称、用户密码后，“工作空间名称”右侧的组合框下拉列表中会列出当前数据库中所包含的所有工作空间的名称。

信息输入完毕后单击“保存”按钮即可将工作空间保存到指定的 SQL Server 数据库中。

5. 新建/打开数据源

数据源多采用文件型方式存储，文件型数据源采用双文件管理模式，包括 *.udb、*.udd两种文件类型(图 1-15)。*.udb 文件存储空间数据，*.udd 文件存储空间数据对应的属性数据，两者缺一不可。

名称	大小	类型	修改日期
Changchun.smwu	30 KB	SMWU 文件	2013-12-4 17:38
Changchun.udb	5,895 KB	UDB 文件	2013-12-4 17:38
Changchun.udd	6,698 KB	UDD 文件	2014-3-3 13:33
Jingjin.smwu	42 KB	SMWU 文件	2013-12-4 17:38
Jingjin.udb	79,393 KB	UDB 文件	2013-12-4 17:38
Jingjin.udd	791 KB	UDD 文件	2014-3-3 12:48
长春市区图数据说明.pdf	236 KB	E-Learning.pdf	2013-12-4 17:38

图 1-15

1)打开数据源

(1)启动 SuperMap iDesktop 7C 应用程序。

(2)单击“开始”选项卡中“数据源”组的“打开”下拉按钮，在弹出的下拉菜单中单击“文件型”，弹出“打开数据源”对话框，如图 1-16 所示。

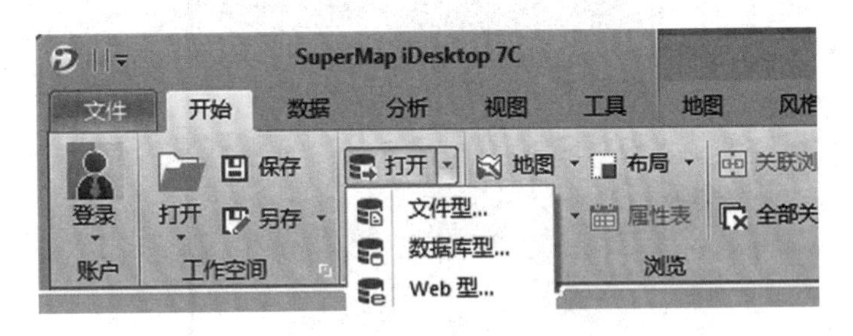

图 1-16

(3)在“打开数据源”对话框中，选择要打开的数据源文件(SuperMap iDesktop 7C 安装目录\SampleData\World\World.udb)，单击“打开”按钮，如图 1-17 所示。

(4)成功打开数据源后，工作空间管理器中的数据源集合节点下将增加一个数据源节点，该节点对应刚刚打开的数据源，同时，数据源节点下也增加一系列子节点，每一个子节点对应数据源中的一个数据集，如图 1-18 所示。

与工作空间不同，一个工作空间中可以同时打开多个数据源。我们也可通过选择数据

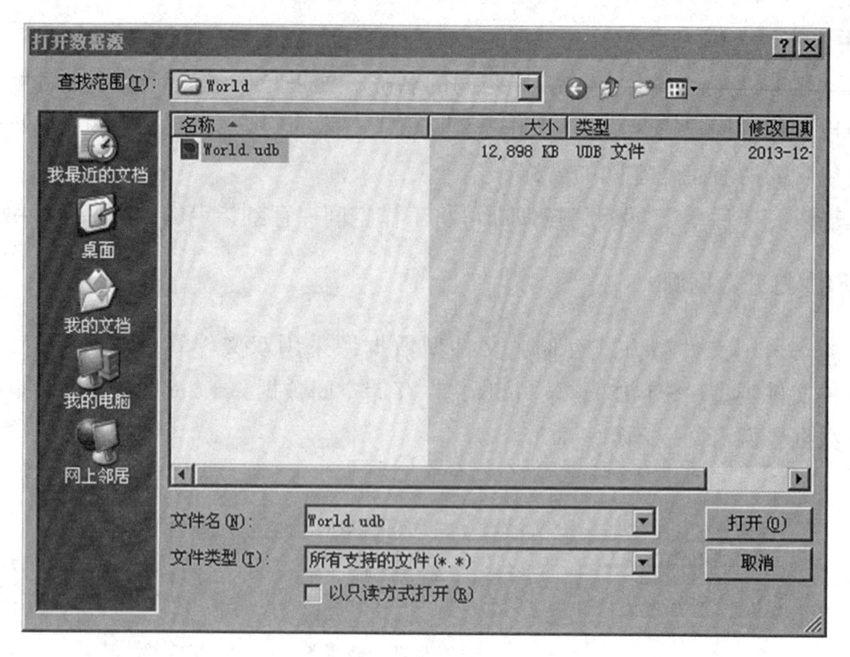

图 1-17

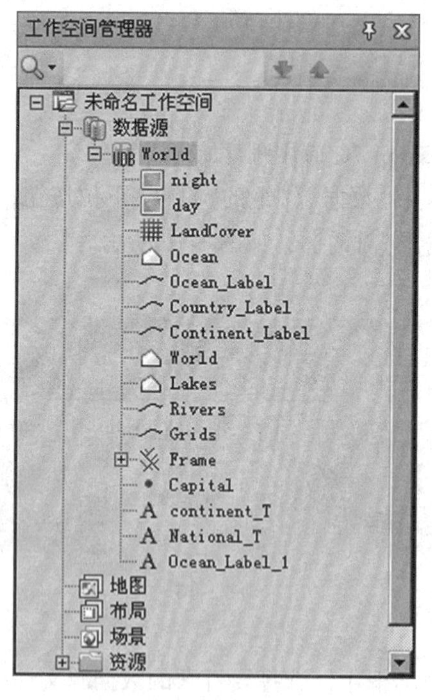

图 1-18

源根目录，右击打开数据源。这里我们选择“打开文件型数据源”，如图 1-19 所示。图 1-20为在“未命名工作空间”中同时打开“World”和“Changchun”两个数据源。

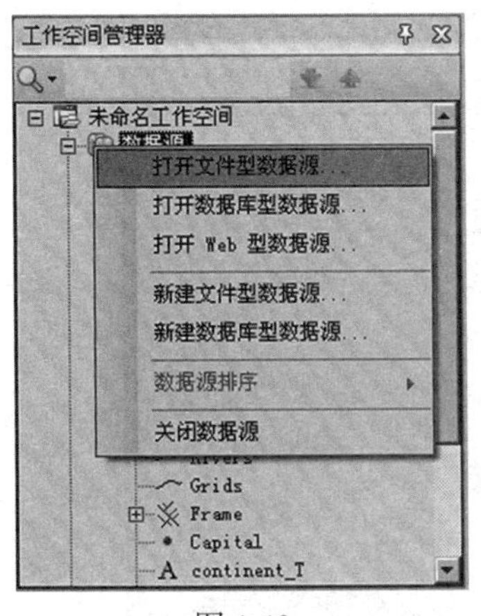

图 1-19

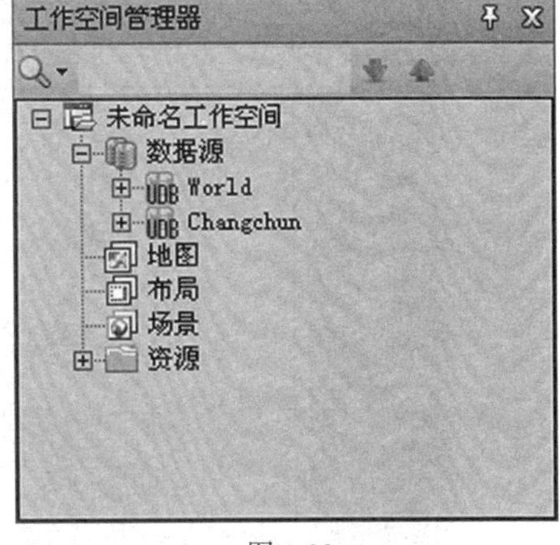

图 1-20

2)新建文件型数据源

(1)启动 SuperMap iDesktop 7C 应用程序。

(2)单击“开始”选项卡中“数据源”组的“新建”下拉按钮，在弹出的下拉菜单中单击“文件型”，弹出“新建数据源”对话框，如图 1-21 所示。

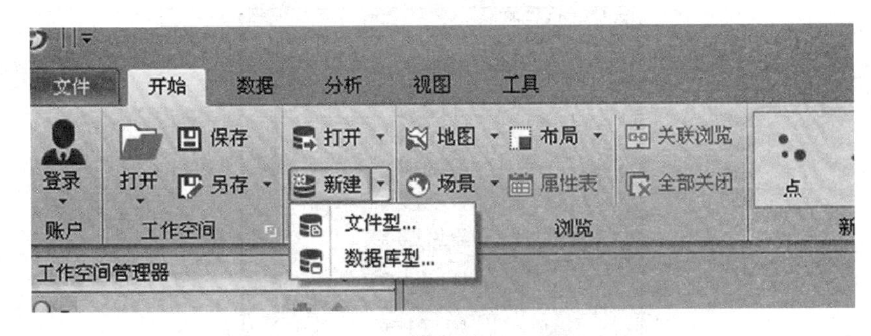

图 1-21

(3)在“新建数据源”对话框中，选择相应路径，输入要建立的数据源文件名称(新建数据源 . udb)，单击“保存”按钮，如图 1-22 所示。

6. 新建/打开/导入/复制/删除数据集

1)新建数据集

在创建数据集之前，必须在工作空间中建立或打开一个数据源，否则无法创建数据集。

(1)启动 SuperMap iDesktop 7C 应用程序。

(2)打开示范数据“Changchun. smwu”。

(3)在工作空间管理器中选中数据源的文件名，单击鼠标右键，系统弹出一个快捷菜单(见图 1-23)，鼠标单击“新建数据集”命令，弹出“新建数据集”对话框(见图 1-24)。

(4)选择“目标数据源”。当前打开的数据源是“Changchun”数据源，所以默认目标数据源为“Changchun”；若当前打开多个数据源，则应在“目标数据源”下拉列表选择所要建

图 1-22

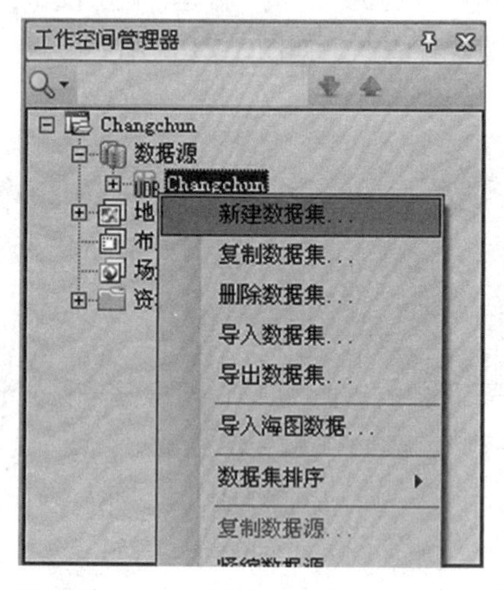

图 1-23

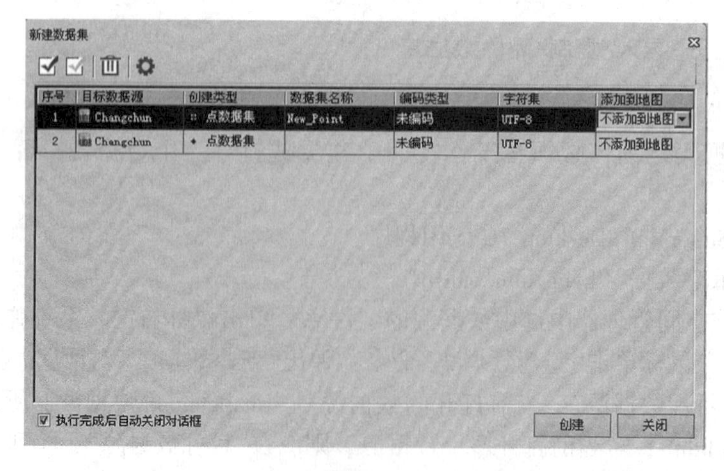

图 1-24

立数据集的数据源。

(5)用户建立的数据集类型可以在“创建类型”下拉列表中选择。

(6)“数据集名称”可以对名称进行修改，这里我们采用默认名称。

(7)通过“字符集”下拉列表选择相应字符集。

(8)“添加到地图”下拉列表可以选择将新建的数据集添加到一个新建的地图窗口，也可以选择添加到当前已经打开的地图窗口或者选择不添加到地图窗口，如图 1-25 所示。选择后，点击“创建”按钮，系统会根据选择对数据集进行打开与否的操作。另外，创建成功后，输出窗口会提示创建成功，如图 1-26 所示。

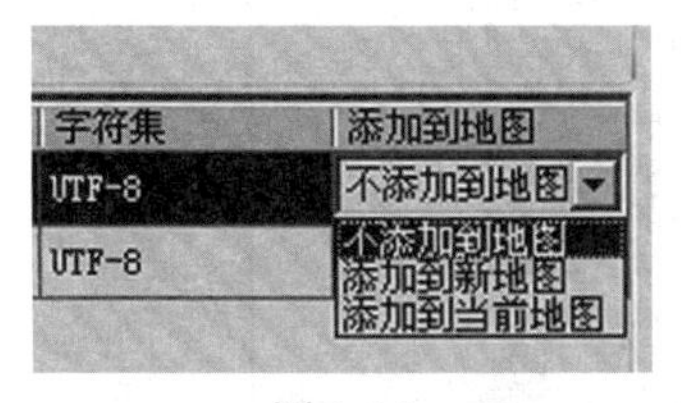

图 1-25

图 1-26

(9)也可在“开始”选项卡的“新建数据集”组中选择将要建立的数据集类型，直接弹出“新建数据集”对话框，进行相应设置，如图 1-27 所示。

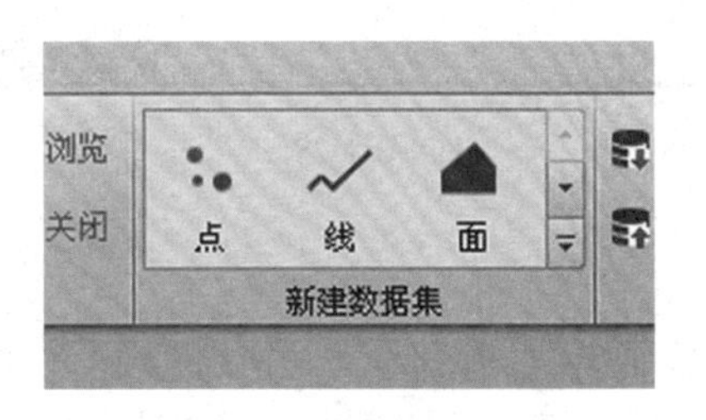

图 1-27

小提示：

数据集命名规则如下：

①只能以汉字、字母、数字和下画线命名且不能以数字、下画线及“sm”开头；

②不能有非法字符(除汉字、字母、数字和下画线以外的字符)；

③长度不得为 0，不得超过 30 个字节；

④不能与各个数据库的保留字段冲突。

2)打开数据集

(1)在工作空间管理器中，鼠标双击相应数据集，这里我们选择打开“Changchun”数据源中的数据集“AreaPoly”。

(2)鼠标双击后，数据集会以默认风格在地图窗口中显示，地图窗口中所显示的地图的默认名称为“AreaPoly@ Changchun”，如图 1-28 所示。

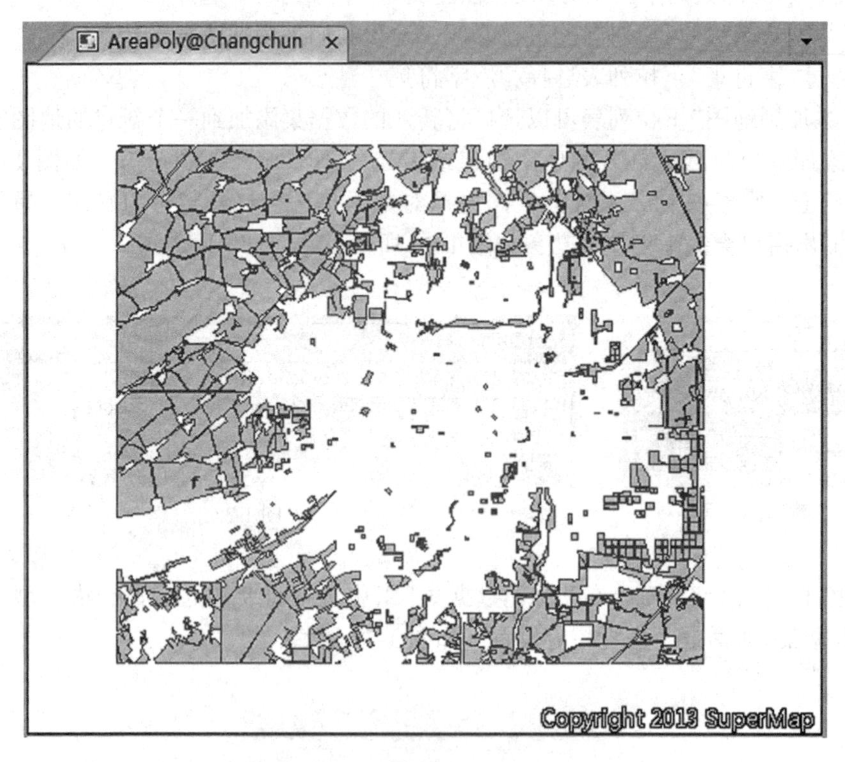

图 1-28

3) 导入数据集

(1)在工作空间管理器中建立或打开一个数据源文件，这里我们选择已有的“Changchun”文件名，单击鼠标右键，系统弹出一个快捷菜单，鼠标单击“导入数据集”命令(见图 1-29)，打开“数据导入”对话框(见图 1-30)。

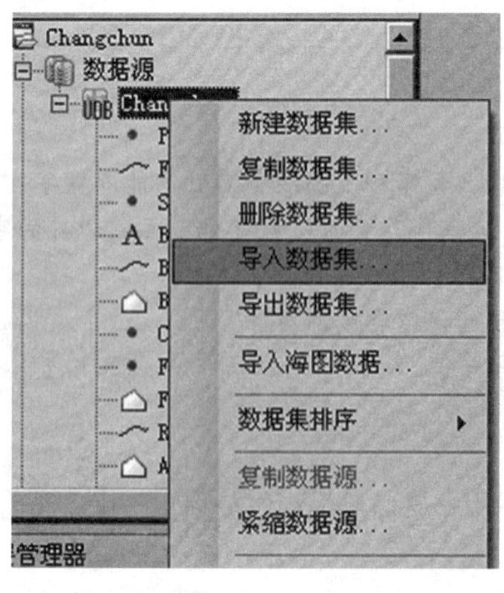

图 1-29

(2)单击添加按钮，在弹出的“打开”对话框中指定要导入文件所在的位置及文件名，单击“打开”按钮即可添加要导入的文件到数据列表中。

(3)勾选“数据导入”对话框底部的“导入结束自动关闭对话框”复选框，数据导入结束时，将自动关闭对话框。

(4)单击“导入”按钮，系统将批量导入列表框中的所有数据。

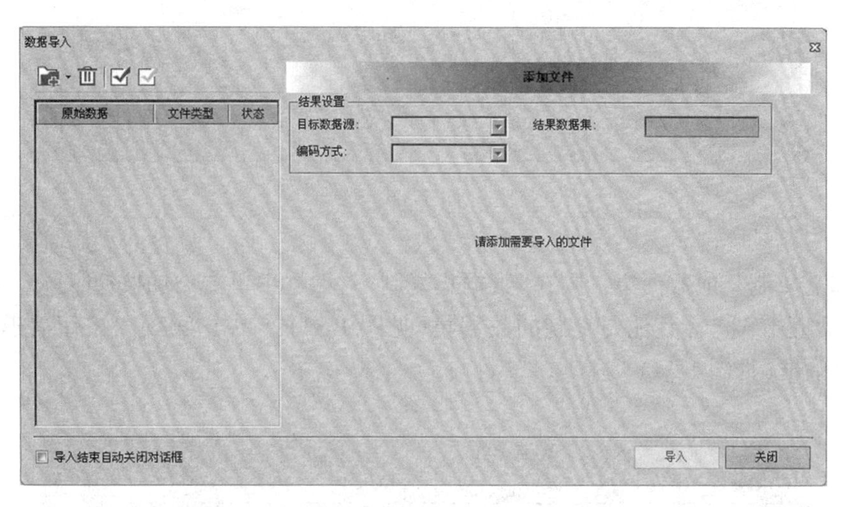

图 1-30

4)复制数据集

(1)在工作空间管理器中，选中要进行复制的数据集，可以配合使用 Shift 键或者 Ctrl 键同时选中多个数据集。

(2)右键单击选中的数据集，在弹出的右键菜单中选择“复制数据集...”项(见图 1-31)，弹出“数据集复制”对话框(见图 1-32)。

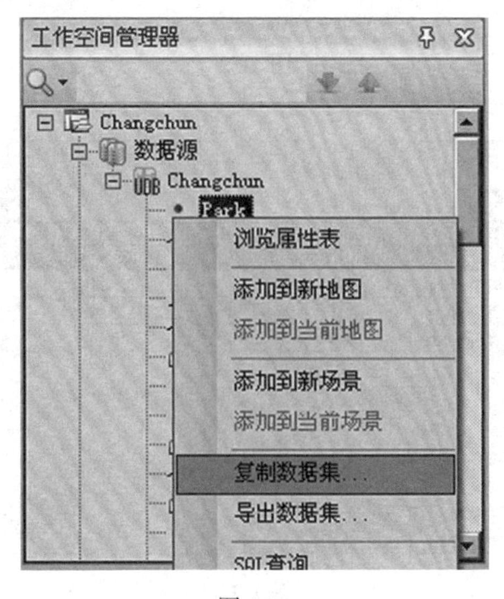

图 1-31

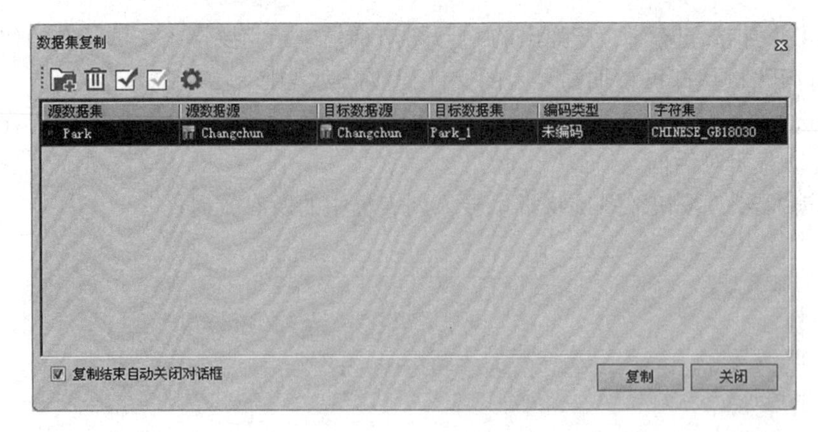

图 1-32

(3)如需复制其他数据集，则在“数据集复制”对话框中单击添加按钮，在弹出的“选择”对话框中，选择其他要复制的数据集(见图 1-33)，单击“确定”按钮后返回“数据集复制”对话框(见图 1-34)。

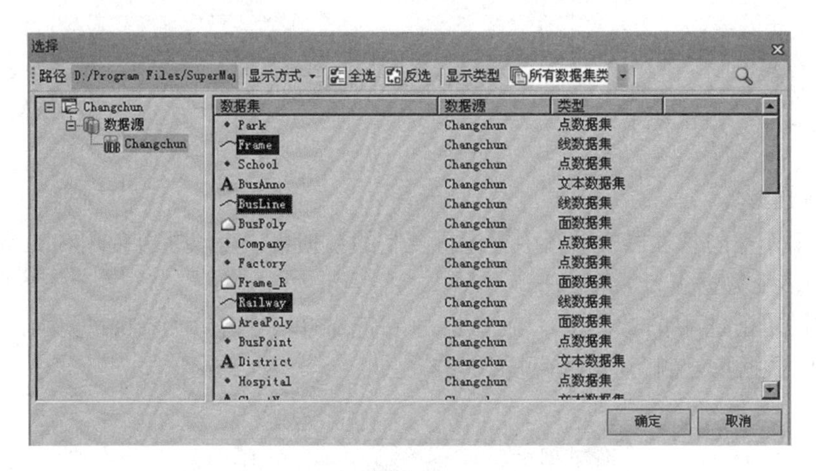

图 1-33

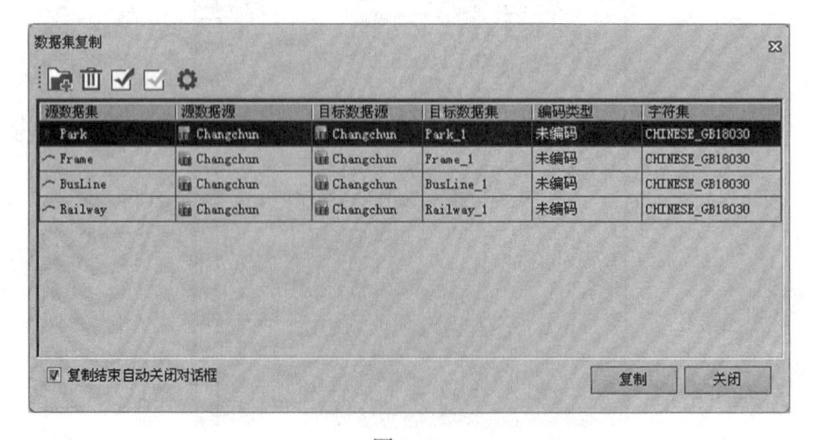

图 1-34

(4)在对话框中设置复制数据集所必要的信息，对话框中的每条记录对应一个要复制的数据集的复制信息，包括将数据集复制得到的目标数据源、复制得到的新数据集的名称、复制得到的新数据集采用的编码类型。

注意：

①只有工作空间管理器中有选中的数据集，“复制”按钮才可用。

②如要执行一次操作复制多个数据集，则在选择多个数据集时，只能选中同一个数据源下的多个数据集，而不能跨数据源选择多个数据集。

5)删除数据集

(1)在工作空间管理器中，选中要删除的数据集，可以配合使用 Shift 键或者 Ctrl 键同时选中多个数据集。

(2)右键单击选中的数据集，在弹出的右键菜单中选择“删除数据集”项，弹出“删除数据集”提示对话框。

(3)单击“确定”按钮，则删除所有选中的数据集。

小提示：

数据集没有对应的物理存储文件，其信息全部存储在对应的数据源中。

六、拓展练习

(1)启动 SuperMap iDesktop 7C，在默认打开的未命名工作空间中新建“唐山市行政区划图”数据源。

(2)在新建的“唐山市行政区划图”数据源分别创建点、线、面、文本数据集。

(3)保存并重命名工作空间。

实验二　地图配准

一、实验目的

(1)了解配准目的和意义。
(2)掌握配准的一般操作过程。
(3)掌握配准方式的选择。

二、实验背景

1. 配准

1)什么是数据配准

数据配准是通过参考数据集(图层)对配准数据集(图层)进行空间位置纠正和变换的过程。通过确定的配准算法和控制点信息，对配准数据集进行配准，可以得到与参考数据集(图层)空间位置一致的配准结果数据集。

2)为什么要进行数据配准

遥感影像数据在成像过程中存在多种几何畸变，需要通过配准操作对影像/栅格数据集的坐标进行纠正；纸质地图在保存过程中存在纸张变形，纸质地图扫描后的图片容易产生误差变形，并且是没有空间位置的，需要通过数据配准将其纠正到地理坐标系或投影坐标系等参考系统中，同时也需要纠正几何畸变和变形误差，达到同一区域不同数据集坐标系的统一。另一种情形是，在对多个数据集进行分析，如影像镶嵌、矢量数据合并或者叠加时，要求所有参与分析的数据集在同一坐标系下，此时也需要进行数据的配准。

2. 配准算法介绍

应用程序提供了4种配准方法，分别是线性配准、矩形配准、二次多项式配准和偏移配准。

1)线性配准

线性配准也称仿射变换。这种配准方法假设地图因变形而引起的实际比例尺在 X 和 Y 方向上不相同，因此具有纠正地图变形的功能。

线性变换是最常用的一种配准方法，由于同时考虑了 X 和 Y 方向上的变形，所以纠正后的坐标在不同方向上的长度比会不同，表现为原始坐标会发生如缩放、旋转、平移等变化后得到输出坐标。

2) 矩形配准

矩形配准实质上是一种特殊的、有限定条件的线性配准。如果原图像为规则矩形，纠正后的图像坐标仍是规则矩形，则选择两个相对的角点就可以确定矩形4个角点的坐标。这种方法既方便省时，也避免了由于选择多个控制点时造成的误差累积。矩形配准是一种简单方便的配准纠正方法，但是因为输出结果不会计算误差，所以其配准的精度不可知，是一种精度不高的粗纠正方法。

3) 二次多项式配准

二次多项式配准是常用的精度较高的配准方法。多项式纠正把原始图像变形看成是某种曲面，输出图像为规则平面。

为了得到比较高的精度，一般要求二次多项式纠正的控制点为至少7对，适当增加控制点的个数，可以明显提高影像配准的精度。多项式系数是用所选定的控制点坐标按照最小二乘法求得的。

4) 偏移配准

偏移配准仅需要一组控制点和参考点，分别对 X 坐标和 Y 坐标求差值，再利用差值对原数据集所有组坐标点进行偏移。

3. 投影

地球椭球体表面是曲面，而地图通常要绘制在平面图纸上，因此制图时首先要把曲面展为平面。然而球面是个不可展的曲面，换句话说，就是把它直接展为平面时，不可能不发生破裂或褶皱。若用这种具有破裂或褶皱的平面绘制地图，显然是不实用的，所以必须采用特殊的方法将曲面展开，使其成为没有破裂或褶皱的平面，于是就出现了地图投影理论。地图投影理论的基本原理：因为球面上一点的位置决定于它的经纬度，所以实际投影时是先将一些经纬线的交点展绘在平面上，再将相同经度的点连成经线，相同纬度的点连成纬线，构成经纬网。有了经纬网以后，就可以将球面上的点按其经纬度展绘在平面上相应的位置处。

三、实验内容

(1)采用线性配准对扫描图像进行配准。

(2)采用多项式配准对扫描图像进行配准。

四、实验数据

实验数据\ 地图配准\ 江苏省行政区划图 . smwu

实验数据\ 地图配准\ registration. udb

实验数据\ 地图配准\ registration. udd

五、实验步骤

SuperMap iDesktop 7C 提供了两种配准的方式，一种是采用参考图层进行配准；另一种是直接输入样点的坐标进行配准。下面通过两个实例分别就这两种配准方式进行演示。

案例一：采用线性配准对扫描图像进行配准

(1)启动 SuperMap iDesktop 7C 应用程序。

(2)打开数据源"registration"，双击打开已导入的扫描栅格数据"Parcel"，如图 2-1 所示。

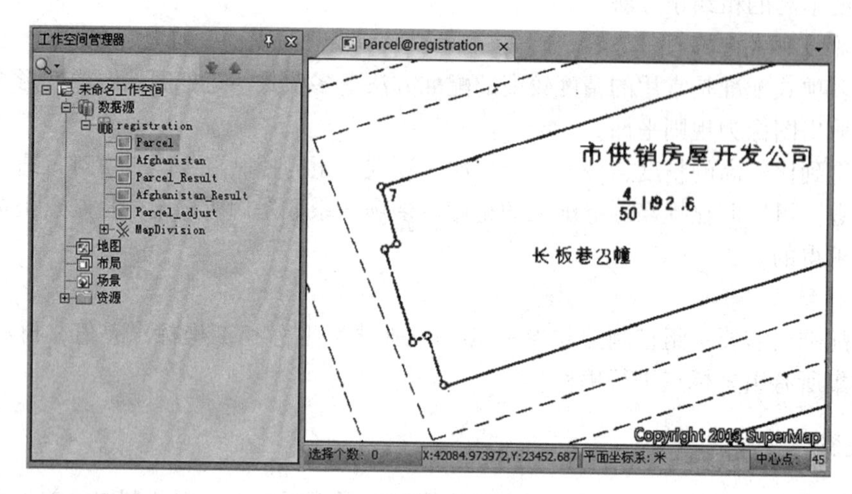

图 2-1

(3)选择菜单"数据→配准→新建配准…"，弹出如图 2-2 所示的"配准数据设置"对话框，键入配准图层的数据源和数据集以及参考图层的数据源和数据集，在配准结果中键入数据源和数据集名称后，单击"确定"按钮，进入配准状态。

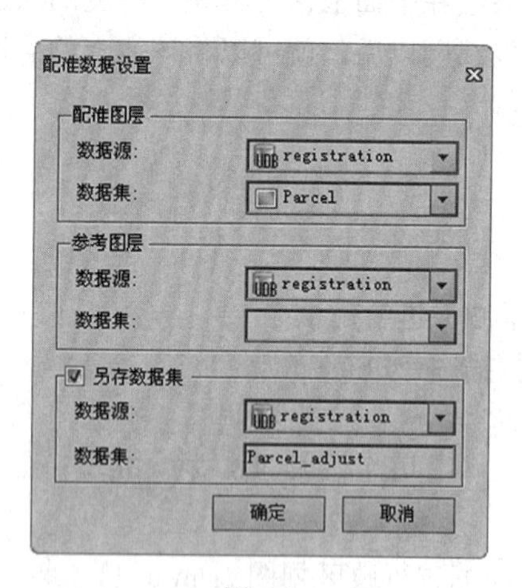

图 2-2

注意：

因本案例类似的测绘图大多有坐标值描述，这里不采用参考图层配准算法。

(4)从配准操作工具栏的配准算法下拉列表框中选择一种算法，这里选择线性配准，如图 2-3 所示。

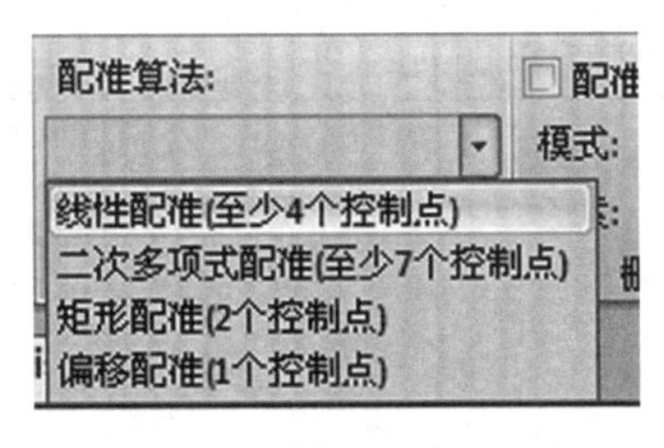

图 2-3

(5)在“浏览”组中，通过使用“放大地图”、“缩小地图”或者“漫游”按钮，将配准图层定位到某一特征位置。

(6)在“控制点设置”中，点击“刺点”按钮，鼠标状态变为“+”，找准定位的特征点位置，点击鼠标左键，完成一次刺点操作。这里我们选择地图左上图廓点作为第一个配准点，可以看到在鼠标点击位置，用蓝色十字丝标记(默认当前所刺的控制点为选中状态)。同时在控制点列表中，系统会自动给配准控制点编号，同时将其坐标值显示在控制点列表中，即源点 X 和源点 Y 两列中的内容。双击控制点列表，弹出输入控制点对话框，输入坐标值，如图 2-4 所示。

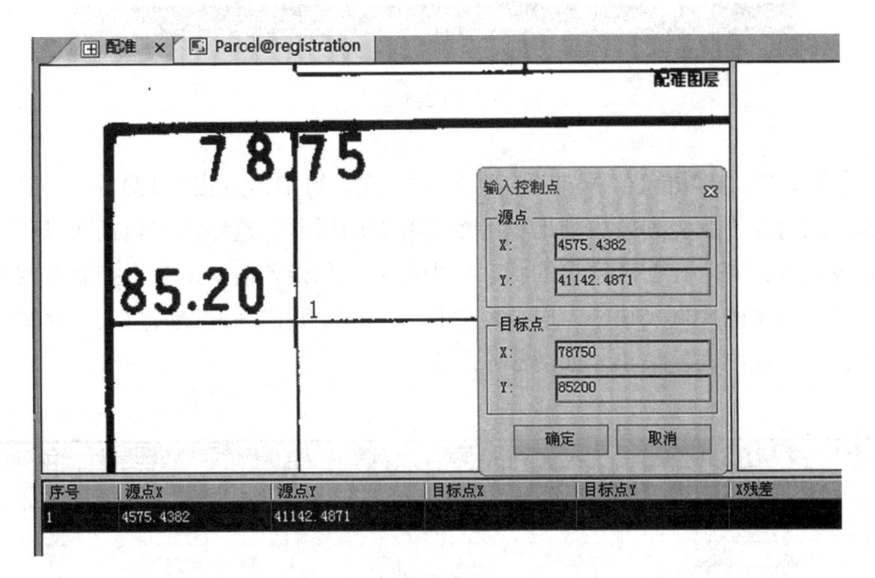

图 2-4

注意：

测绘图纸大多以公里为单位，所以这里目标点坐标分别为 78750 和 85200。

(7)对于线性配准，我们一般选择矩形图廓点作为配准坐标参考点。按步骤(6)依次选择余下三个配准点，如图 2-5 所示。

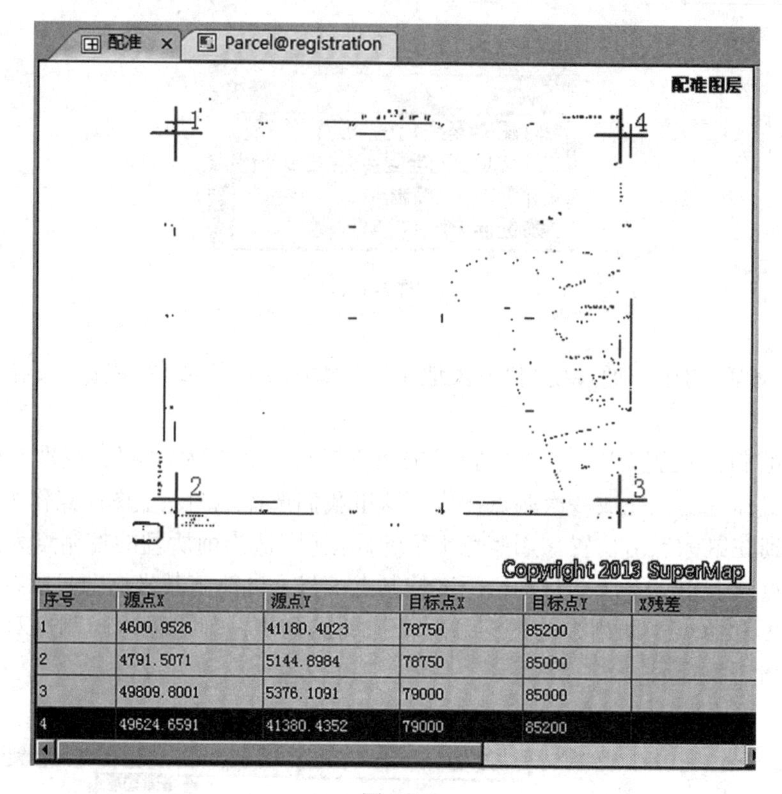

序号	源点X	源点Y	目标点X	目标点Y	X残差
1	4600.9526	41180.4023	78750	85200	
2	4791.5071	5144.8984	78750	85000	
3	49809.8001	5376.1091	79000	85000	
4	49624.6591	41380.4352	79000	85200	

图 2-5

(8)计算误差。在功能区“配准”选项卡的“运算”组中，点击“计算误差”按钮，进行误差计算，同时在控制点列表中列出了各个控制点的误差。这些误差包括 *X* 残差、*Y* 残差以及均方根误差，同时在配准窗口的状态栏中会输出总误差值，即各个控制点的均方根误差之和。如果地图的比例尺很小，误差就会很大；由于我们在配准时放大了地图，才进行误差操作，所以配准误差很小，如图 2-6 所示。

序号	源点X	源点Y	目标点X	目标点Y	X残差	Y残差	均方根误差	锁定编辑
1	4600.9526	41180.4023	78750	85200	0.0073	0.0433	0.0439	☐
2	4791.5071	5144.8984	78750	85000	0.0073	0.0433	0.0439	☐
3	49809....	5376.1091	79000	85000	0.0073	0.0433	0.0439	☐
4	49624....	41380.4352	79000	85200	0.0073	0.0433	0.0439	☐

图 2-6

当配置精度不能满足精度要求时，为了缩小误差，可以调整控制点位置。具体操作如下：

①选择误差较大的控制点，勾选“锁定编辑”列对应的复选框，表示对该控制点启用

锁定编辑功能。

②在功能区“配准”选项卡的“控制点设置”组中，点击“刺点”按钮，在配准窗口中的配准图层和参考图层中重新选择误差较大的控制点的位置。通过放大地图，可以尽可能地保证位置精确。

③在功能区“配准”选项卡的“运算”组中，点击“计算误差”按钮，再次进行误差计算，直到误差结果符合要求为止。

④在控制点列表中的任意位置单击鼠标右键，在弹出的右键菜单中选择“导出配准信息”命令，将所有控制点的配准信息保存为配准信息文件（ *.druf）。下次使用时，只需要将保存的配准信息文件导入即可，如图 2-7 所示。

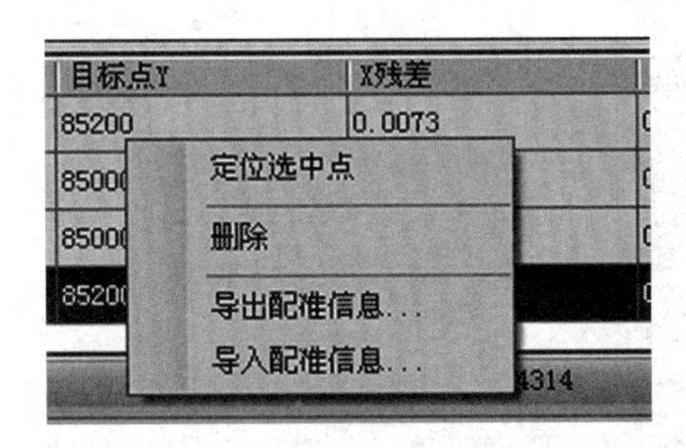

图 2-7

（9）配准。在“配准”选项卡的“运算”组中，点击“配准”按钮，对配准图层执行配准操作。如果是进行矢量配准，并且配准方式为线性配准或者二次多项式配准，在配准结束后，应用程序会在输出窗口中显示配准转换的公式及各个参数值，以便用户查阅，如图 2-8 所示。

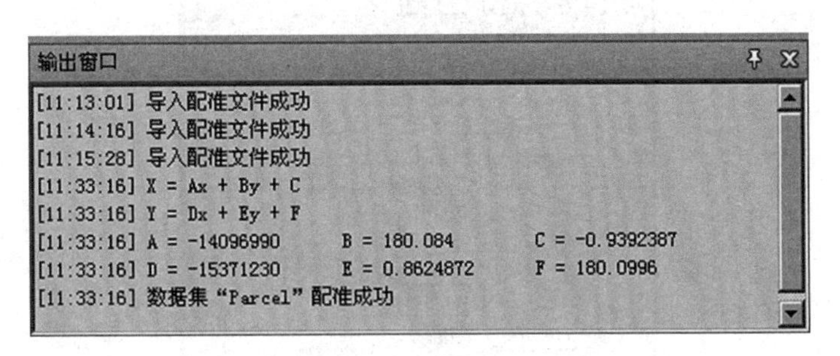

图 2-8

（10）在 Registration 数据源节点下，双击 Parcel_adjust 数据集，将其添加到当前地图窗口，可以查看配准结果。

案例二：采用多项式配准对扫描图像进行配准

（1）启动 SuperMap iDesktop 7C 应用程序。

（2）打开工作空间“江苏省行政区划图 .smwu”，如图 2-9 所示。

(3)单击"江苏省行政区划图"数据源节点，展开当前数据源下的所有数据集节点，可以看到包含如图 2-10 所示的数据集。

图 2-9

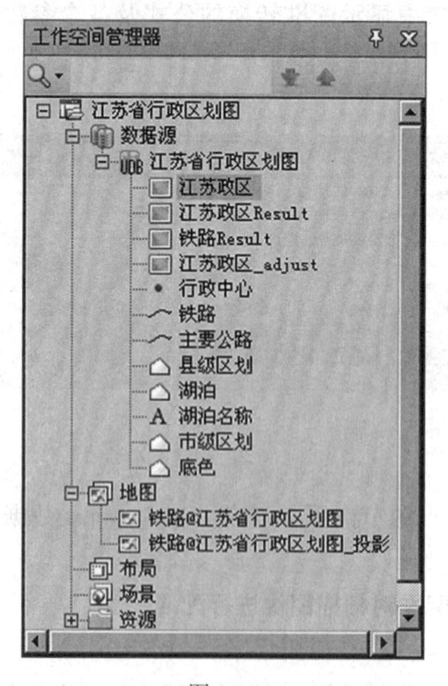

图 2-10

(4)单击“数据”选项卡中“配准”组的“新建配准”按钮，弹出“配准数据设置”对话框，在该对话框中对配准操作的配准图层、参考图层和配准结果数据集进行相关设置，如图2-11所示。

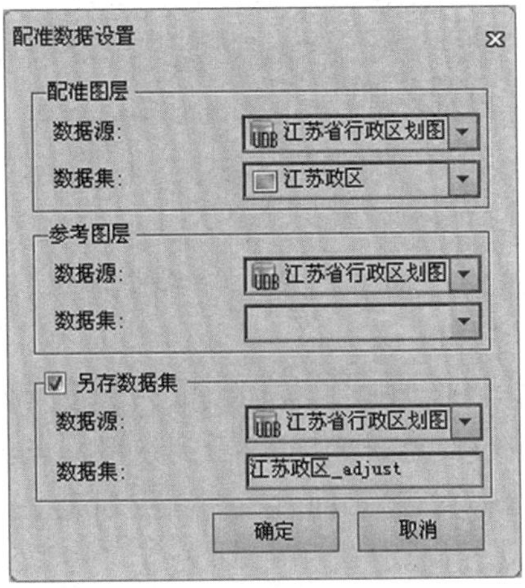

配准数据设置

配准图层
数据源: 江苏省行政区划图
数据集: 江苏政区

参考图层
数据源: 江苏省行政区划图
数据集:

另存数据集
数据源: 江苏省行政区划图
数据集: 江苏政区_adjust

确定 取消

图 2-11

此时参考图层仍为空白，可使用已经配置好的地图“铁路@江苏省行政区划图”，直接左键拖曳到参考图层窗口，以地图方式作为参考图层。其中黄色线表示主要公路，蓝色线表示铁路，如图2-12所示。

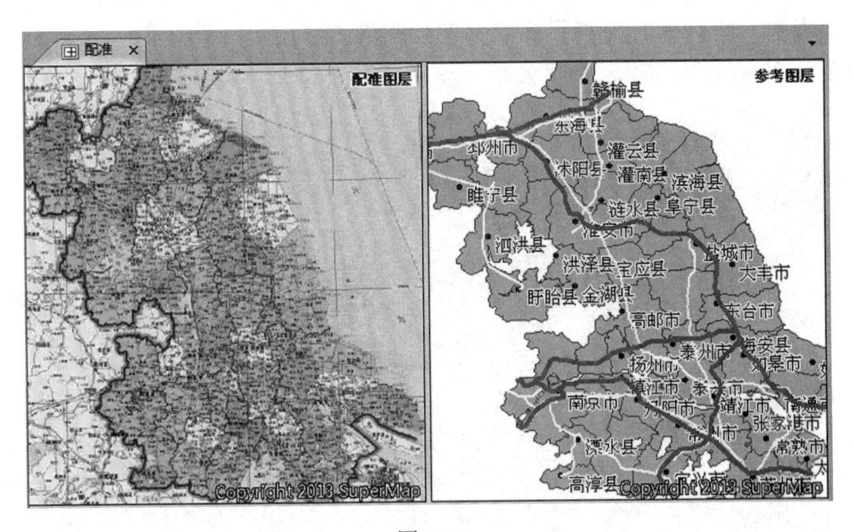

图 2-12

(5)选择配准方法。从配准操作工具栏的配准算法下拉列表框中选择一种算法，这里选择多项式配准，如图2-13所示。

(6)在配准窗口中，对比浏览配准图层和参考图层，寻找这两个图层的特征位置的同名点。

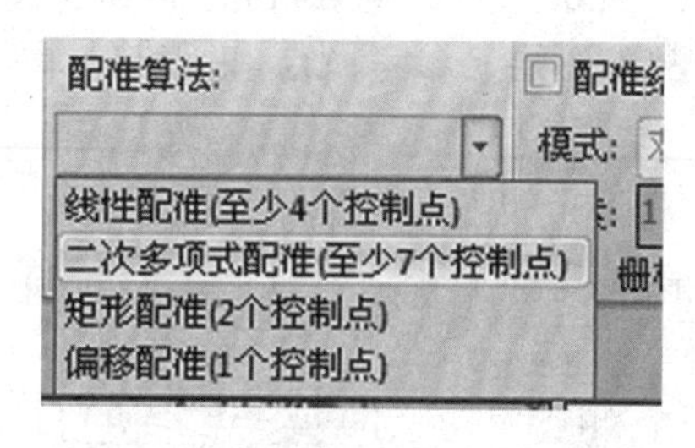

图 2-13

(7)在“浏览”组中，通过使用“放大地图”、“缩小地图”或者“漫游”按钮，将配准图层定位到某一特征位置。

(8)在“控制点设置”中，点击“刺点”按钮，鼠标状态变为+，找准定位特征点的位置，点击鼠标左键，完成一次刺点操作。可以看到在鼠标点击位置，用蓝色十字丝标记(默认当前所刺的控制点为选中状态)。同时在控制点列表中，系统会自动给配准控制点编号，同时将其坐标值显示在控制点列表中，即源点 *X* 和源点 *Y* 两列中的内容。这里我们可以尽可能选择铁路与公路交汇点进行比对选点。

(9)在“浏览”组中，通过使用“放大地图”、“缩小地图”或者“漫游”按钮，将参考图层定位到在配准图层刺点的同名点位置。

(10)同样的操作方法，在参考图层的同名点位置，点击鼠标左键，完成参考图层的一次刺点操作。可以看到在鼠标点击位置，用蓝色十字丝标记(默认当前所刺的控制点为选中状态)。同时在控制点列表中，系统会自动给配准控制点编号，同时将其坐标值显示在控制点列表中，即目标点 *X* 和目标点 *Y* 两列中的内容。

如图 2-14 所示为所选连云港市公路与铁路交汇点。

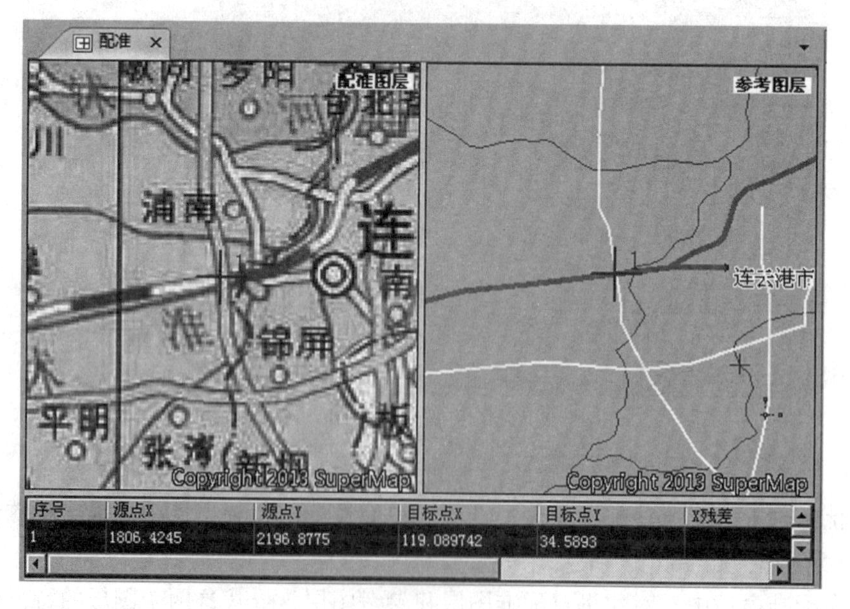

图 2-14

(11)重复(6)~(10)步的操作过程，完成多个控制点的刺点操作。根据此次实例中采用的配准算法，至少需要选择 7 个控制点才能保证完成配准操作。

本实例中一共选择了 7 个控制点，这些点的分布情况如图 2-15 所示。

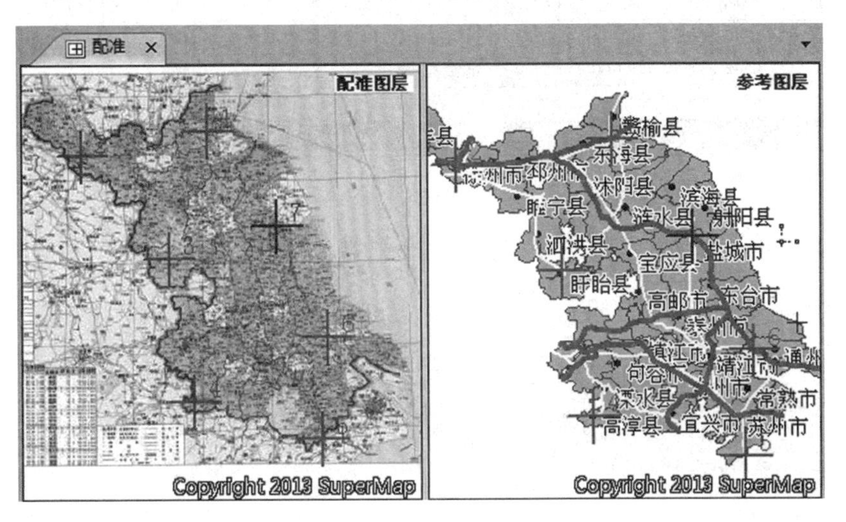

图 2-15

(12)计算误差。在功能区“配准”选项卡的“运算”组中，点击“计算误差”按钮，进行误差计算，同时在控制点列表中列出了各个控制点的误差。这些误差包括 *X* 残差、*Y* 残差以及均方根误差，同时在配准窗口中的状态栏会输出总误差值，即各个控制点的均方根误差之和，如图 2-16 所示。

序号	源点X	源点Y	目标点X	目标点Y	X残差	Y残差	均方根误差	锁定编辑
1	1806.9417	2194.6203	119.090	34.5913	0.0009	0.0007	0.0011	☐
2	950.4694	2029.8749	117.2294	34.2964	0.0003	0.0002	0.0004	☐
3	1540.2312	1351.6064	118.4965	33.0475	0.0003	0.0002	0.0003	☐
4	1712.6799	411.7458	118.8612	31.3259	0.0002	0.0001	0.0002	☐
5	2572.2509	170.0741	120.7275	30.865	0.0007	0.0005	0.0009	☐
6	2615.4593	839.7903	120.8325	32.0957	0.0016	0.0011	0.0019	☐
7	2265.7076	1570.1859	120.0763	33.4389	0.0019	0.0014	0.0024	☐

图 2-16

可以看到，各个控制点的均方根误差都控制在一个像元以内，能够满足配准精度的要求。

(13)在控制点列表中的任意位置单击鼠标右键，在弹出的右键菜单中选择“导出配准信息”命令(见图 2-17)，将所有控制点的配准信息保存为配准信息文件(*.druf)；下次使用只需要将保存的配准信息文件导入即可。

(14)配准。在“配准”选项卡的“运算”组中，点击“配准”按钮，对配准图层执行配准操作。如果是进行矢量配准，并且配准方式为线性配准或者二次多项式配准，在配准结束后，应用程序会在输出窗口中显示配准转换的公式及各个参数值，以便用户查阅，如图

序号	源点X	源点Y	目标点X	目标点Y	X残差	Y残差	均方根误差	锁定编辑
1	1806.9417	2194.6203	119.090...	34.5913	0.0009	0.0007	0.0011	□
2	950.4694	2029.8749	117.2294	34.2964	0.0003	0.0002	0.0004	□
3	1540.2312	1351.6064	11			0.0002	0.0003	□
4	1712.6799	411.7458	11			0.0001	0.0002	□
5	2572.2509	170.0741	12			0.0005	0.0009	□
6	2615.4593	839.7903	12			0.0011	0.0019	□
7	2265.7076	1570.1859	120.0763	33.4389	0.0019	0.0014	0.0024	□

定位选中点
删除
导出配准信息...
导入配准信息...

图 2-17

2-18 所示。

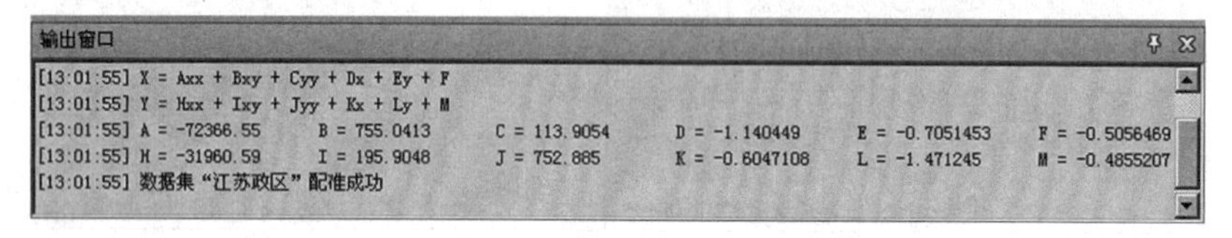

图 2-18

小提示：

选择的控制点精度、数量以及这些点的分布位置在很大程度上决定了数据配准的精度。选择控制点时应该注意以下几点：

①控制点一般应选择标志较为明确、固定，并且在配准图层和参考图层上都容易辨认的突出地图特征的点，比如道路的交叉点、河流主干处、田地拐角等。

②控制点在图层上必须均匀分布，否则配准较密集的区域精度好，而配准较稀疏的地方精度就差；此外，能通过控制点反映整个图像的趋势。

③控制点的数量应适当，控制点不是越多越好，应该根据实际情况适当选取，而且必须满足相应配准算法的数目要求。

配准技巧：

①矢量数据选择时可以开启捕捉。

②采用配准控制点信息文件缩小配准误差。

③采用含有点、线、面的地图作为参考图层。

④控制点尽量选取标志性建筑、交叉点、拐点。

⑤控制点应当均匀分布在较关注的配准区域。

六、拓 展 练 习

(1)打开实验一保存的工作空间，利用采集的控制点数据配准唐山市的影像图。

(2)利用已经配置好的“公路@唐山市行政区划图”，对唐山市影像数据进行多项式配准。

实验三　投影转换

一、实验目的

(1)了解投影的基本概念。
(2)熟悉地图投影的种类。
(3)了解 SuperMap iDesktop 7C 的三种坐标系。
(4)能够完成投影的设置与转换。

二、实验背景

1. 投影

投影是将地球表面上的点与投影平面上的点按照一定的数学法则建立一一对应的关系。由于地球是一个不规则的椭球体，各个地区为了更好地拟合该地区的地面起伏状况，在进行投影参照系设置时，可以选择不同的地球椭球体和坐标参考系统；另外，由于空间数据的比例尺和使用目的不同，投影坐标系可以选择不同的投影方式和投影参数。

投影的方式有多种，按照几何畸变的特征分为等角投影、等积投影和等距离投影；按照投影面分类，可分为圆锥投影、圆柱投影和方位投影；按照投影的相对位置可分为正轴投影、横轴投影和斜轴投影。

目前常用的投影有墨卡托投影(正轴等角圆柱投影)、高斯-克吕格投影(等角横切圆柱投影)、UTM 投影(等角横轴割圆柱投影)、Lambert 投影(等角正割圆锥投影)等。

2. 坐标系

在 SuperMap iDesktop 7C 产品中，数据的坐标系分为 3 类：平面坐标系、地理坐标系、投影坐标系。

1)平面坐标系

一般用来作为与地理位置无关的数据的坐标参考，也是默认的新建数据的坐标参考，如 CAD 设计图、纸质地图扫描后的图片、与地理位置无关的示意图等。平面坐标系是一个二维坐标系，原点坐标为(0，0)，数据中每一个点的坐标由其到水平的 *X* 轴和垂直的 *Y* 轴的距离确定。

2)地理坐标系

使用经纬度坐标来表示椭球上任意一点的坐标。地理坐标系中，通常包含对水平基准、中央子午线和角度单位的定义。常用的地理坐标系有：WGS 1984、Beijing1954、西安 80、Clarke 1866 等。例如，Google Earth 上的 KML 数据和全球定位系统采集的数据都是以 WGS 1984 为坐标系的；大地测量获取的控制点坐标以西安 80 或 Beijing 1954 作为坐标系。

3）投影坐标系

通过某种投影方式和投影类型，将椭球上的任意一点投影到平面上。使用二维平面坐标（X，Y）来表示点线面地物的位置。投影坐标系中，通常包含对地理坐标系、地图投影、投影参数及距离单位的定义。常用的投影坐标系有：Gauss Kruger、Albers、Lambert、Robinson 等。一般地，经过投影的地理数据可进行地图量算、空间分析、制图表达等。例如，我国基本比例尺地形图中，1∶100 万的地形图采用 Albers 投影，其余大部分采用高斯-克吕格 6°带或者 3°带投影。而城市规划中用到的大比例尺地图，如 1∶500，1∶1000 等的道路施工图、建筑设计图等多采用平面坐标系。

3. 参照系转换方法

当进行数据源投影转换或点坐标转换时，可以从对话框中看到系统提供了 6 种投影转换的方法：Geocentric Translation、Molodensky、Molodensky Abridged、Position Vector、Coordinate Frame、Bursa-wolf。以上 6 种转换方法按照转换参数的多少可以分为两类：三参数转换法和七参数转换法。

1）三参数转换法

参照系转换时，比较简单的转换方法是所谓的三参数转换法。这种转换方法所依据的数学模型是认为两种大地参照系之间仅仅是空间的坐标原点发生了平移，而不考虑其他因素。这种方法必然产生三个参数，分别为 X、Y、Z 三个方向的平移量。三参数转换法计算简单，但精度较低，一般用于不同的地心空间直角坐标系之间的转换。

2）七参数转换法

七参数转换法依据的数学模型不仅考虑了坐标系的平移，同时还考虑了坐标系的旋转、尺度不一等因素。所以需要的参数除了三个平移量外，还要三个旋转参数（又称三个尤拉角）和比例因子（又叫尺度因子）。三个平移量用 ΔX、ΔY、ΔZ 表示，三个旋转参数用 R_x，R_y，R_z 表示，比例因子用 S 表示。其中，比例因子表示从原坐标系转换到新坐标系的尺度伸缩量。一般情况下，平移因子的单位为米（与坐标系单位保持一致），旋转因子的单位是秒，比例因子的单位为百万分之一。

目前，SuperMap iDesktop 7C 桌面支持 6 种投影转换的方法，方便用户根据不同的需求选择合适的转换方法。

三、实验内容

（1）对坐标系信息进行设置。

（2）练习投影方式的转换。

（3）练习动态投影。

四、实验数据

实验数据\投影变换\动态投影 .smwu

五、实验步骤

1. 设置坐标系信息

SuperMap iDesktop 7C 数据的坐标系分为 3 类：平面坐标系、地理坐标系、投影坐标系。用户可以根据数据源或者数据集的需要，设置不同类型的坐标系统。

（1）在当前工作空间中，选中工作空间管理器中的数据源或数据集节点，单击“开始”选项卡的“数据”组中的“投影设置”下拉按钮，下拉菜单中包含“常用投影”和“投影设置”两项，“常用投影”项显示收藏夹内的投影文件，如图 3-1 所示。若收藏夹内无任何投影文件，则“常用投影”项无内容显示。

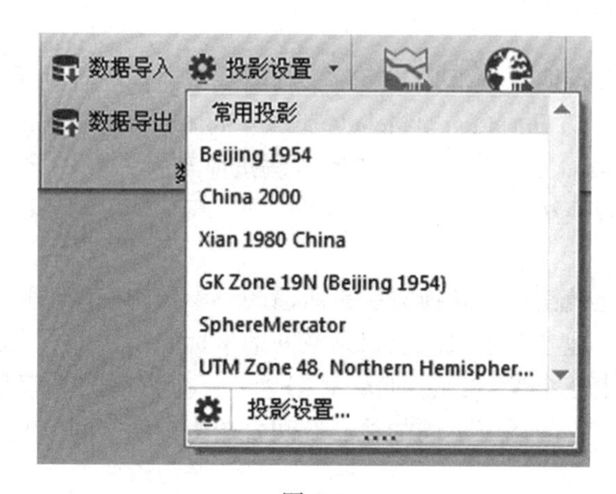

图 3-1

注意：

只有当用户选中工作空间管理器中的一个或多个数据源节点或者选中同一数据源下的一个或多个数据集节点时，“投影设置”下拉按钮才为可用状态。

（2）单击“投影设置”项，打开“投影设置”窗口，用户可在该窗口中设置当前选中的数据源或数据集的投影信息，如图 3-2 所示。

当数据源当前的坐标系为平面直角坐标系、地理坐标系或投影坐标系时，弹出的“投影设置”对话框有所不同。如果用户同时选中多个数据源节点或者同一数据源下的多个数据集节点，那么“投影设置”对话框中显示和设置的是最后选中的数据源或数据集的投影信息。

1）设置平面坐标系

（1）单击“投影设置”下拉按钮，弹出“投影设置”对话框。

（2）在对话框左侧，选择坐标系统类型为“平面坐标系”，如图 3-3 所示。

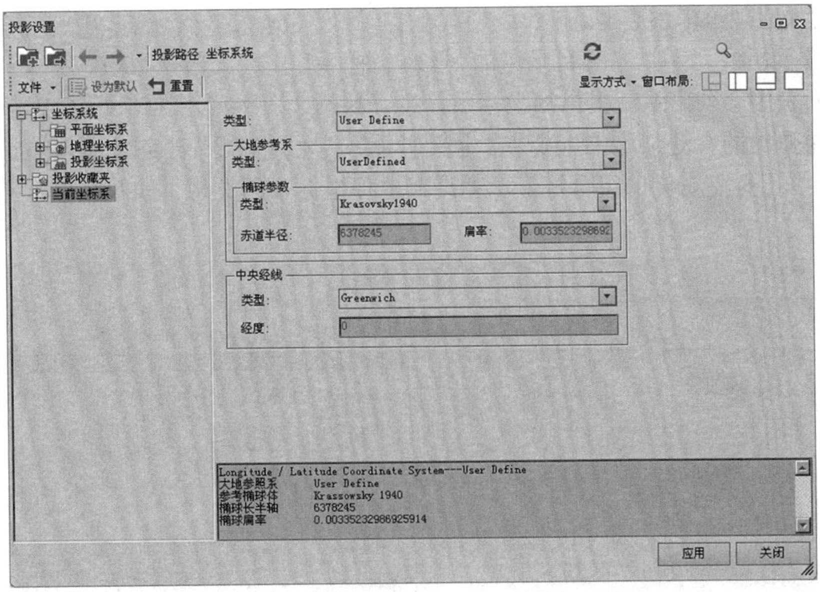

图 3-2

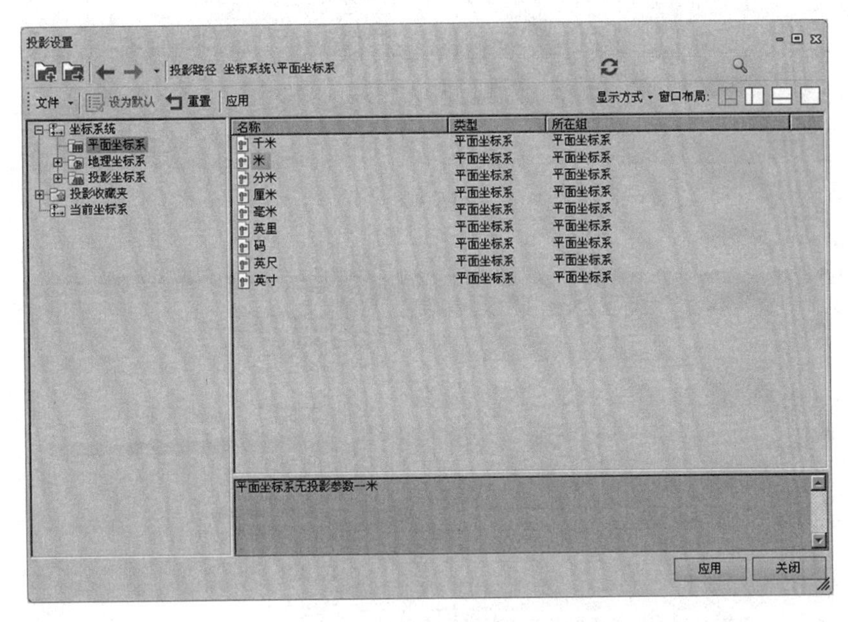

图 3-3

(3)在该窗口右侧，用户可修改平面坐标系的单位(默认为米)，或者重新设置选中的数据源或数据集的坐标信息。文件列表区域显示了平面坐标系的 9 种坐标单位，包括：千米、米、分米、毫米、厘米、码、英里、英尺、英寸。

2)设置地理坐标系

系统提供了包括用户自定义在内的 200 多种类型的地理坐标系供用户选择，用户可在“投影设置”对话框中选择一种系统提供的地理坐标系，或自定义一种地理坐标系，应用于当前选中的数据源、数据集或当前地图。

(1)设置地理坐标系类型。

在"投影设置"对话框左侧目录树的"地理坐标系"节点下选择"Default"文件夹后，右侧的文件列表中会列出系统提供的坐标系信息，如图 3-4 所示。在该文件列表区域单击鼠标右键，在弹出的右键菜单中选择"自定义坐标系"项，弹出"自定义地理坐标系"界面，可通过"类型:"标签右侧的组合框显示和设置地理坐标系的类型，如图 3-5 所示。

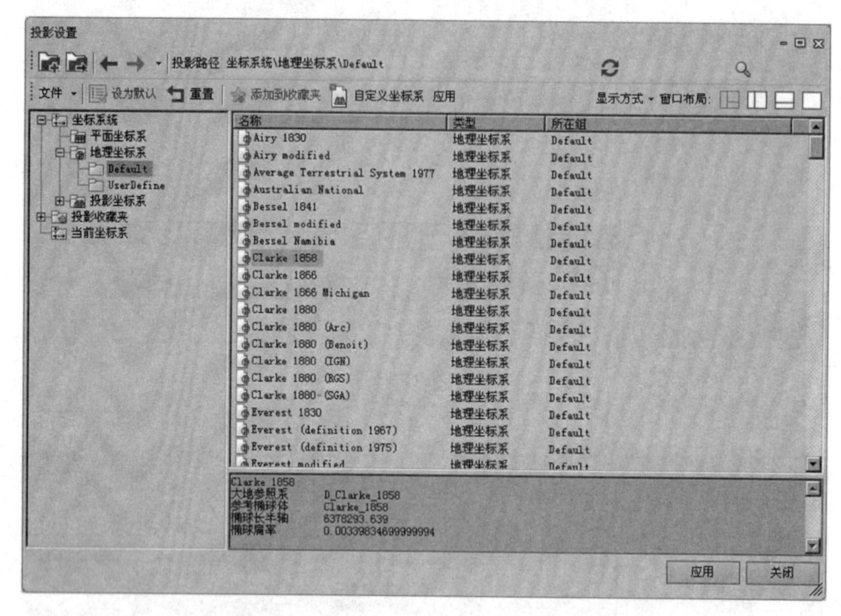

图 3-4

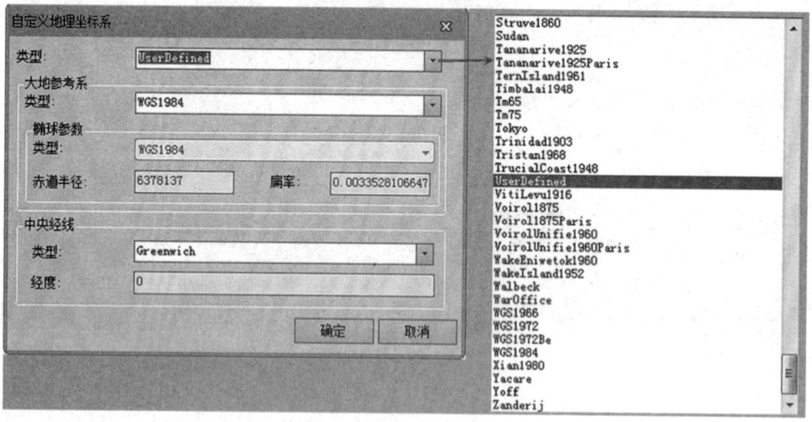

图 3-5

(2)设置相关参数。

若选择系统提供的地理坐标系，则大地参照系和中央经线等参数是固定不可以编辑的；若用户选择"UserDefined"(自定义)选项，大地参照系的类型下拉列表框则被激活，为可编辑状态。大地参照系的类型下拉列表框、椭球参数的类型下拉列表框和中央经线下拉列表框都是类似的，选择“UserDefined”后，可以编辑其相关参数。

设置地理坐标系的各项参数后，单击“确定”按钮即将建立的地理坐标系应用于当前选中的数据源、数据集或地图。

3) 设置投影坐标系

系统提供了包括用户自定义在内的大量国内外常用的基本投影类型供用户选择，用户可在“投影设置”对话框中选择一种系统提供的投影坐标系，或自定义一种投影坐标系，应用于当前选中的数据源、数据集或当前地图。

(1) 设置投影坐标系名称。

在“自定义投影坐标系”界面中，“名称:”标签右侧的组合框用于显示和设置投影坐标系的名称：

①系统预定义投影。单击组合框的下拉按钮，弹出投影坐标系列表，可在该下拉列表中选择某种系统预定义的投影坐标系，该坐标系类型的名称即为当前设置的投影坐标系名称。

②自定义投影。选择下拉列表中的“UserDefined”(自定义)选项，设置投影坐标系。用户可在该标签右侧的文本框中输入新的名称，作为自定义投影坐标系的名称，新定义的投影坐标系将位于下拉列表中的“UserDefine”项之后，如图 3-6 所示。

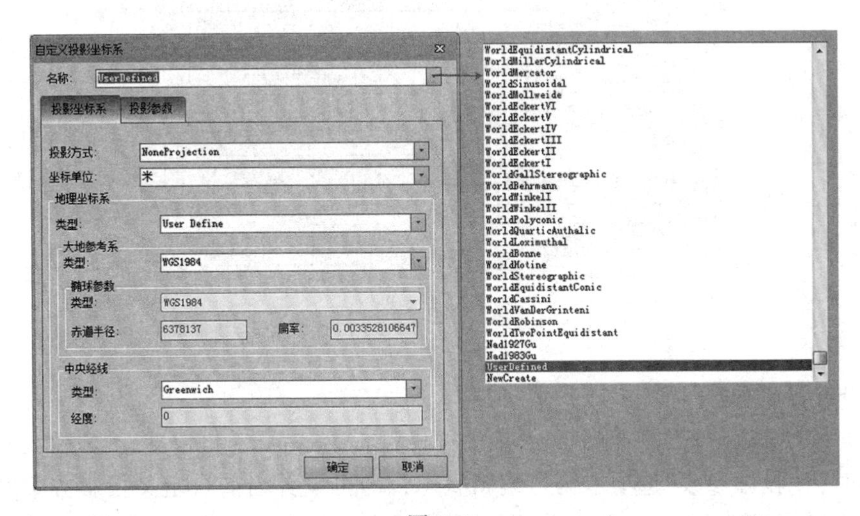

图 3-6

(2) 设置投影坐标系。

若选择系统提供的投影坐标系，“投影坐标系”选项卡中的投影方式和坐标单位等参数是固定不可以编辑的，但用户可以修改地理坐标系的设置；若用户选择“UserDefined”(自定义)，“投影坐标系”选项卡中的所有参数则被激活，为可编辑状态。大地参照系的类型下拉列表框、椭球参数的类型下拉列表框和中央经线下拉列表框都是类似的，选择地理坐标系类型为“UserDefined”后，可以编辑其相关参数，如图 3-7 所示。

①投影方式：系统提供了 30 多种国内外常用的基本投影类型。

• 无投影：单击“投影方式”右侧下拉按钮，选择下拉列表中的第一项——“NoneProjection”(无投影)，即设置为无投影。

• 系统预定义投影方式：单击该下拉按钮，弹出投影方式列表，可在该下拉列表中选择某种系统预定义的投影方式。

②坐标单位：该标签右侧的下拉按钮用于显示和设置当前坐标系统应用的单位。系统缺省的单位是米，此外，系统还提供毫米、厘米、分米、千米、英里、英尺、英寸和码 8 种坐标单位供用户选择。

③地理坐标系："投影坐标系"选项卡的"地理坐标系"区域，用于自定义设置某类投影或无投影(NoneProjection)时的地理坐标系及其相关参数。

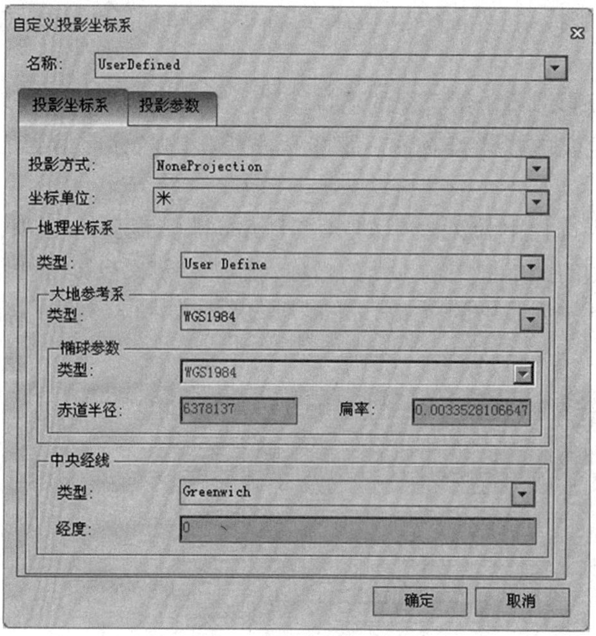

图 3-7

(3)设置投影参数。

当用户在"名称："标签右侧的组合框中选择"UserDefined"(自定义)，或输入一个新的投影名称时，"投影参数"选项卡为可编辑状态，即可设置当前自定义投影方案的各项参数。系统提供了"度"和"度：分：秒"两种参数设置单位供用户选择，如图 3-8 所示。

图 3-8 中，水平偏移量和垂直偏移量的设置是为了避免地理坐标出现负值，主要用于高斯-克吕格投影、墨卡托投影和 UTM 投影。在圆锥投影中，圆锥面通过地球并与地球纬线发生相切或相割，这些切线或割线就是标准纬线。切圆锥投影用户只需指定一条标准纬线，割圆锥投影用户则需指定两条标准纬线，即第一标准纬线与第二标准纬线。如果是单标准纬线，则第二标准纬线应与第一标准纬线的值相同。另外，还要设原点纬线，即最南端纬线。

2. 投影转换

用户如果对投影方式不同的数据进行显示或分析，则需要对数据进行投影转换。应用程序提供的投影转换方法，对数据的空间精度要求较高的工程往往不能适用，需要在前期

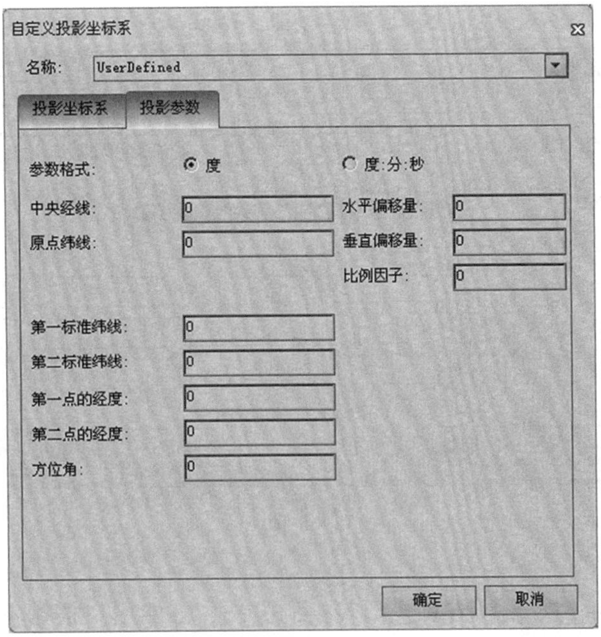

图 3-8

采用精确的三参数或者七参数法进行投影转换。在 SuperMap iDesktop 7C 桌面产品中，用户可方便地进行各种投影间的转换。

(1)在工作空间管理器中选择需要转换投影的数据源或数据集，在“开始”选项卡的“数据”组中，单击“投影转换”按钮，弹出“投影转换”对话框，如图 3-9 所示。

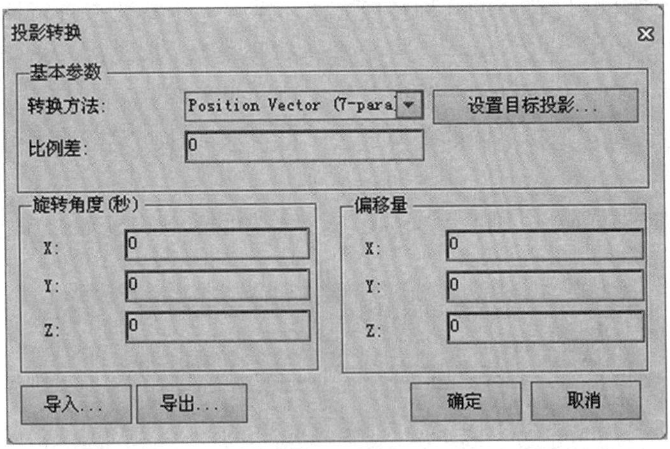

图 3-9

(2)转换方法设置：单击“转换方法”标签右侧的下拉按钮，弹出的下拉菜单列表显示了系统提供的 6 种投影转换的方法，用户可选择一种合适的投影转换方法，如图 3-10 所示。

(3)单击 设置目标投影... 按钮，弹出“投影设置”窗口，设置目标投影。

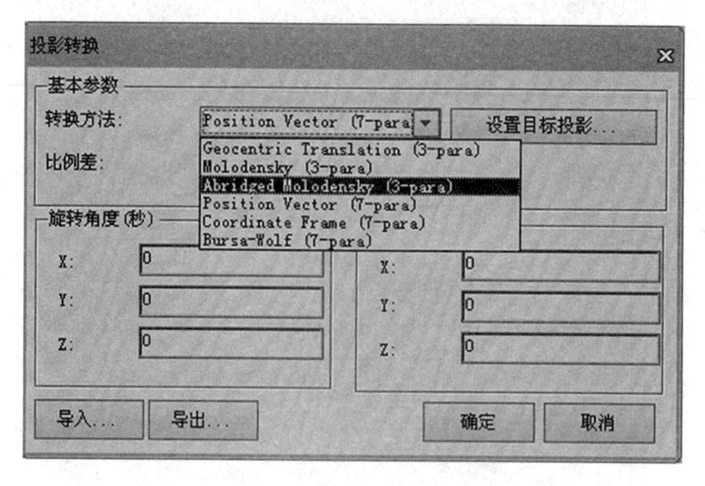

图 3-10

SuperMap iDesktop 7C 支持 6 种投影转换的方法，方便用户根据不同的需求，选择合适的转换方法。

其中，地心转换法(Geocentric Translation)、莫洛金斯基转换法(Molodensky)、简化的莫洛金斯转换法(Molodensky Abridged)属于精度较低的投影转换方法。三参数转换法需要三个平移转换参数(ΔX，ΔY，ΔZ)，莫洛金斯基转换法和简化的莫洛金斯基转换法也需要三个平移转换参数(ΔX，ΔY，ΔZ)，在数据精度要求不高的情况下一般可以采用这三种方法。

位置矢量法(Position Vector)、基于地心的七参数转换法(Coordinate Frame)、布尔莎方法(Bursa-Wolf)属于精度较高的几种转换方法，需要七个参数来进行调整和转换，包括三个平移转换参数(ΔX，ΔY，ΔZ)、三个旋转转换参数(R_x，R_y，R_z)和一个比例参数(S)。这几种方法是完全相同的，只是由于国家地区或测量学派的不同，习惯称谓不同。

(4)转换参数设置：选择不同的转换方法，在“投影转换”对话框中可以自定义的参数不同。

①若选择三参数转换法，则“投影转换”对话框中的参数设置如图 3-11 所示。

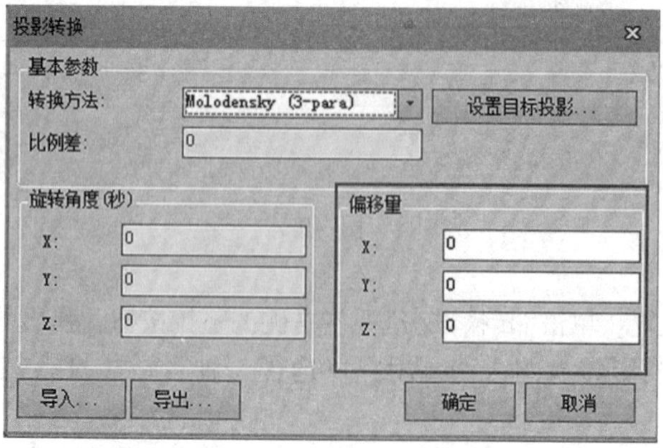

图 3-11

②若选择七参数转换法，则“投影转换”对话框中的参数设置如图 3-12 所示。

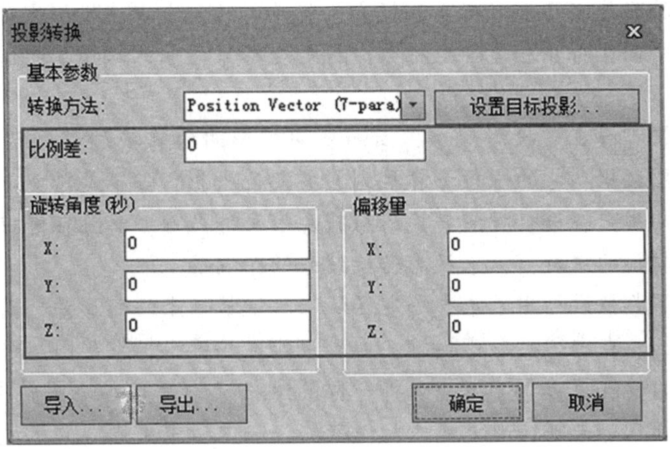

图 3-12

(5)导入、导出投影转换参数文件的设置。单击“投影转换”对话框下方的“导入”按钮，导入一个后缀名为 . ctp 的投影转换参数文件，即可将投影转换参数文件中保存的参数信息导入，作为当前投影转换的参数设置；单击“投影转换”对话框下方的“导出”按钮，即可将当前在“投影转换”对话框已设置好的参数导出到指定路径，以后需要使用时再导入即可。

(6)完成各项投影转换参数设置后，单击“确认”按钮，即可完成投影转换的操作。用户可在输出窗口中查看投影转换结果，如图 3-13 所示。

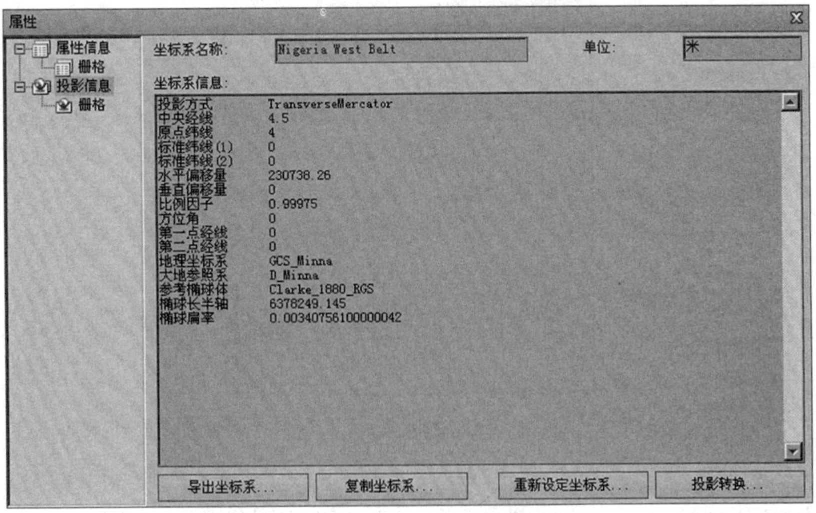

图 3-13

小提示：

①投影转换只能在地理坐标系和投影坐标系之间，或者在投影坐标系和投影坐标系之间进行。平面坐标系和地理坐标系、投影坐标系之间的转换需要通过配准的方法进行。

②任何投影都存在着投影变形，因而不同投影间的转换过程通常不是完全可逆的，即能把地图数据从它的原投影转换到某些其他投影，但不是总能非常精确地把它转换回来，因此用户在进行投影转换前应将原有文件另存。而且在进行投影转换时应尽量减少投影转换的次数，以求投影转换结果的精确性。

③每种投影都被设计用于减少给定区域在给定特性上的变形量，因而各种投影有一定的适用范围，在进行投影变换时，应尽可能在相近坐标系范围间进行转换，否则投影转换结果的精度将难于保证。如将一幅墨卡托投影的世界地图转换为高斯投影，其结果只能保证在中央经线附近地区是精确的，在远离中央经线的区域将导致巨大的变形。

3. 动态投影

动态投影是指当地图窗口中加载了两个不同投影系统的地图，对其中一个投影坐标系进行转换，使两者的投影系统保持一致。具体操作步骤如下：

（1）打开已有“动态投影”工作空间，工作空间包含“栅格”、“矢量”两个数据源，如图 3-14 所示。

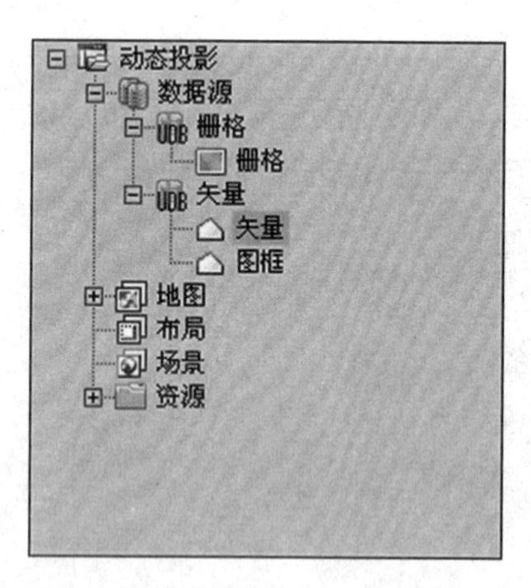

图 3-14

（2）分别打开“栅格”、“矢量”图像，可以看出两幅图像数据对实际地理位置进行了叠加显示，如图 3-15 所示。但是由于两者坐标位置不相同，当将两幅地图放在一个地图窗口进行显示时，无法达到叠加效果。

（3）右击数据源，进行属性查询，可以知道“矢量”数据源的坐标投影信息为地理坐标系，“栅格”数据源则是经过投影后的数据。为使两数据在一个地图窗口进行显示，可以

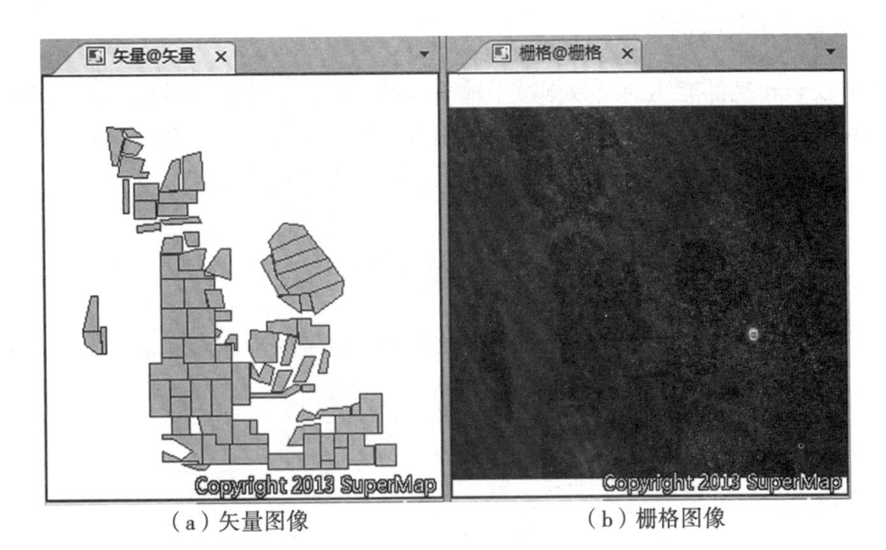

（a）矢量图像　　　　（b）栅格图像

图 3-15

采用配准，或是投影转换两种方式。因为两数据源的坐标设置信息已知，我们优先采用投影转换。

（4）打开“地图属性”对话框，勾选“坐标系统”中的“动态投影”。

（5）在不影响两数据源原始坐标系设置情况下，通过地图动态投影，使两数据可以在当前地图窗口中达到临时拼配效果，如图 3-16 所示。

图 3-16

4. 配准与投影转换的区别

配准和投影转换都能达到给数据赋予地理坐标的目的。投影转换前需要正确设置源坐标系，并且坐标值正确。配准前需要准备控制点。两种方法优先选择投影转换，因为配准是人为的强行改变数据坐标值，加入人为因素，则误差会相对较大。

六、拓展练习

将实验二练习已经配置好的唐山市影像数据进行设定为平面坐标系，单位为米。

实验四　栅格地图矢量化

一、实 验 目 的

(1)了解 GIS 主要的数据来源及其特点。
(2)熟悉 GIS 中分主题、按要素特征(点、线、面)组织图层的方法。
(3)掌握在 SuperMap iDesktop 7C 中矢量化地图的方法。

二、实 验 背 景

数据结构一般分为基于矢量数据模型的数据结构和基于栅格模型的数据结构。按照传统观念，矢量数据和栅格数据似乎是两类完全不同的数据结构。矢量数据是面向地物的结构，栅格数据是面向位置的结构，平面空间上的任何一点都直接联系着某一个或某一类地物。但对于某一个具体目标之间又没有直接聚集所有信息，只能通过遍历栅格矩阵逐一寻找，它也不能完整地建立地物之间的拓扑关系。

伴随计算机技术的发展，传统的测绘和制图技术也跨入了数字时代。各类地理信息的存储也由传统静态的纸质地图和影像地图转变为分析能力强大的动态电子地图。面对遗留下来的众多有重要价值的传统地理信息，将这些信息数字化过程中的一个关键环节是：怎样将栅格数据矢量化。在 SuperMap GIS 环境下，将多张栅格数据地图拼接转换为矢量数据地图的具体过程和方法是值得每个处于 GIS 基础学习阶段的相关人员学习和研究的。在 GIS 中，栅格数据结构和矢量数据结构各自具有优缺点。因此，在目前常用的 GIS 中既有栅格数据也有矢量数据，并可以在处理过程中相互转换。现在遥感已成为 GIS 的一个重要数据源和数据更新的手段，获取的数据大多是栅格类型的影像数据，因此从栅格到矢量的转换就更为频繁。在信息时代，各个管理部门都要求实现以计算机为中心的办公自动化，其中成图自动化的需求尤为迫切。

三、实 验 内 容

(1)创建数据集与属性字段。
(2)设置图层参数。
(3)屏幕跟踪矢量化线、矢量化面。

四、实 验 数 据

实验数据\ 地图矢量化\ b078084812. tif

五、实验步骤

1. 栅格矢量化的一般流程

(1)纸质图的扫描;
(2)新建数据源;
(3)导入扫描图;
(4)配准;
(5)裁剪;
(6)创建矢量数据集;
(7)创建用户字段;
(8)屏幕跟踪;
(9)属性数据的录入;
(10)数据的编辑和检查。

2. 栅格矢量化的具体操作步骤

1)纸质图的扫描

(1)扫描之前应进行图面的整理;
(2)扫描的分辨率一般设为300~500dpi;
(3)扫描后,得到 *.bmp、*.jpg、*.gif、*.tif 等格式的原始栅格数据。

2)坐标系的设置

(1)新建"矢量化.udb"数据源。具体操作步骤详见"实验一 SuperMap iDesktop 7C 入门操作"中的"新建数据源"。

(2)单击右键选择"属性",重新设定相应坐标系。具体操作步骤详见"实验三 地图投影"中的"设置坐标系信息"。

3)导入影像文件

(1)右键单击"矢量化"数据源,选择"导入数据集",如图4-1所示。

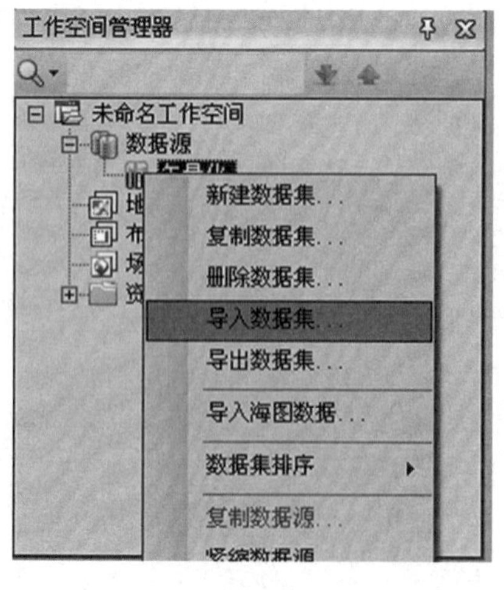

图4-1

(2)打开“数据导入”对话框，点击添加文件按钮，添加影像文件，这里我们采用数据“b078084812.tif”，如图 4-2 所示。

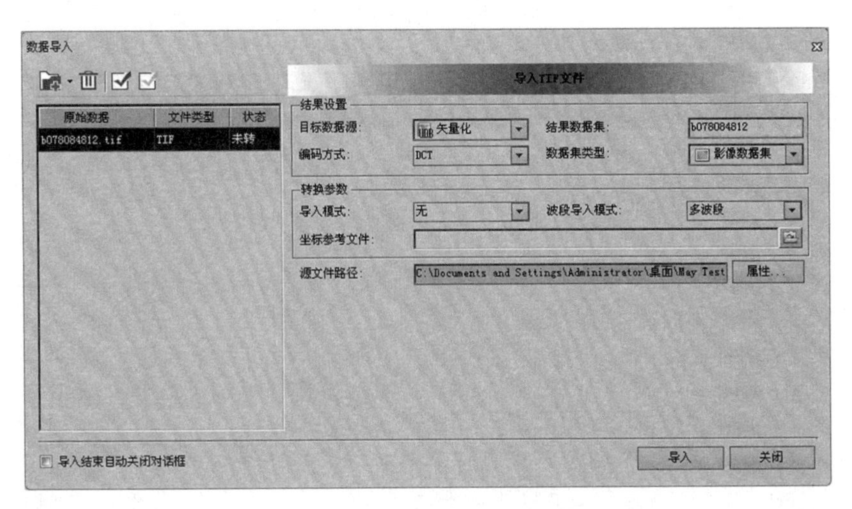

图 4-2

(3)单击“导入”按钮，将影像图导入目标数据源，如图 4-3 所示。

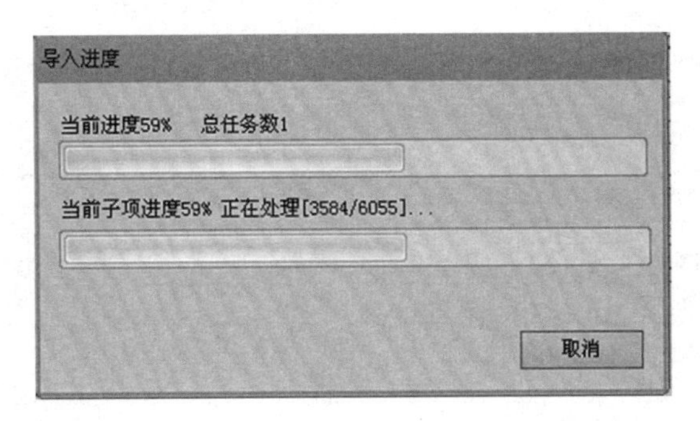

图 4-3

4)配准

选择“数据”选项卡“配准”组中的“新建配准...”，在弹出的对话框和配准界面中完成整个配准过程：

(1)选择配准方法；

(2)选取控制点输入坐标值(刺点)；

(3)计算配准误差；

(4)配准。

配准是屏幕矢量化的关键环节，具体步骤介绍参见“实验二 地图配准”。

5)裁剪

通过裁剪为后期的拼图做准备，可以通过修改节点的坐标确定裁剪的区域范围。单击“地图”选项卡中“地图裁剪”按钮，选择“矩形裁剪”，框选裁剪范围。“地图裁剪”对话框如图 4-4、图 4-5 所示。

地图裁剪

裁剪数据设置 裁剪区域设置

图层标题	目标数据源	目标数据集	区域	擦除	裁剪
b078084812@矢量化	矢量化	b078084812_1	内	否	☑

全选 反选

目标数据源: 矢量化

目标数据集: b078084812_1

保存地图:

参与裁剪 精确裁剪

擦除裁剪区域

裁剪方式

区域内 区域外

确定 取消

图 4-4

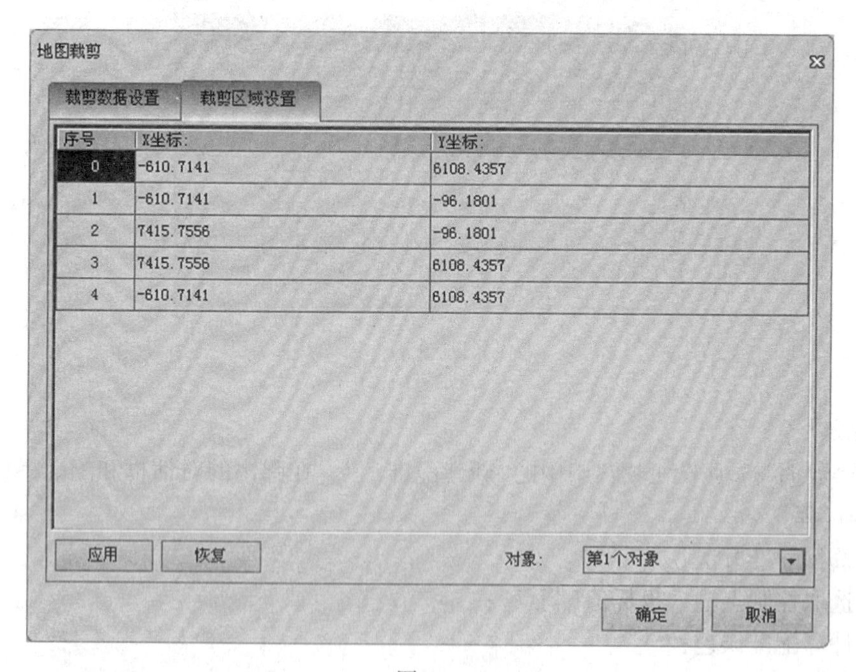

图 4-5

6)创建数据集

(1)新建各种类型的数据集用来表达地图上各种特征的地物，如新建点数据集采集点状地物，新建线数据集采集线状地物，新建面数据集采集面状地物，新建文本数据集采集注记，等等。

(2)合理分层，适当分区。

新建数据集的步骤详见“实验一 入门操作”中“新建数据集”。

7)创建用户字段

创建具有地理语义或者行业特点的属性字段。鼠标右键点击数据集名称打开“属性”对话框，再单击“属性表结构”，即可显属性字段，如图 4-6 所示。

序号	字段名称	别名	字段类型	长度	缺省值	必填
1	*SmID	SmID	32位整型	4		是
2	*SmX	SmX	双精度	8	0	是
3	*SmY	SmY	双精度	8	0	是
4	*SmLibTileID	SmLibTileID	32位整型	4	1	否
5	SmUserID	SmUserID	32位整型	4	0	是
6	*SmGeometrySize	SmGeometrySize	32位整型	4	0	否

图 4-6

8)屏幕跟踪

(1)设置栅格矢量化。

在“对象操作”选项卡的“栅格矢量化”组中，单击“设置”按钮，弹出“栅格矢量化”对话框，如图 4-7 所示。

栅格矢量化
栅格地图图层: b078084812@矢量化
背景色:
颜色容限: 32
过滤像素数: 0.7
光滑系数: 2
自动移动地图
确定
取消

图 4-7

在该对话框中，对栅格矢量化的参数进行设置，具体参数介绍如下：

- 栅格地图图层：设置用于栅格矢量化的栅格地图。当存在多个栅格图片时，可以通过下拉箭头切换需要矢量化的栅格图层。

• 背景色：设置栅格地图的背景色。在栅格矢量化过程中，将不会追踪栅格地图的背景色，默认背景色为白色。

• 颜色容限：栅格地图的颜色相似程度。在矢量化过程中，只要 RGB 颜色任一分量的误差在此容限内，则应用程序认为可以沿此颜色方向继续进行矢量化。颜色容限的取值范围为 0~255，默认值为 32。

• 过滤像素数：设置去锯齿过滤参数，即光栅法消除线对象锯齿抖动的垂直偏移距离(单位为图像像素)，默认值为 0.7。设置的过滤像素数越大，则过滤掉的点越多。

• 光滑系数：将栅格矢量化时，需要进行光滑处理。设置的光滑系数越大，则结果矢量线/面的边界的光滑度越高。

• 自动移动地图：如果处于选中状态，则表示自动移动地图。当矢量化至地图窗口边界上时，窗口会自动移动；反之，则表示需要手动移动地图。应用程序默认为选中状态。

对以上参数设置完成后，单击“确定”按钮，完成设置并退出该对话框；否则，将取消所有参数设置，并退出该对话框。

用户在“栅格矢量化”对话框中所做的相关设置会自动保存，下次打开“栅格矢量化”窗口，可以基于上次设置的参数进行修改。

(2)设置当前图层为可编辑。

右键单击图层管理器中相应图层，将图层设置为“可编辑”，如图 4-8 所示。

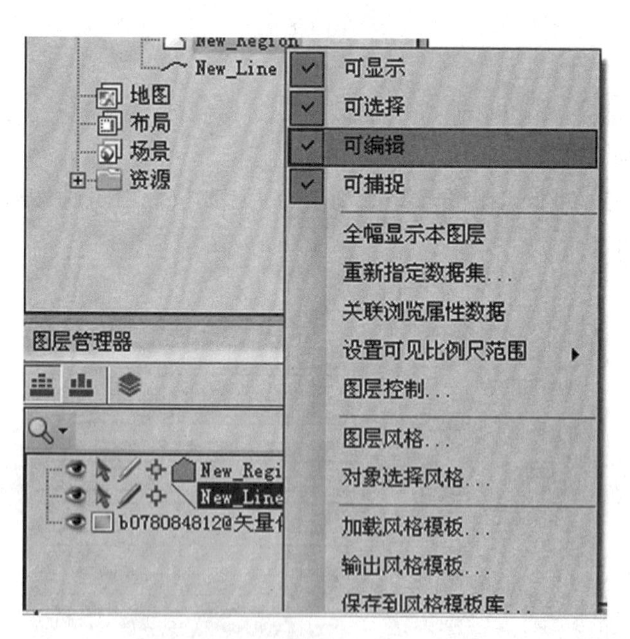

图 4-8

(3)开启图层捕捉。

“可捕捉”命令，用来控制该矢量图层是否可捕捉，即当在矢量图层中进行选择、编辑等操作时，鼠标是否可以捕捉到该矢量图层中的对象，具体开启方法如下：

①右键单击图层管理器中的矢量图层节点，在弹出的右键菜单中选择“可捕捉”命令，则图层中的对象可以被鼠标捕捉到，否则不可捕捉，如图 4-9 所示。

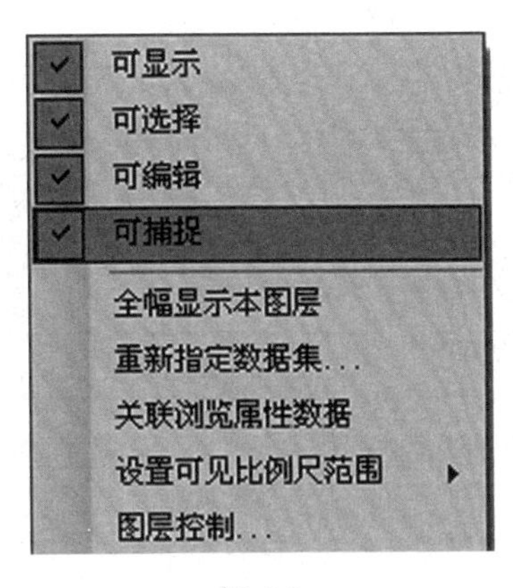

图 4-9

②在“图层属性”界面中，勾选“可捕捉”复选框，则图层中的对象可以被鼠标捕捉到，如图 4-10 所示。

图 4-10

小提示：

①图层管理器中矢量图层节点前的按钮，也是用来控制矢量图层是否可捕捉，用户可通过单击该按钮实现可捕捉的控制。当按钮处于状态时，矢量图层可捕捉；当按钮处于状态时，矢量图层中的对象不可以被捕捉到。

②图层只有处于可捕捉且为可编辑状态下，当在图层中进行选择、编辑等操作时，鼠标才能捕捉到该图层中的对象。

(4)捕捉类型设置。

在编辑和制图时，常常需要定位到某些特定位置处，但通常这些位置在实际制图时使用手工方法不能很轻松准确地定位到。基于这种需求，SuperMap iDesktop 7C 提供了强大的图形捕捉功能，由系统来进行智能捕捉定位，不仅提高了编辑和制图的精度和效率，而且还能避免出错。实际操作时，我们可以自由选择捕捉类型。当启用捕捉功能时，当前绘制的节点会自动捕捉容限范围内的边、其他节点或者其他几何要素。

单击“地图”选项卡上的“浏览”组的“操作设置”按扭，在弹出的窗口中单击“捕捉设置”按钮(见图4-11)，会弹出“捕捉设置”对话框，用户可以对捕捉的类型和捕捉参数进行相关的设置。

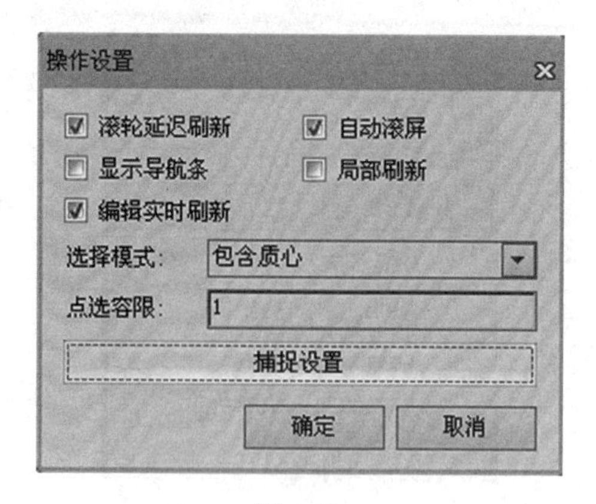

图 4-11

①“类型”选项卡用来控制相应的捕捉类型的开启和关闭。“类型”选项卡下面的列表中，列举了12种常用的捕捉关系。当某一捕捉类型被勾选时，表示开启相应的捕捉功能；当某一类型未被勾选时，则表示相应的捕捉功能被关闭，如图4-12所示。

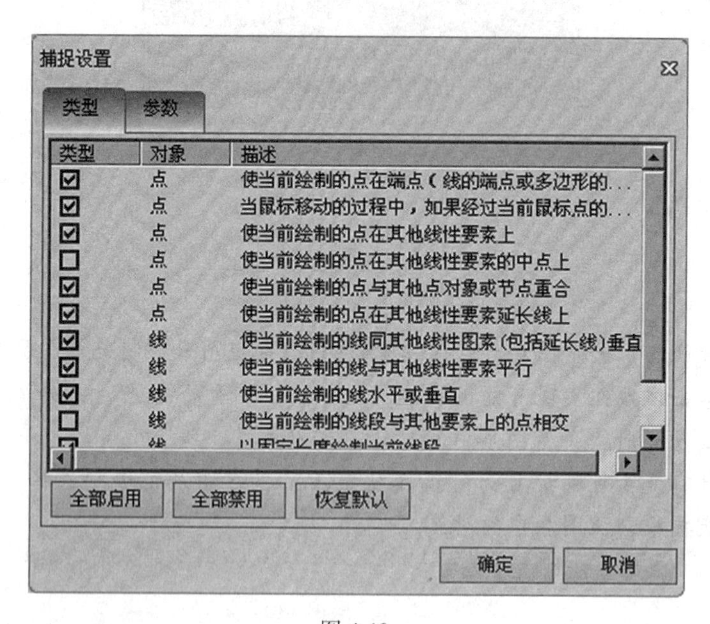

图 4-12

该窗口下方的按钮介绍如下：

- 全部启用：选中并启用所有的捕捉类型；
- 全部禁用：禁用全部的捕捉类型；
- 恢复默认：恢复系统默认选中的捕捉类型。

②“参数”选项卡用来对捕捉的相关参数进行设置，包括捕捉容限、角度、长度、最多可捕捉对象数、可忽略线长度、是否打断被捕捉的线等设置内容，如图4-13所示。

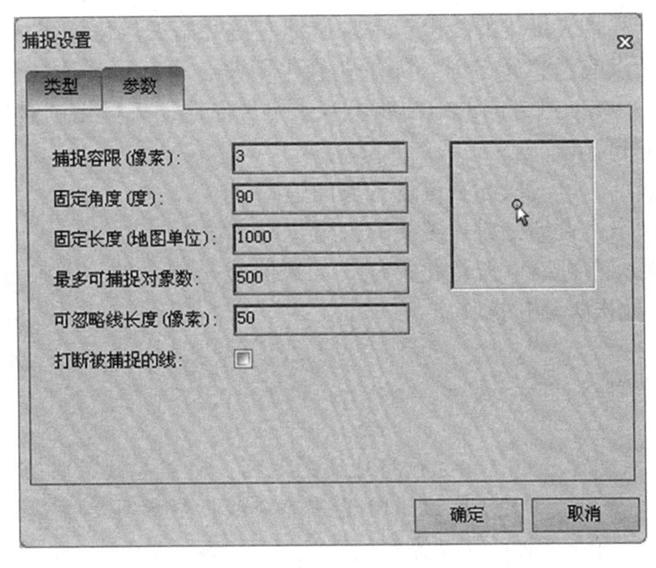

图 4-13

• 捕捉容限：可设定的范围取值为 1~12，单位为像素，默认值为 3。如果设置的捕捉容限超过 12，则系统会提示大于最大值。若待捕捉对象与光标的距离在设定范围内，该对象即被捕捉。如对话框右下角的光标定位区示意图中所示，红色圆圈(即光标定位区)的大小随着捕捉容限设定值的不同而变化。

• 固定角度：可设定的范围为 0~360，单位为度，默认值为 90。如果设置固定角度不在默认范围，则系统会有提示信息。画线时，如果待画线段与其他线段的夹角等于设定的角度，系统会使用固定角度捕捉的图标并予以提示。

• 固定长度：它的单位与地图坐标单位一致，默认值为 1000。如果待画线段的长度等于设定的长度，系统会使用固定长度捕捉的图标并给出提示信息。

• 最多可捕捉对象数：可设定的范围为 20~5000，默认值为 1000。如果设置的捕捉对象数不在默认范围内，则系统会有提示信息。在进行捕捉时，最多可捕捉的对象数设定了当前地图窗口中可捕捉对象的最大数目。

• 可忽略线长度：可设定的范围为 1~120，单位为像素，默认值为 50。如果设置的可忽略线长度范围不在默认范围内，则系统会有提示信息。可忽略线长度的值即为捕捉线的最小长度。当线对象的长度小于设定值时，不会对其进行捕捉。

• 打断被捕捉的线：勾选该项，则表示会自动打断被捕捉的线对象；否则不会打断被捕捉的线对象。

(5)描绘地图。

①矢量化线，其按钮如图 4-14 所示，具体操作步骤如下：

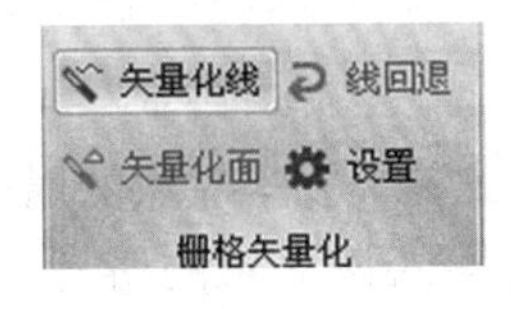

图 4-14

a. 将鼠标移至需要矢量化的线上，单击鼠标左键开始矢量化该线对象。

b. 矢量化至断点或者交叉口时，矢量化会停下来，等待下一次矢量化操作。此时跨过断点或者交叉口，在前进方向的地图线上双击鼠标左键，矢量化过程会继续，直到再次遇到断点或交叉口处停止。

c. 遇到线段端点，单击鼠标右键进行反向追踪。

d. 重复 c 的操作，直到完成一条线的矢量化操作。

e. 再次单击鼠标右键结束矢量化操作，如果曲线是闭合的，则矢量化过程中会自动闭合该线，并结束此次矢量化操作。

小提示：

①在矢量化跟踪过程中，由于栅格地图的原因，可能导致某些矢量化效果不太满意，可以点击“矢量化线回退”按钮，回退一部分线，然后再单击鼠标左键确定，或单击右键，回到当前矢量化绘制状态。

②如果栅格地图中线的大小不合适，可用“放大”、“缩小”等功能调整图像大小，以便能看清线的细节，然后单击鼠标右键，回到矢量化绘制状态。

③在矢量化绘制过程中，单击 Esc 键或者在“栅格矢量化”组中单击“矢量化线”功能按钮，即可取消当前的绘制。

④通过 Alt+Q 快捷键，可以快速便捷地使用矢量化线功能。

②矢量化面，其按钮如图 4-15 所示，具体操作步骤如下：

图 4-15

a. 将鼠标移动到需要矢量化的面对象处，单击鼠标左键，则经过此点的面对象被绘制出来。

b. 同样的方法，对其他面进行矢量化。

小提示：

通过 Alt+W 快捷键，可以快速便捷地使用矢量化面功能。

(6)属性数据的录入。

在矢量化过程中注意要同时完成各个要素对象的属性数据的输入。双击一个对象，则会弹出一个窗口，然后在相应位置输入该对象的所有属性，如图 4-16、图 4-17、图 4-18 所示。为保证 GIS 的图形严密性，应特别注意灵活应用智能捕捉和图形编辑功能。

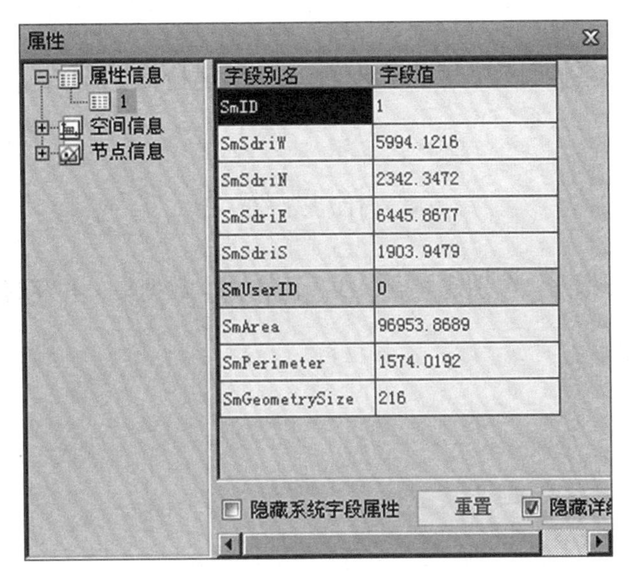

图 4-16

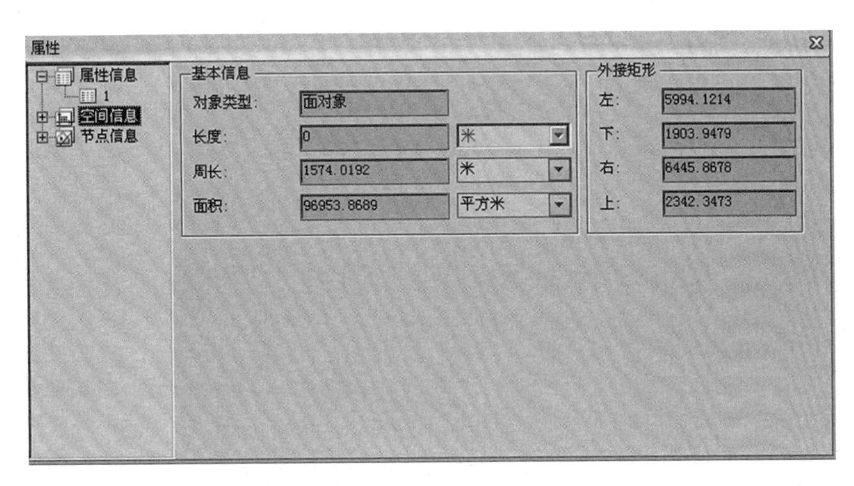

图 4-17

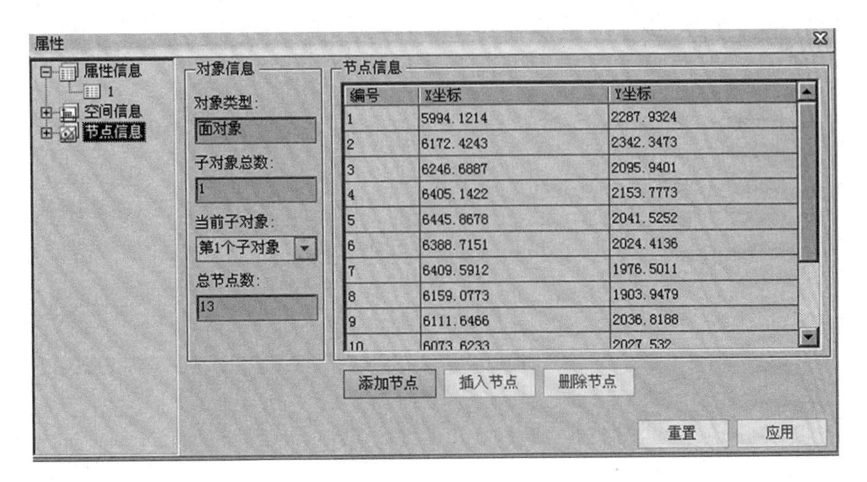

图 4-18

9）数据的编辑和检查

数据编辑和检查是控制数据质量的重要环节。需要检查图形数据、属性数据以及图形数据与属性数据的对应关系。

六、拓展练习

矢量化唐山市影像图，分别建立点、线、面、文本数据集，并存储相应信息。

实验五　属性表的基本操作

一、实 验 目 的

（1）熟悉 GIS 中空间数据和属性数据的关系。
（2）掌握在 SuperMap iDesktop 7C 中增加及删除属性字段和记录的方法。
（3）掌握在 SuperMap iDesktop 7C 中修改属性数值的方法。

二、实 验 背 景

本实验背景包括地理信息系统空间数据库中的空间数据、属性数据以及空间数据与属性数据间的连接信息。属性数据（或非空间数据）是指调查的文字报告、统一数据等用来描述空间实体属性特征的数据。GIS 中属性数据通常采用关系数据库的方式来管理。

在 GIS 中，空间数据用于表示事物或现象的分布位置，而属性数据则用于说明事物或现象，因而属性数据在地理信息系统中是不可或缺的。在本系统中，一个 UDB 数据源文件包括 UDB 和 UDD 两个文件，UDB 文件存储空间数据，UDD 文件存储和管理属性数据。UDD 文件其实就是一个 Access 数据库，管理着数据源中各数据集对应的属性表。一个数据集对应连接一个属性表，系统通过唯一标识 SmID 将数据集的每一个对象与对应属性表中的记录进行连接，建立起一一对应的关系。

矢量数据集属性表以及纯属性数据集属性表中的属性字段分为系统字段和非系统字段（即由用户创建的字段）。用户创建的字段允许用户编辑字段的值，而系统字段中，有些允许用户编辑，有些不允许用户对其进行编辑。不同类型的数据源引擎的系统字段不完全相同，但所有的系统字段都以英文字母“sm”开头。

属性窗口是以电子表格的形式浏览属性表（或数据库）的窗口。它位于应用环境的工作区域内，占去了屏幕的大部分，必须在工作空间里已经存在数据源的前提下才能打开，并且一个属性窗口只能打开一个属性表。

三、实 验 内 容

（1）练习打开属性表对属性信息进行浏览以及定位属性记录等操作。
（2）练习属性表的删除行、添加行、更新列等编辑操作。
（3）练习查看和修改几何对象、文本对象的操作。

四、实 验 数 据

SuperMap iDesktop 7C 安装目录 \ SampleData \ City \ Jingjin. smwu

五、实验步骤

“属性表”选项卡是上下文选项卡，其与矢量数据集的属性表或纯属性数据集进行绑定，只有应用程序中当前活动的窗口为矢量数据集的属性表或为纯属性数据集时，该选项卡才会出现在功能区上，如图 5-1 所示。

“属性表”选项卡主要提供了矢量数据集的属性表或纯属性数据集的属性信息输出功能、浏览功能和统计分析功能，这些功能分别被组织在“属性表”选项卡相应的组中。

图 5-1

1. 打开属性表

在本系统中，可以通过多种操作途径打开属性表(也就是打开一个属性窗口)。既可以打开当前地图窗口的任意图层的关联属性表，也可以打开一个数据集对应的属性表而无需打开地图窗口。

1)关联浏览属性数据

对于当前地图窗口的任意图层来说，可以通过多种方式打开一个与之相关联的属性表。属性表中的记录通过唯一的 ID 与地图窗口相对应图层的相应对象一一关联。

操作方式一：

(1)在图层管理器中，选中需要浏览属性数据的图层名，单击鼠标右键。

(2)在弹出的快捷菜单中选择“关联浏览属性数据”。如图 5-2 所示，右表为与左图中全部对象关联的属性表。

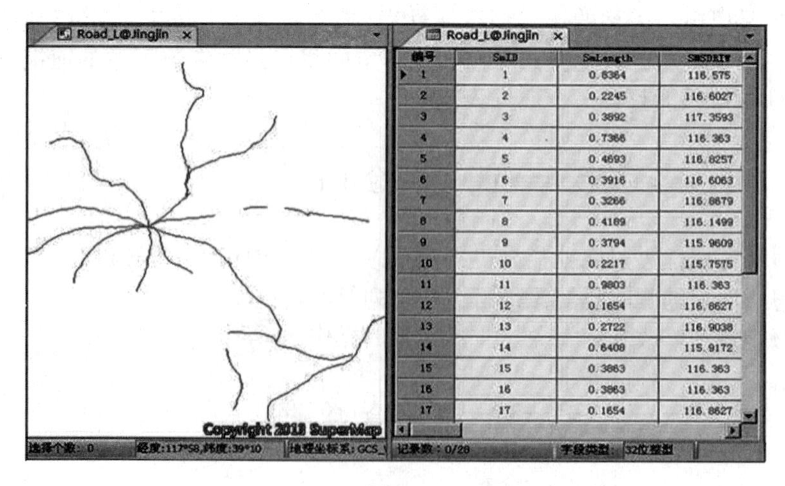

图 5-2

操作方式二：

(1)在当前地图窗口中选择需要浏览属性的对象(多于1个)，单击鼠标右键。

(2)在弹出的快捷菜单中选择“关联浏览属性”(见图5-3)，则系统会打开属性窗口，此时仅显示选中对象的属性数据(见图5-4)。

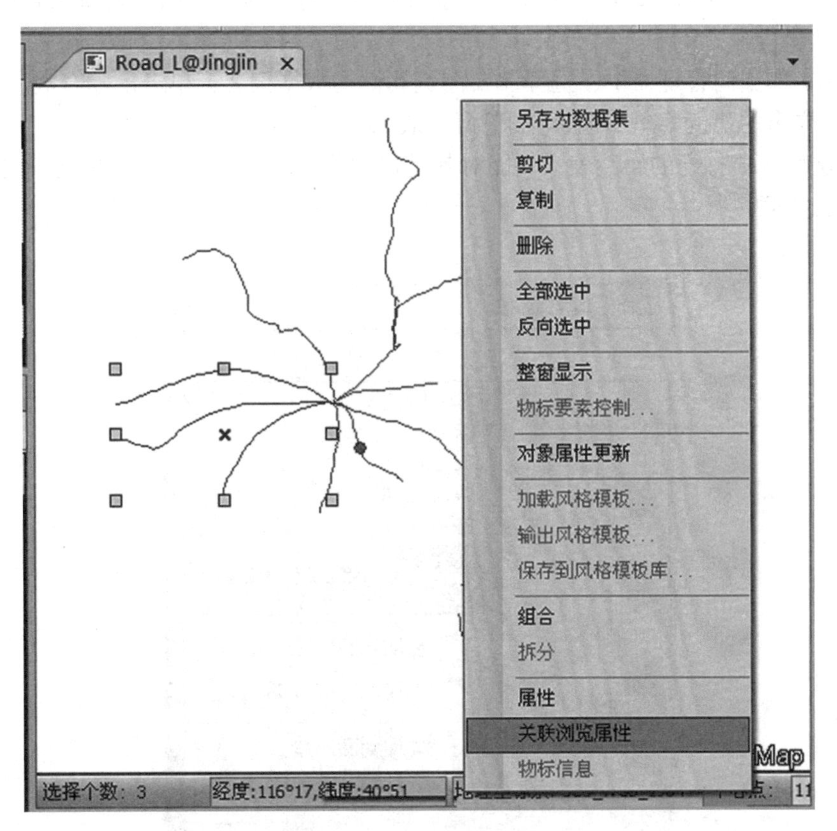

图5-3

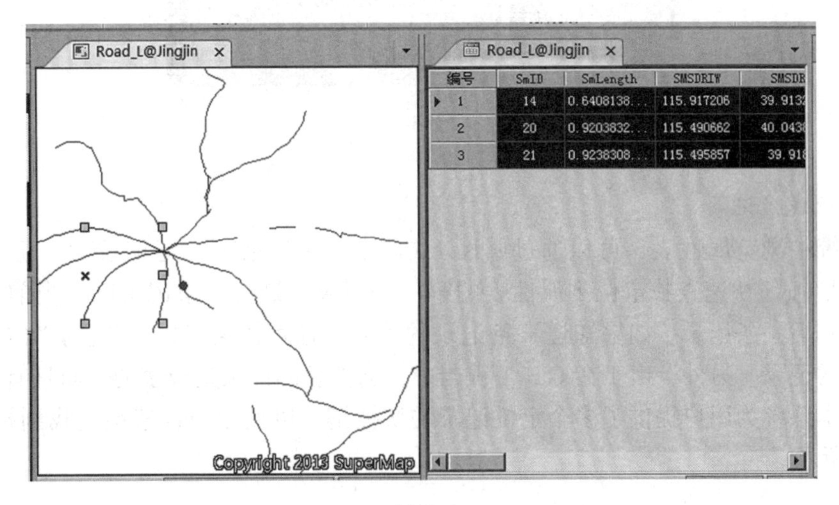

编号	SmID	SmLength	SMSDRIW	SMSDR
1	14	0.6408138...	115.917206	39.913
2	20	0.9203832...	115.490662	40.043
3	21	0.9238308...	115.495857	39.91

图5-4

(注：蓝色对象为选中对象)

系统打开一个与图层相关联的属性表后，在属性窗口中选中某一记录，系统会在地图窗口中高亮闪烁显示与之相关联的对象；而在地图窗口中选中任一对象，系统同样会在属性窗口中高亮显示与对象相关联的记录属性。

2) 浏览属性数据

对于当前工作空间中的任一数据集，系统都可以打开对应的属性表而无需打开地图窗口。具体操作步骤为：

(1) 在工作空间管理器中，选择需要浏览属性的数据集名，单击鼠标右键。

(2) 在弹出的快捷菜单中选择“浏览属性表”，如图 5-5 所示。

使用这种方式打开的属性表，只能对其进行浏览查询等操作，而不能将其与地图中对应的图层相关联。

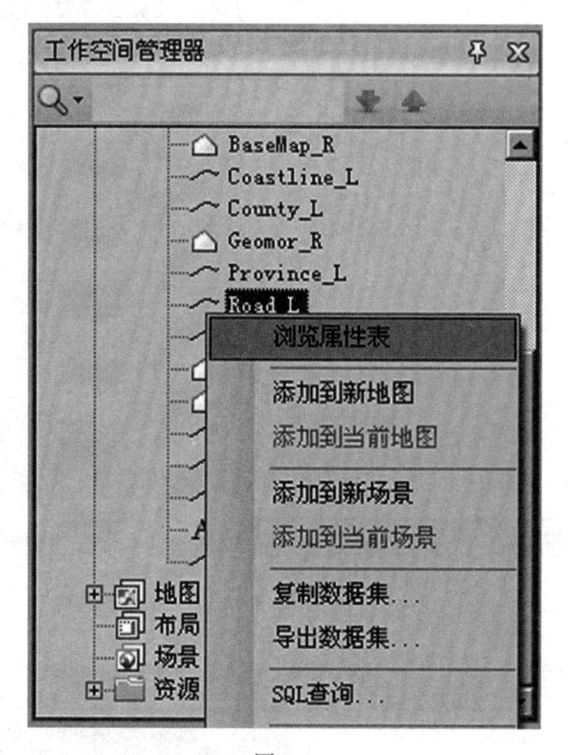

图 5-5

3) 定位属性记录

在系统中浏览属性表，可以通过属性工具栏的“首记录”、“尾记录”、“上条记录”、“下条记录”按钮快速查找定位到属性表的第一条记录、最后一条记录以及当前记录的上一条记录和下一条记录。如果知道某条记录的编号，还可以通过“查询记录”按钮，直接找到需要的记录。另外，由于在 GIS 工程当中，属性表的记录是很多的，而且有许多的字段，因此本系统为用户提供了多个定位记录的快捷键，以便用户快速地查找到指定记录，如表 5-1 所示。

表 5-1

快捷键	用　途
Home	对于某条记录，选中第一个字段单元格
End	对于某条记录，选中最后一个字段单元格
Ctrl+Home	选中属性表中第一条记录的第一个字段单元格
Ctrl_End	选中属性表中最后一条记录的最后一个字段单元格
Page Up	滚动选中下一页的同一位置的记录，每页的记录数根据窗口的大小而有所不同
Page Down	滚动选中下一页的同一位置的记录，每页的记录数根据窗口的大小而有所不同
上箭头↑	上移一个单元格
下箭头↓	下移一个单元格
左箭头←	左移一个单元格
右箭头→	右移一个单元格

2. 查看和修改对象的属性

1)查看和修改几何对象的属性

(1)在地图窗口中选择一个几何对象，如图 5-6 所示。

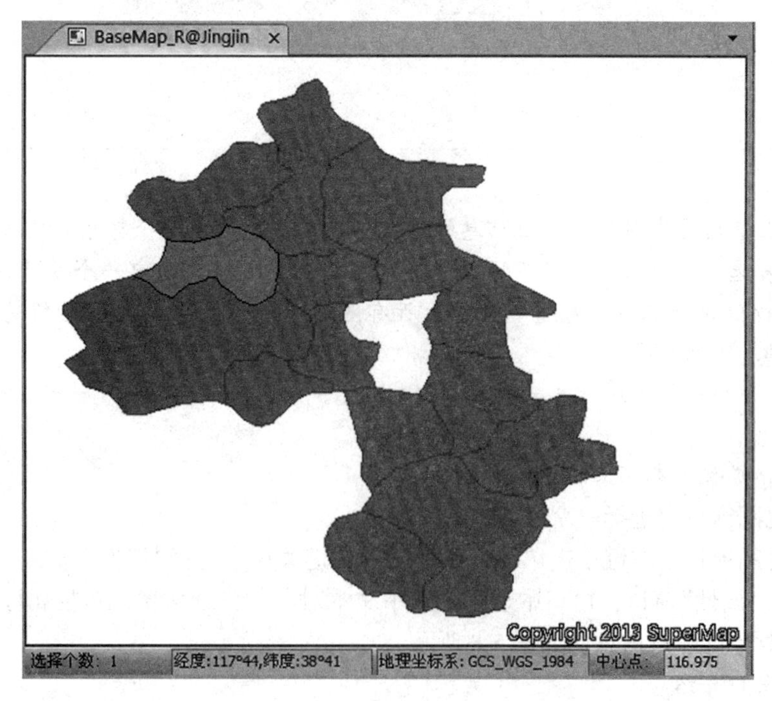

图 5-6

(2)在地图窗口中单击鼠标右键，在弹出的右键菜单中选择“属性”命令，弹出“属性”窗口，窗口中显示了选中对象的详细信息，包括属性信息、空间信息和构成对象的节点信息，如图 5-7 所示。

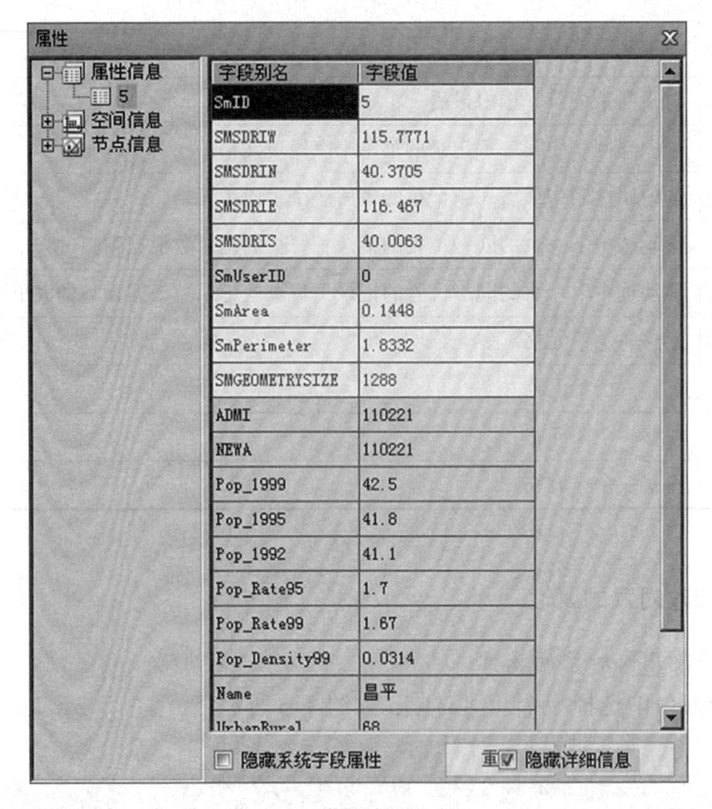

图 5-7

> **小提示：**
>
> ①以上查看选中对象的属性信息的方式，仅适用于选中一个对象的情况。
>
> ②如果选中的对象分布在不同的地图图层（各个图层仅选中一个对象时），那么“属性”窗口仅显示地图中有选中对象的所有图层中处于最上层的图层所选中的对象的属性信息。

2）查看和修改文本对象的属性

（1）在地图窗口中选择一个文本对象。

（2）在地图窗口中右键单击鼠标，在弹出的右键菜单中选择“属性”命令。

（3）弹出“属性”窗口，窗口中显示了选中文本对象的详细信息，包括属性信息、空间信息和构成对象的节点信息，如图 5-8 所示。

3）属性窗口介绍

如图 5-8 所示，“属性”窗口的左侧为一个树状结构的目录树，目录树显示了所显示的属性信息的类别，包括“属性信息”、“空间信息”、“节点信息”，这些节点的下一级为选中对象的 SmID 值。单击目录树中的某个对象对应的节点，“属性”窗口的右侧将显示该对

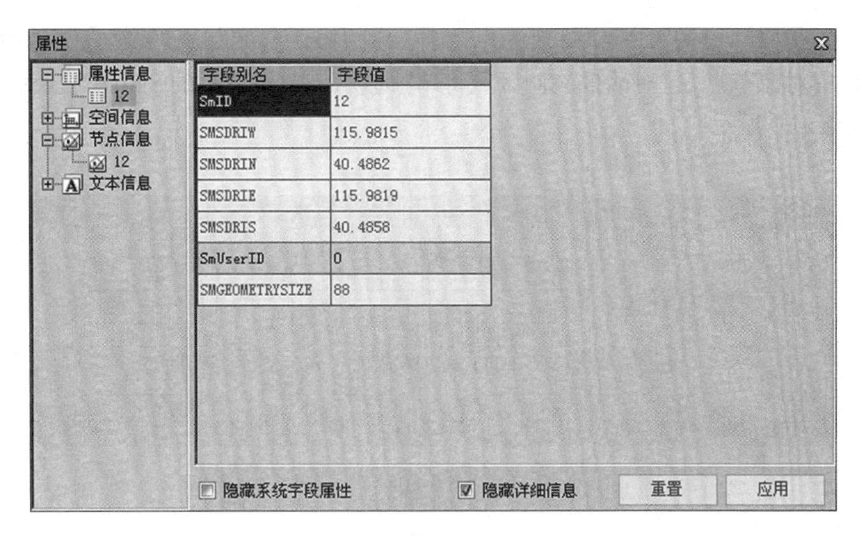

图 5-8

象具体的信息内容。

(1)属性信息。单击“属性”对话框左侧目录树中的“属性信息”节点下一级的任意一个节点(选中对象节点)，对话框右侧区域将单独显示该节点显示的 SmID 对应对象的属性信息，即该对象对应属性表中记录的字段信息，包括字段名称、字段别名、字段的类型、字段值以及字段是否为必填字段，如图 5-9 所示。

属性

属性信息
5
空间信息
节点信息

字段别名	字段值
SmID	5
SMSDRIW	115.7771
SMSDRIN	40.3705
SMSDRIE	116.467
SMSDRIS	40.0063
SmUserID	0
SmArea	0.1448
SmPerimeter	1.8332
SMGEOMETRYSIZE	1288
ADMI	110221
NEWA	110221
Pop_1999	42.5
Pop_1995	41.8
Pop_1992	41.1
Pop_Rate95	1.7
Pop_Rate99	1.67
Pop_Density99	0.0314
Name	昌平

隐藏系统字段属性　隐藏详细信息

图 5-9

(2)空间信息。单击“属性”对话框左侧目录树中的“空间信息”节点下一级的任意一个节点(选中对象节点)，对话框右侧区域将单独显示该节点显示的 SmID 对应对象的空间信息，如图 5-10 所示。

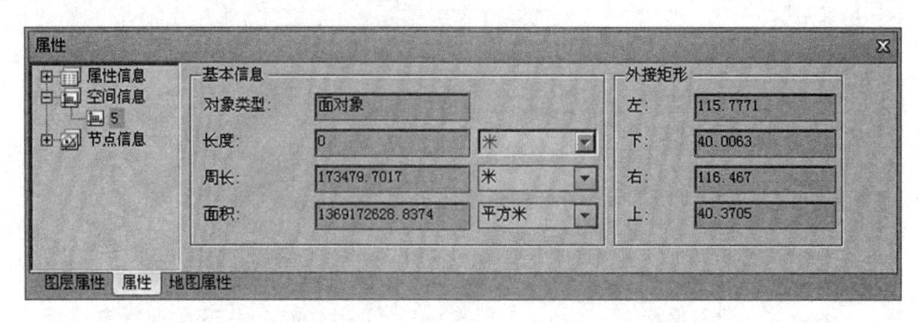

图 5-10

(3)节点信息。单击“属性”对话框左侧目录树中的“节点信息”节点下一级的任意一个节点(选中对象节点)，对话框右侧区域将单独显示该节点显示的 SmID 对应的对象的节点信息，即构成对象的节点的相关信息，主要以表格的形式显示，如图 5-11 所示。

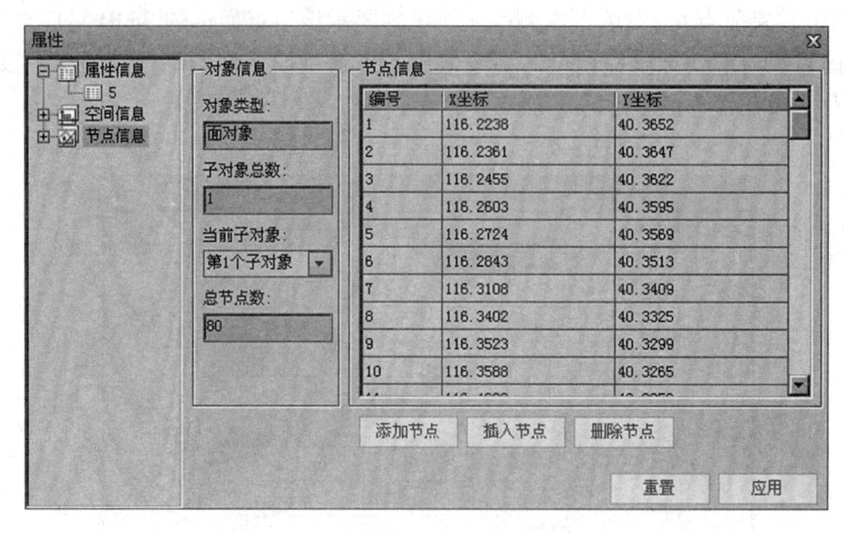

编号	X坐标	Y坐标
1	116.2238	40.3652
2	116.2361	40.3647
3	116.2455	40.3622
4	116.2603	40.3595
5	116.2724	40.3569
6	116.2843	40.3513
7	116.3108	40.3409
8	116.3402	40.3325
9	116.3523	40.3299
10	116.3588	40.3265

图 5-11

注意：

文本对象不存在节点信息。对于参数化对象，也暂不支持在属性窗口中查看其节点信息。

3. 编辑属性表

“属性表”选项卡的“编辑”组中，组织了对矢量数据集的属性表和纯属性数据集的数据进行编辑的功能，可以对属性表中的行和列数据进行整体和批量更新，如图 5-12 所示。

图 5-12

1）删除行

“删除行”选项：用于删除矢量数据集的属性表或纯属性数据集中选中的一行或多行属性记录。

具体操作步骤为：

（1）打开需要进行删除行操作的属性表，可以是矢量数据集属性表，也可以是纯属性数据集；

（2）选中矢量数据集的属性表或纯属性数据集中的一行或多行属性记录，或选中要删除行中的单元格；

（3）单击右键，选择“删除行”选项，弹出“删除行”对话框，如图 5-13 所示；

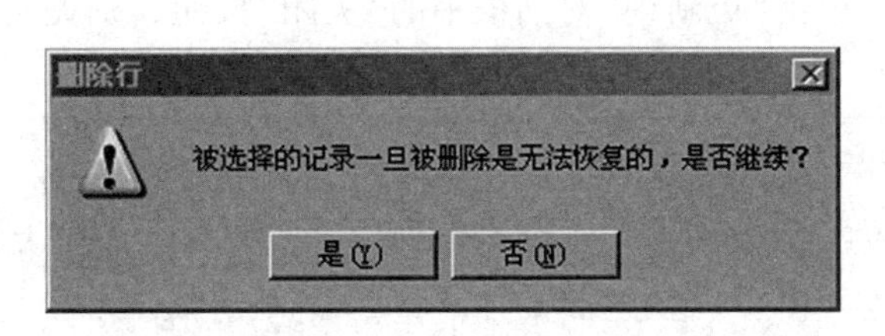

图 5-13

（4）点击“是”按钮，即可删除选中行或选中的单元格对应行的属性记录。

小提示：

①若使用“删除行”按钮删除矢量数据集的属性表中的属性记录，被删除的记录对应的几何对象也会被一并删除，所以“删除行”按钮要慎用。

②只有矢量数据集或纯属性数据集为非只读状态，“删除行”选项才可用，否则该选项会一直显示灰色，即为不可用状态。

2）添加行

“添加行”按钮：用于在纯属性数据集中添加属性记录。“添加行”按钮只有在当前属性表窗口中是纯属性数据集时，才为可用状态。

添加行的具体操作步骤为：

（1）打开需要进行添加行操作的纯属性数据集；

（2）点击“添加行”按钮，即可在当前纯属性数据集最后添加一行空的属性记录。

3) 更新列

"更新列"选项：可以实现快速地按一定的条件或规则统一修改当前属性表中多条记录或全部记录的指定属性字段的值，方便用户对属性表数据的录入和修改。

更新列的具体操作步骤为：

(1) 打开要进行更新的属性表，可以是矢量数据集属性表，也可以是纯属性数据集。

(2) 在属性表中设置属性表的更新范围，如果用户使用整列更新的方式，可以选中整个待更新列，也可以先不选择，在之后的操作中再指定；如果用户使用更新选中部分的更新方式，此步骤要选择要进行更新的单元格，选中单元格的方式有：

①在属性表中，单击某个字段的字段名称，则可以选中该字段对应的整列数据；

②在属性表中，按住 Ctrl 键，同时单击鼠标左键，则可以选择多个不连续的单元格；

③在属性表中，按住 Shift 键，同时单击鼠标左键，则可以选择多个连续的单元格；或者在属性表中的适当位置，按住鼠标左键不放，同时拖动鼠标，也可以选择多个连续的单元格。

(3) 选中某列或某个单元格，单击右键选择"更新列"选项。

(4) 在弹出的"更新列"对话框中设置用来更新待更新单元格值的运算表达式，即设置更新规则，如图 5-14 所示。

(5) 设置完成后，单击"更新列"对话框中的"应用"按钮，即执行更新属性表的操作。

(6) 更新完毕后，单击"更新列"对话框中的"关闭"按钮，则关闭对话框。

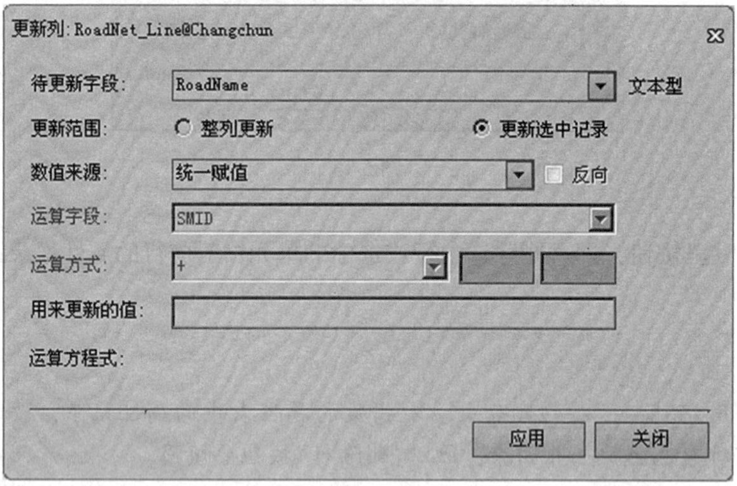

图 5-14

4) 重做/撤销

"重做"按钮和"撤销"按钮：分别用来重做和回退之前对某个属性表的更新操作。

如图 5-15 所示，点击"编辑"组的弹出组对话框按钮，弹出"编辑"组的组对话框，在此可以设置属性表编辑操作中重做和撤销操作的最大回退次数，具体介绍如下。

(1) 最大回退次数：勾选最大回退次数复选框，最大回退次数的设置有效，其右侧的文本框用来输入用户设置的最大重做和撤销属性表编辑操作的次数。

(2) 单次回退最大对象数：勾选单次回退最大对象数复选框，单次回退最大对象数的

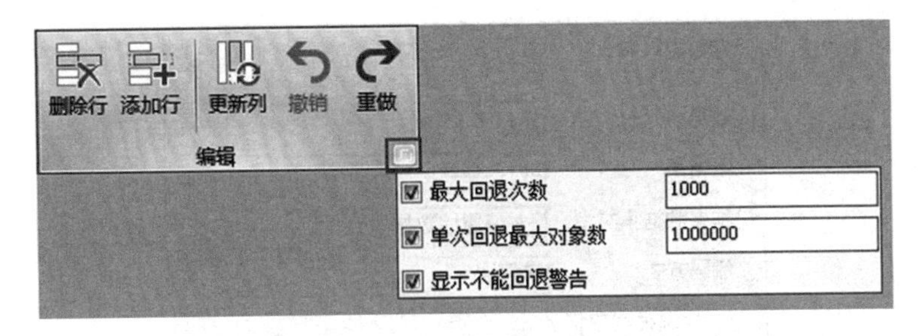

图 5-15

设置有效，其右侧的文本框用来输入用户设置的一次回退操作可以作用的最大对象数。

(3)显示不能回退警告：勾选显示不能回退警告复选框，在用户进行属性表编辑操作时，如果编辑操作的次数或者单次编辑操作作用的记录数超过了上面所设置的限制，从而导致编辑操作不能回退，则将显示提示对话框，询问用户是否继续操作。

小提示：

在编辑属性表的时候需要注意以下两点：

①只能编辑非系统字段以及可编辑系统字段的属性值。

②要注意字段的类型以及字段的长度。例如往文本型字段输入属性，假设给该字段设定的长度为 40 个字节，如果输入超出设定长度，则系统不会保存该属性。

4. 输出属性表

如图 5-16 所示的“数据集”按钮，是用来以记录行为操作单位将矢量数据集属性表存储的全部或部分空间信息、属性信息输出为新的数据集或者纯属性数据集，或者将纯属性表的全部或部分属性信息输出为新的纯属性数据集的。

输出属性表的具体操作步骤为：

(1)获取属性表。在工作空间管理器中，右键点击某个矢量数据集，在弹出的右键菜单中选择“浏览属性表”；也可以通过在工作空间管理器中选中某个矢量数据集后，点击“属性表”选项卡“输出”组中“数据集”按钮。

图 5-16

(2)在打开的属性表中，选择需要输出的记录行(只要记录行中有一个单元格被选中，即选中了该记录行)，可配合使用 Ctrl 或 Shift 键进行选择。

(3)点击“数据集”按钮，在弹出的“另存为数据集”对话框中，设置参数如图 5-17 所示，各项参数介绍如下：

- 数据源：输出的结果数据集所保存的数据源。
- 数据集：输出的结果数据集的名称。
- 结果数据集类型：设置将矢量数据集的属性表输出为新的数据集还是输出为纯属

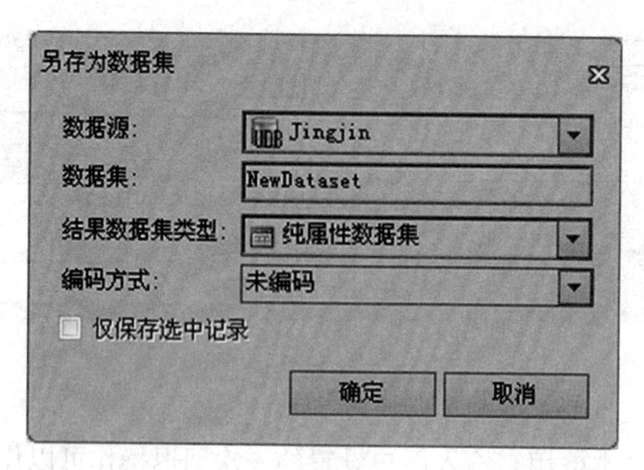

图 5-17

性数据集。如果当前属性表为矢量数据集的属性表，将其输出为新的数据集时，数据集的类型与该数据集的类型相同；如果当前属性表为纯属性数据集的属性表，则只能将其输出为纯属性数据集。

- 编码方式：将矢量数据集的属性表输出为新的数据集时，可以重新设置数据集的编码方式。

在将矢量数据集(除了点数据集)的属性表输出为新的数据集时，系统提供了四种矢量数据压缩编码方式供用户选择：单字节、双字节、三字节、四字节，分别指的是使用1个、2个、3个、4个字节存储为一个坐标值。用户可根据实际需要选择一种矢量数据压缩方式。

(4)设置完成后，单击“另存为数据集”对话框的“确定”按钮，生成的结果数据集将显示在工作空间管理器所保存的数据源的节点下。

小提示：

①在默认没有选中单元格时，应用程序将输出属性表的所有记录。

②如果用户在“另存为数据集”对话框中输入的结果数据集的名称不合法，则系统会提示用户修改结果数据集名称。

③用户可以同时打开几个数据集的属性表或纯属性数据集，但是只能对当前属性表窗口中显示的属性表或纯属性数据集进行输出操作。

5. 浏览与统计分析属性表

此外，“属性表”选项卡中还包括“浏览”、“统计分析”组，前者组织了浏览矢量数据集的属性表以及纯属性数据集的功能，后者组织了对矢量数据集的属性表以及纯属性数据集进行统计分析的几种主要功能。

1)浏览属性表

如图5-18所示，“浏览”组涉及“升序”按钮、“降序”按钮、“隐藏列”按钮、“取消隐藏”按钮、“筛选”按钮和“定位”按钮，分别用来对属性表进行升序、降序、隐藏列、取消隐藏、筛选和定位操作。

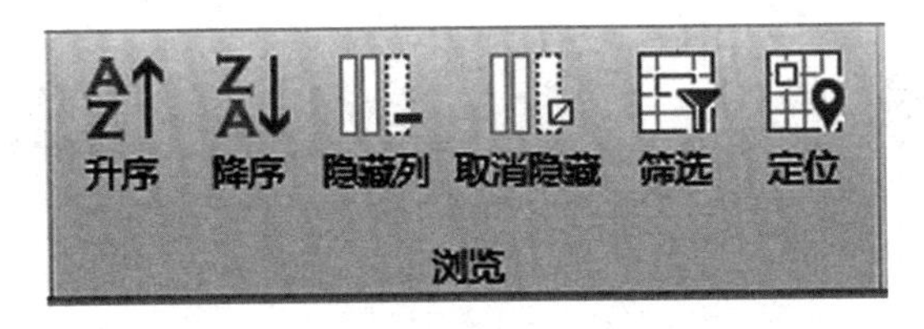

图 5-18

2) 统计分析属性表

如图 5-19 所示，“统计分析”组包含“总和”按钮、“平均值”按钮、“最大值”按钮、“最小值”按钮、“方差”按钮、“标准差”按钮和“单值个数”按钮，分别用来对属性表进行不同的统计分析操作。

图 5-19

“浏览”组和“统计分析”组的具体功能按钮读者可在具体实践中进行相应体会操作，这里不再一一赘述。

六、拓展练习

将实验四矢量化得到的唐山市道路线状数据的属性数据表中，添加一个存储公路等级的字段，并添加公路等级属性。

实验六　空间数据的编辑

一、实 验 目 的

(1)能够通过“绘图工具栏”和“修改工具栏”提供的工具进行各种丰富的图形编辑。
(2)能够利用智能捕捉提高编辑的准确性。
(3)能够采用事务方式进行空间数据的编辑。
(4)能够对属性数据进行批量编辑。

二、实 验 背 景

SuperMap iDesktop 7C 中“对象操作”选项卡是上下文选项卡，与地图窗口绑定。只有当应用程序中当前活动窗口为地图窗口时，该选项卡才会出现在功能区上，对象绘制和对象编辑功能都在此选项卡中。各种几何对象的绘制和编辑都在图层可编辑的状态下进行，可以同时设置多个图层可编辑，但在创建点、线、面或文本对象时，只针对当前选中的图层进行几何对象的绘制或编辑。因此，如果想要对某个图层创建新对象或进行对象编辑，必须首先单击图层管理器中的相应图层，将该图层设置为当前图层。

三、实 验 内 容

(1)练习几何对象的绘制、编辑、修改操作。
(2)练习几何对象之间的分割、合并、分解操作。
(3)练习使用风格刷、属性刷修改对象的风格及属性。

四、实 验 数 据

SuperMap iDesktop 7C 安装目录 \ SampleData \ China \ China400. smwu

五、实 验 步 骤

1. 图形编辑

在编辑几何对象之前，需要注意的是应先将要编辑的图层设置为可编辑，这样，选中对象的周围会出现编辑节点，如图 6-1、图 6-2 所示。

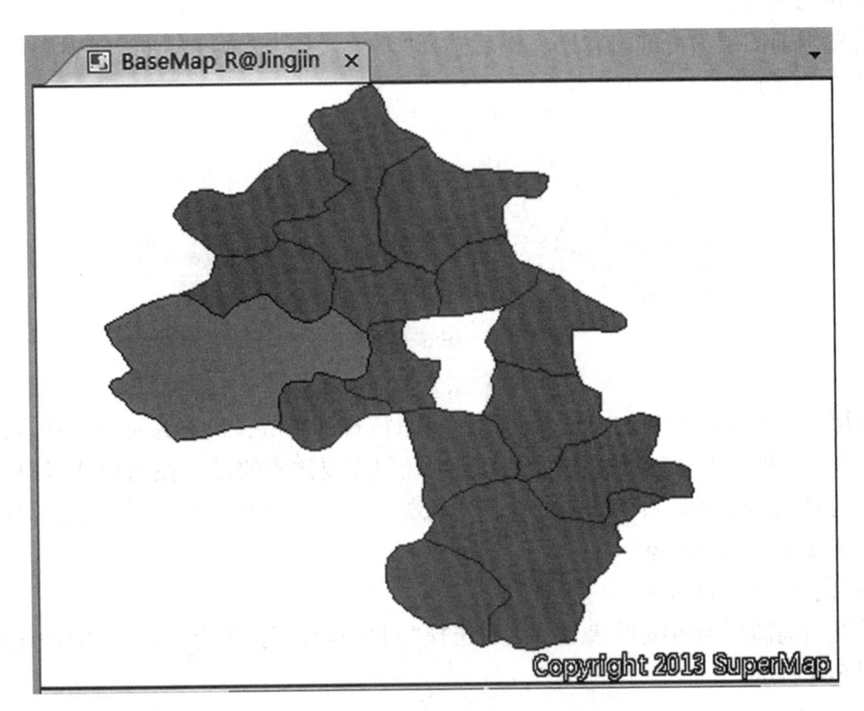

图 6-1 几何对象的非编辑状态

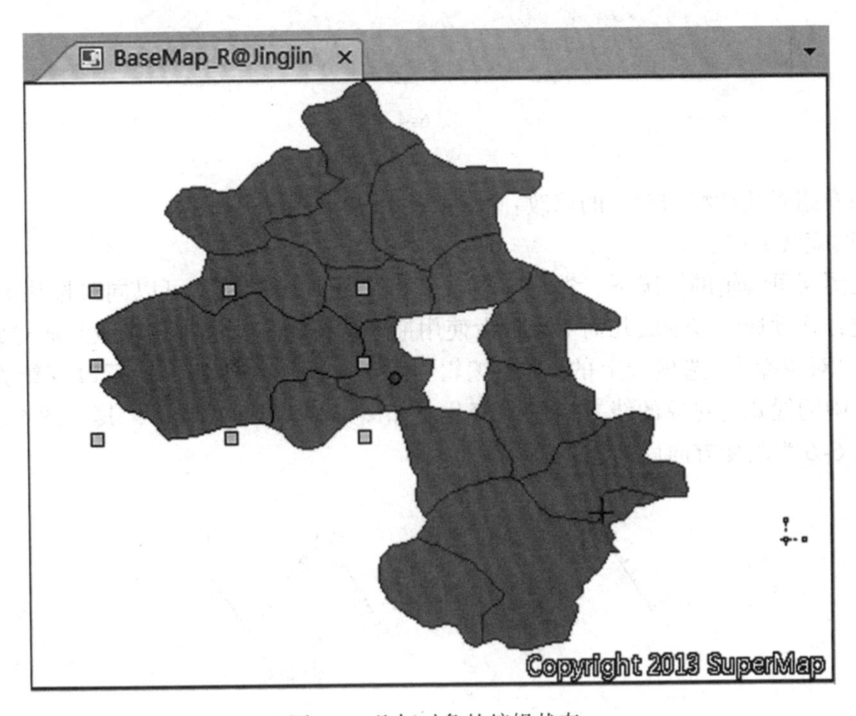

图 6-2 几何对象的编辑状态

1) 绘制几何对象

先设置当前图层为可编辑状态，然后选择"对象操作"选项卡，打开"对象绘制"工具条，如图 6-3 所示。

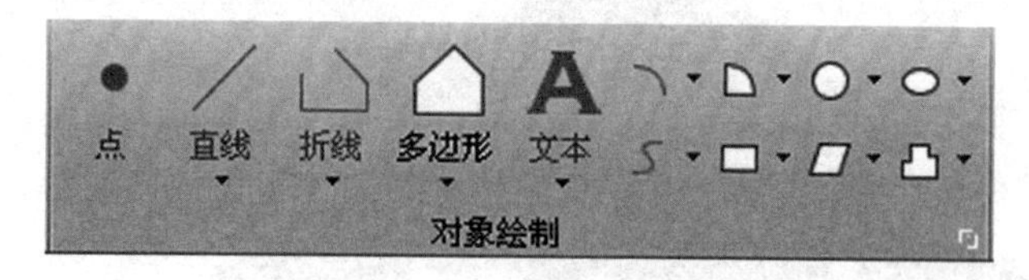

图 6-3

在图层上新增几何对象的方法较为简单，只需打开图层，设置为可编辑状态，就可将图 6-2 所示的各种图形通过鼠标添加到图层中。但需要注意的是，在新增几何对象时，待添加的几何对象的类型必须和图层的几何对象类型一致。比如，在面图层上，只能添加面对象，不能添加线和点对象。

2) 编辑、修改几何对象

先设置当前图层为可编辑状态，然后选择"对象操作"选项卡，打开"对象编辑"工具条，如图 6-4 所示。

图 6-4

下面介绍对几种特殊对象的修改：

(1) 改变线方向。

①在图层可编辑的情况下，选中一个或者多个线几何对象，可以同时按住 Shift 键或者 Ctrl 键，连续选中多个线几何对象或者使用拖框选择的方式选中多个线几何对象。

②在"对象操作"选项卡上的"对象编辑"组中，单击⇌按钮，执行改变线方向的操作，则选中的线几何对象的线方向发生变化。如图 6-5、图 6-6 所示，其中图 6-5 为原始的线，图 6-6 为改变方向后的线。

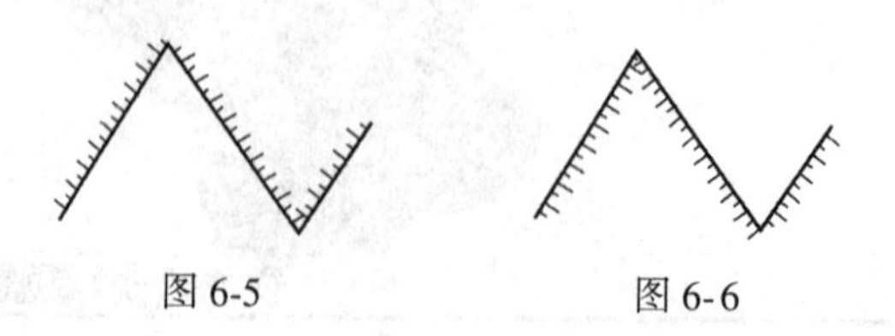

图 6-5　　图 6-6

(2) 倒圆角及倒直角。

①倒圆角：

a. 在图层中同时选中两条线段对象(非平行线)；

b. 在“对象操作”选项卡的“对象编辑”组中，单击按钮，弹出“倒圆角参数设置”对话框，默认圆角半径取两条线段最大内切圆半径的五分之一，圆角半径的单位与当前可编辑图层的坐标单位保持一致；

c. 设置是否修剪源对象，勾选“修剪源对象”表示执行操作后会对源对象进行修剪操作，否则将保留原始对象，如图 6-7 所示。

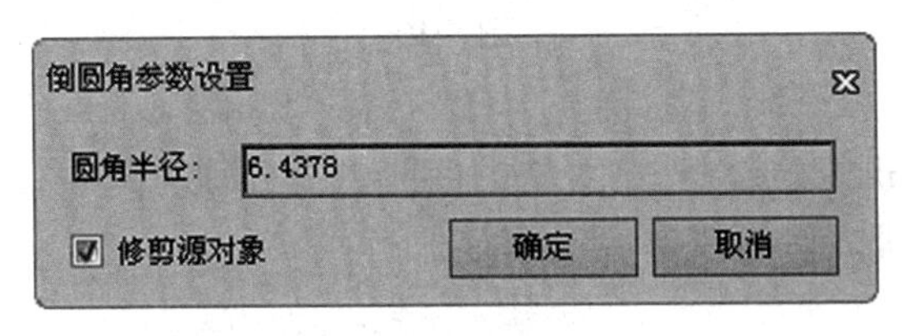

图 6-7

d. 在地图窗口中会实时显示生成倒圆角的预览效果。单击“确定”按钮，根据用户的设置执行生成倒圆角的操作，结果如图 6-8 所示。

②倒直角：

a. 在图层中同时选中两条线段对象(非平行线)。

b. 在“对象操作”选项卡的“对象编辑”组中，单击按钮，弹出“倒直角参数设置”对话框。在弹出对话框中分别输入到第一条直线和第二条直线的距离。默认到第一条直线和到第二条直线的距离均为 0，此时会直接将两条直线在相交处相连。

c. 设置是否修剪源对象。若勾选该项，则表示执行操作后会源对象进行修剪操作，否则将保留原始对象。

d. 在地图窗口中会实时显示生成倒直角的预览效果。单击“确定”按钮，根据用户的设置执行生成倒直角的操作，如图 6-9 所示。

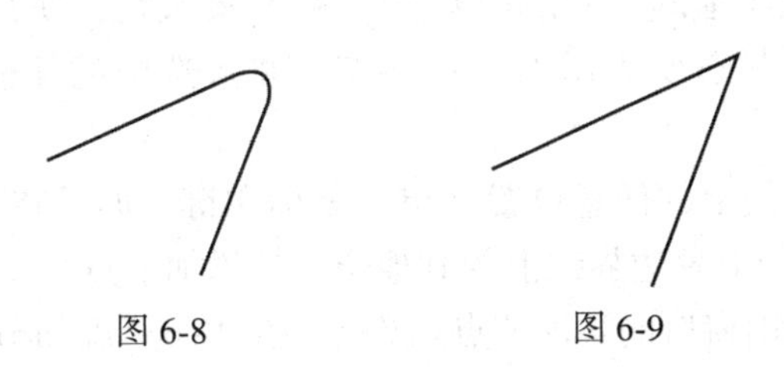

图 6-8　　图 6-9

(3)曲线光滑。

①将地图窗口中要进行平滑的几何对象(线几何对象或面几何对象)所在的图层设置为可编辑状态。

②选中要进行平滑的几何对象(线几何对象或面几何对象)，可以同时按住 Shift 键或者 Ctrl 键，连续选中多个几何对象。

③在“对象操作”选项卡的“对象编辑”组中，单击按钮，弹出“曲线光滑参数设置”对话框，如图 6-10 所示。

④在“光滑系数”右侧的文本框中输入曲线平滑度的数值，默认值为 4。

⑤若要平滑地图窗口中其他图层中的几何对象，只需重复上面①~④的操作。

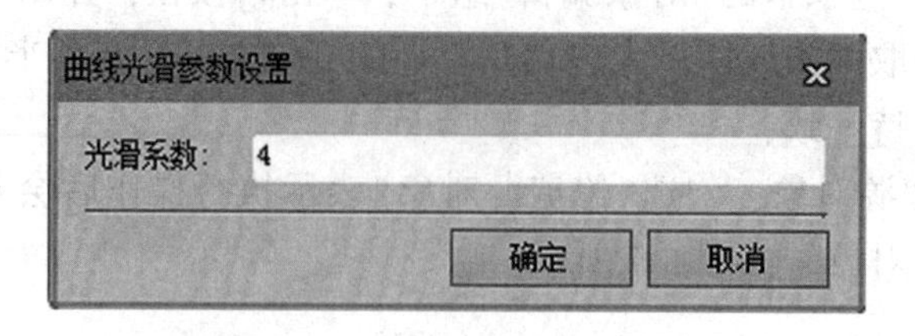

图 6-10

⑥单击“确定”按钮，完成对选中对象的曲线光滑处理。图 6-11 为光滑处理之前的效果，图 6-12 为光滑处理之后的效果。

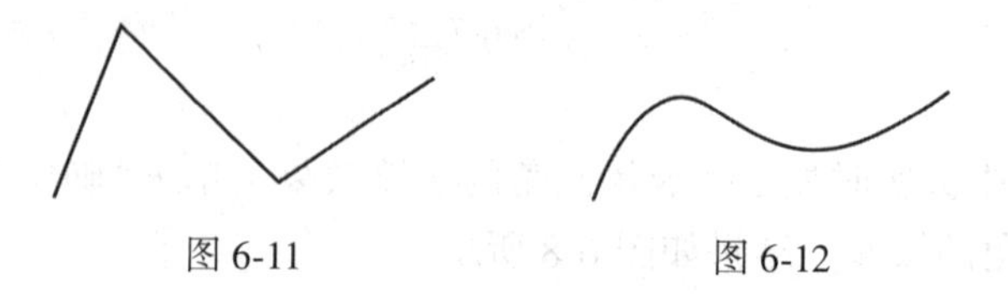

图 6-11　　图 6-12

(4)编辑节点。

对于线数据和面数据可以在创建后对其节点进行编辑，主要是增加节点和编辑节点。

①当“添加节点”按钮处于按下状态时，在地图窗口中的可编辑图层中，可以为当前选中的几何对象添加新的节点，具体操作步骤为：

a. 将地图窗口中要添加节点的几何对象(线几何对象或面几何对象)所在的图层设置为可编辑状态。

b. 选中一个要添加节点的几何对象(线几何对象或面几何对象)，并且当前只能对一个选中的对象进行添加节点的操作。

c. 在“对象操作”选项卡的“对象编辑”中，单击按钮，使其处于按下状态，此时，当前地图窗口中的操作状态变为添加节点状态，并且选中的几何对象将显示出所有的节点。

d. 在几何对象边界线上的任意位置处单击鼠标左键，即可在鼠标单击处添加一个新的节点，以此方式在几何对象边界线上的其他位置处添加节点。

e. 若要取消当前地图窗口的添加节点操作，只需单击“添加节点”按钮，使其处于非按下状态即可。

②当“编辑节点”按钮处于按下状态时，在地图窗口中的可编辑图层中，可以编辑当前选中的几何对象的节点，主要包括移动节点和删除节点，具体操作步骤为：

a. 将地图窗口中要编辑节点的几何对象(线几何对象或面几何对象)所在的图层设置为可编辑状态。

b. 选中一个要编辑的几何对象(线几何对象或面几何对象)，并且当前只能对一个选中的对象进行编辑节点的操作。

c. 在“对象操作”选项卡的“对象编辑”中，单击按钮，使其处于按下状态，此时，当前地图窗口中的操作状态变为编辑节点状态，并且选中的几何对象将显示出所有的节点。

d. 对节点进行移动、删除操作。

e. 在操作过程中，用户可以选择其他几何对象，选中的几何对象仍将显示其所有节点，用户可以继续进行节点的移动和删除编辑操作，直到将“编辑节点”按钮切换为非按下状态，编辑节点操作状态才会终止。

3) 几何对象之间的操作

通过几何对象之间的操作，可以获得新的几何对象。几何对象的操作方式包括：对象分割、对象合并、对象求交、对象分解、对象连接、对象擦除、对象求交取反等。

(1) 对象的分割，包括画线分割和画面分割。

①画线分割，如图 6-13 所示。

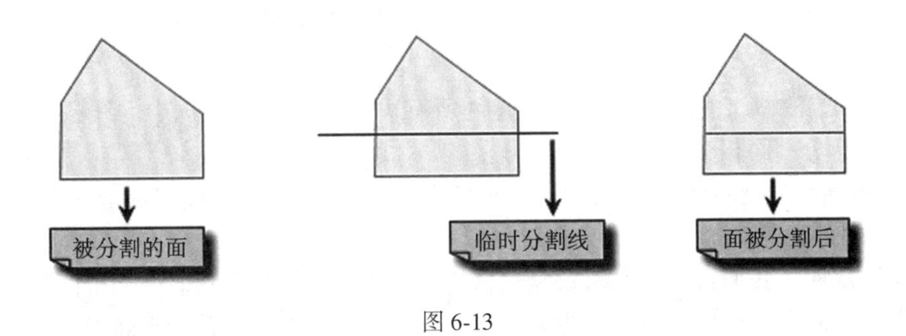

图 6-13

只有当前地图窗口中有可编辑的图层且图层中存在一个或多个选中对象时，“画线分割”按钮才可用。临时分割线所穿越的所有可编辑图层中被选中线或者面几何对象都将被分割。具体操作步骤如下：

a. 将地图窗口中要进行分割的线或者面几何对象所在的图层设置为可编辑状态。

b. 单击选中需要进行分割的线或者面几何对象，有多个几何对象时，可通过框选或按住 Shift 键选择多个几何对象。

c. 在“对象操作”选项卡的“对象编辑”组中，单击按钮，执行画线分割操作。此时，当前地图窗口中的操作状态为画线分割线或者面对象状态。

d. 绘制临时分割线，即绘制用于分割面几何对象的临时折线。

e. 临时分割线(折线)绘制完成后，右键点击鼠标，将执行分割操作，同时临时分割线消失。

f. 分割的结果为：临时分割线所穿越的所有可编辑图层中被选中的线或者面几何对象都将被分割。

g. 取消画线分割的操作状态，只需点击“画线分割”按钮，使按钮处于非按下状态。

②画面分割，如图 6-14 所示，具体操作步骤如下：

a. 将地图窗口中要进行分割的线或者面几何对象所在的图层设置为可编辑状态。

b. 用户不需要选中线或者面几何对象，直接对几何对象进行分割操作，临时分割面所穿越的所有可编辑的线或者面几何对象都将被分割。

c. 在“对象操作”选项卡的“对象编辑”组中，单击按钮，执行画面分割操作。此时，当前地图窗口中的操作状态为画面分割面或者面对象状态。

d. 绘制临时分割面，即绘制用于分割面或者面几何对象的临时面。

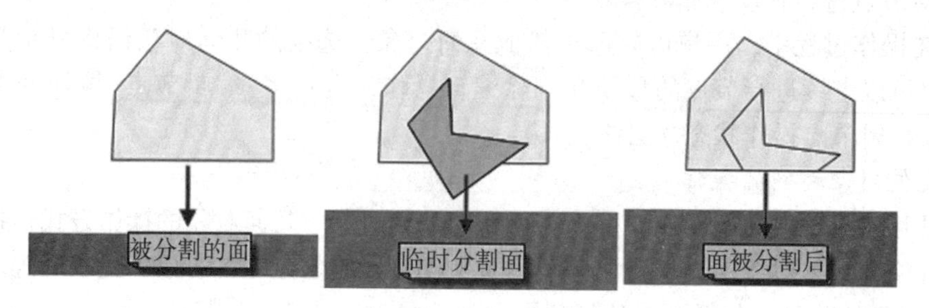

图 6-14

e. 临时分割面绘制完成后，右键单击鼠标，结束临时分割面绘制。此时，将执行分割操作，同时临时分割面消失。

f. 分割的结果为：临时分割面所穿越的所有可编辑图层中被选中的线或者面几何对象，都将在与分割面相交处被分割。

g. 取消画面分割的操作状态，只需单击“画面分割”按钮，使按钮处于非按下状态。

(2)对象的合并。

实际应用中，我们可能需要对对象进行合并操作。例如，当我们想在全国行政区划图上把黑龙江、吉林、辽宁三省合并为东北区，就可以选中东北三省三个面对象，使用合并运算，将其合并成东北区，具体操作步骤如下：

①打开“China400.smwu”工作空间，双击打开“China400”数据源下的数据集“Provinces_R”。

②在图层可编辑状态下，选中黑龙江、吉林、辽宁三个面对像。

③在“对象操作”选项卡的“对象编辑”组中，单击按钮，弹出“合并”对话框。

④在对话框中，设置要保存的对象，如图 6-15 所示(具体参数设置详见联机帮助)。

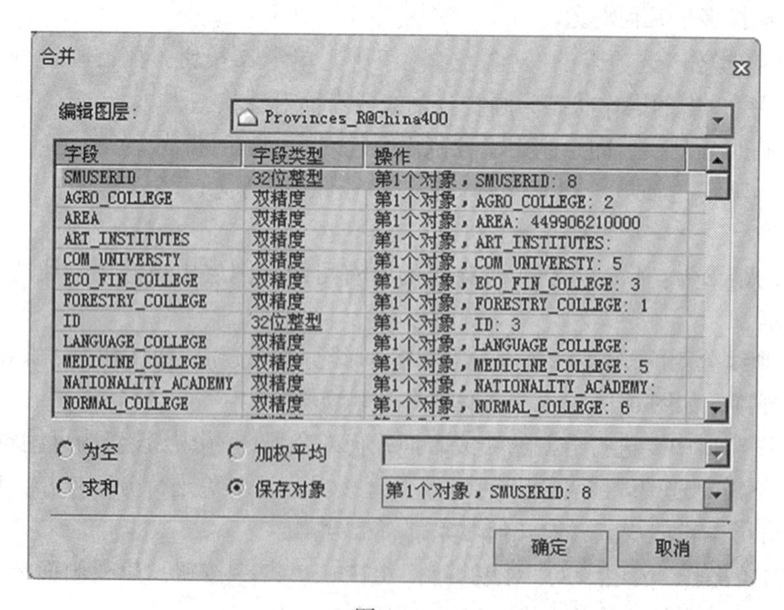

图 6-15

⑤单击“确定”按钮，完成对象的合并。图 6-16 为合并前的效果，图 6-17 为合并后的效果。

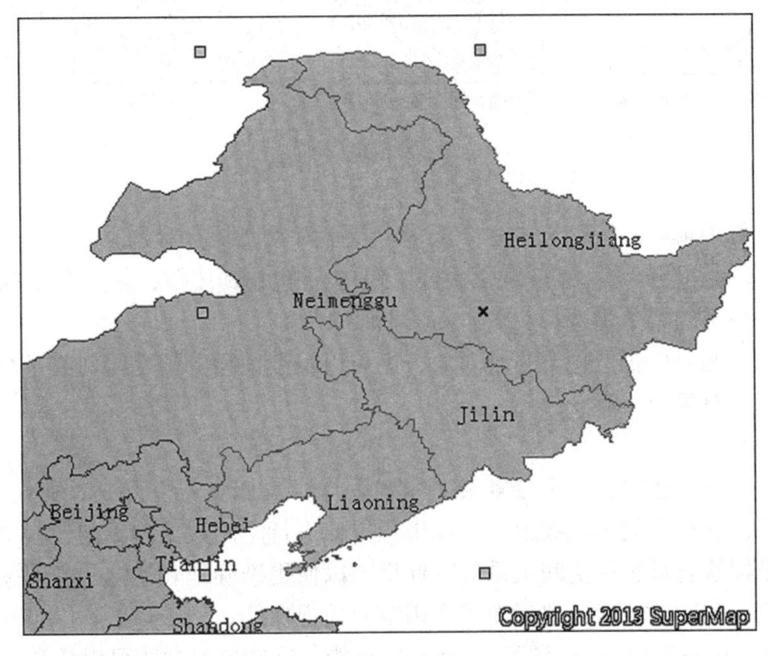

图 6-16

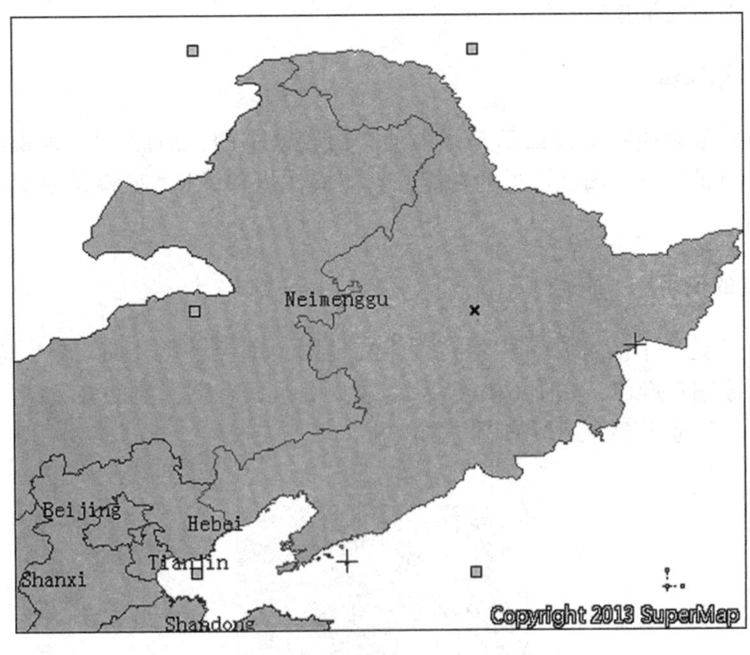

图 6-17

(3)对象的分解。

将一个(或多个)复合对象分解成单个对象，如图 6-18 所示，其具体操作步骤如下：

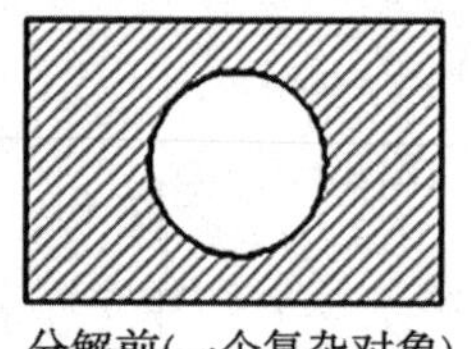
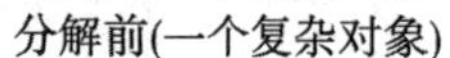

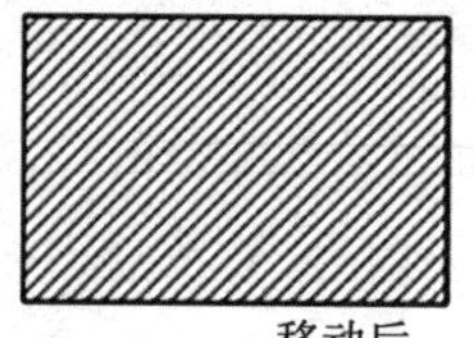
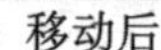

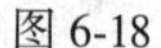

图 6-18

①在图层可编辑状态下，选中一个或多个复杂对象或复合对象。

②在“对象操作”选项卡上的“对象编辑”组中，单击按钮，执行分解操作；或单击鼠标右键，在弹出的菜单中选择“拆分”命令即可。

如果分解后的对象仍然包含复合对象，则可以继续使用分解功能对其进行分解，直到全部分解为单一对象为止。

4)智能捕捉

空间数据之间的空间关系十分复杂，如线段与线段相交、平行或者垂直，点在线上，点在线的中点，点在线的延长线上等。在采用鼠标进行空间数据编辑的过程中，常常需要通过一定的鼠标状态对这些空间关系进行标识，以便更准确地表达这些空间关系，提高空间数据采集效率和数据精度，这就需要启用空间捕捉功能。

SuperMap iDesktop 7C 中提供了 12 种捕捉功能，这些捕捉功能可以任意地开或关，并调整优先级。有了智能捕捉功能，可以很大程度上提高数据编辑的准确性，具体设置情况参考“实验四 地图矢量化”中的相关介绍。

2. 属性数据编辑

属性数据的编辑通常工作量都是很大的、比较繁重的，因此，SuperMap iDesktop 7C 专门提供了可以批量编辑属性数据的功能，具体操作步骤详见“实验五 属性表基本操作”中的相关介绍。

3. 格式刷的使用

“对象操作”选项卡的“剪贴板”组也用于在地图上编辑各类几何对象，应用程序提供了 5 种几何对象编辑操作，如图 6-19 所示。这些操作只有在当前的矢量图层为可编辑状态下才能进行。下面主要介绍风格刷与属性刷。

图 6-19

1)风格刷

风格刷可以实现将一个对象的风格赋给其他对象。具体操作步骤如下：

(1)在可编辑图层中选中一个对象，将该对象的风格作为基准风格。

(2)在“对象操作”选项卡的“剪贴板”组中，单击按钮，执行风格刷操作，此时风格刷将记录选中对象的风格。

(3)在当前地图窗口上单击想要被赋予基准风格的对象。

(4)如果想将此种风格赋予更多的对象，需要双击“风格刷”按钮，然后依次点击要赋予风格的对象即可。

(5)按 Esc 键或者单击鼠标右键结束操作。

小提示：

①风格刷功能适用于 CAD 图层和文本图层。

②风格刷支持跨图层使用，即可以将风格基准对象的风格赋给当前地图窗口中其他图层中的对象。

2)属性刷

属性刷可以实现将一个对象非系统字段的值赋给其他对象，具体操作步骤如下：

(1)在可编辑图层中选中一个对象，其属性信息将作为基准属性值。

(2)在“对象操作”选项卡的“剪贴板”组中，单击按钮，执行属性刷操作。此时属性刷将记录选中对象的属性信息，即基准属性。

(3)在当前地图窗口上单击想要被赋予基准属性的对象。

(4)如果想将此属性信息赋予更多的对象，需要双击“属性刷”按钮，然后顺次点击要赋予属性的对象即可。

(5)按 Esc 键或者单击鼠标右键结束操作。

小提示：

①属性刷功能适用于所有的矢量图层，包括点、线、面图层和 CAD 图层。

②属性刷不支持跨图层更新，即不可以将对象的属性信息赋给其他图层中的对象。

六、拓展练习

对实验四矢量化得到的唐山市区数据中满足一定条件的面状数据进行分解、合并、分割操作。

实验七　空间数据的处理

一、实验目的

(1)进行多种方式的栅格数据和矢量数据的裁剪。
(2)能进行数据类型的转换。
(3)能对原始数据进行拓扑处理。
(4)使用数据集融合进行矢量图的接边。
(5)掌握追加数据集操作。

二、实验背景

把从客观地理空间世界中获取到的空间数据，采用一定的手段，按照一定的使用要求，加工处理成另外一种形式的空间数据，分析出对用户有价值的信息作为决策的依据。

用户可以通过对多种来源的原始数据进行裁剪、转换、拓扑处理和多种数据集的融合，来实现对空间数据的各种处理。

三、实验内容

(1)练习数据集的裁剪操作。
(2)练习数据类型的转换操作。
(3)对原始数据进行拓扑处理。
(4)练习数据集的融合。
(5)练习数据集追加行、追加列、重采样操作。

四、实验数据

SuperMap iDesktop 7C 安装目录\SampleData\World\World. smwu
SuperMap iDesktop 7C 安装目录\SampleData\City\Jingjin. smwu

五、实验步骤

1. 数据集裁剪

SuperMap iDesktop 7C 提供了四种方式对矢量数据和栅格数据进行裁剪。四种裁剪方式分别为：矩形裁剪、圆形裁剪、多边形裁剪、选中对象区域裁剪。SuperMap iDesktop 7C 可以对矢量或栅格数据裁剪，并且支持跨图层的裁剪。

数据集裁剪的具体操作步骤为：

(1)打开工作空间“World. smwu”，在同一地图窗口打开数据集“World”和“Grids”。

(2)点击“地图”选项卡中“地图裁剪”按钮，选择“矩形裁剪”，进行裁剪操作。

(3)在地图窗口上画出一个矩形，再次单击左键结束，弹出“地图裁剪”对话框，进行相关参数设置，如图 7-1、图 7-2 所示。

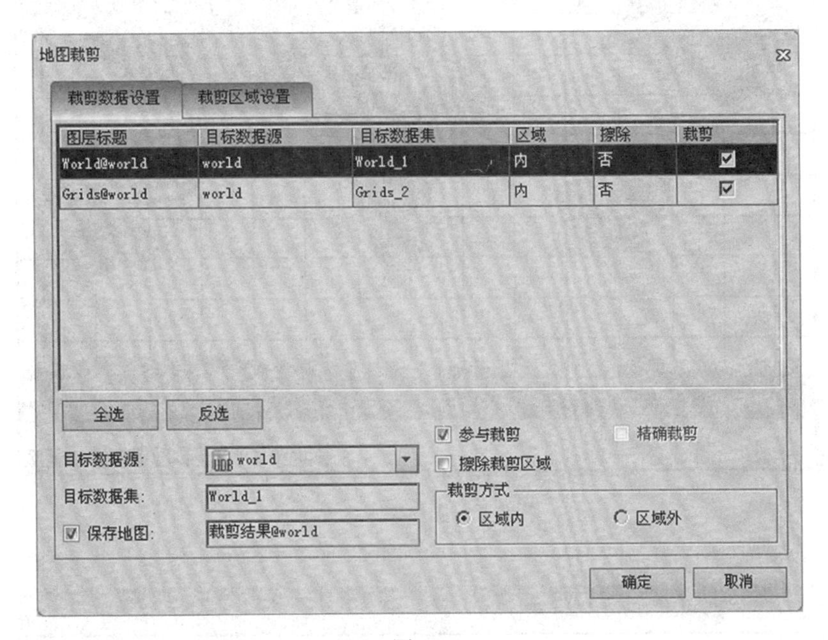

图 7-1

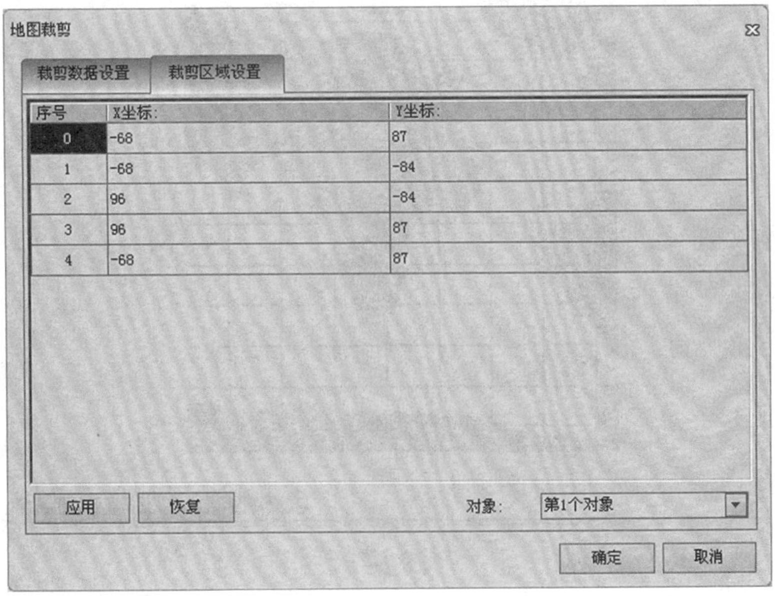

地图裁剪

裁剪数据设置 裁剪区域设置

序号	X坐标:	Y坐标:
0	-68	87
1	-68	-84
2	96	-84
3	96	87
4	-68	87

应用 恢复 对象: 第1个对象

确定 取消

图 7-2

（4）单击“确定”，进行裁剪。如图 7-3 所示为未进行裁剪的效果，如图 7-4 所示为裁剪后的效果。

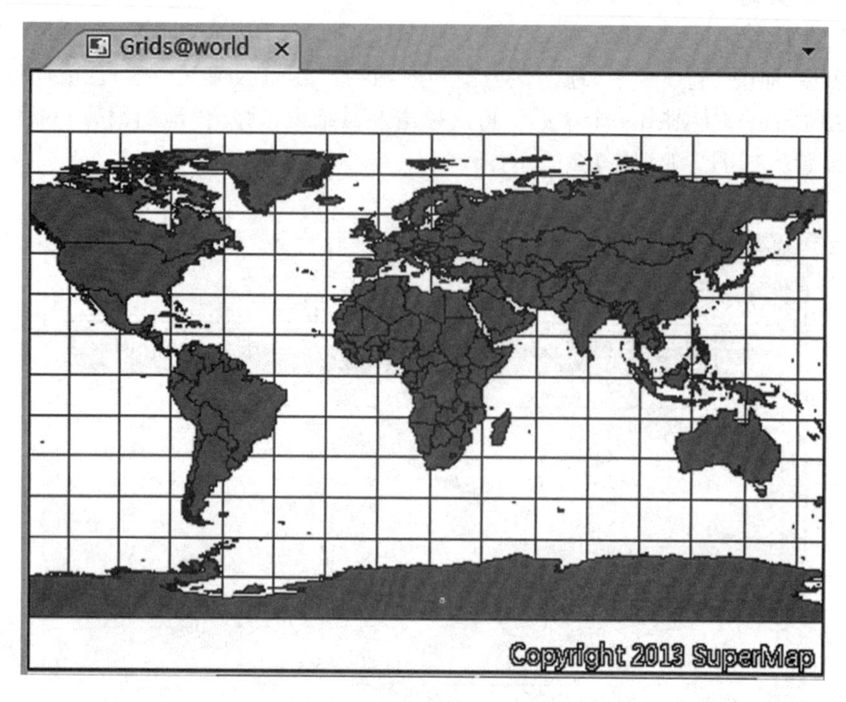

图 7-3

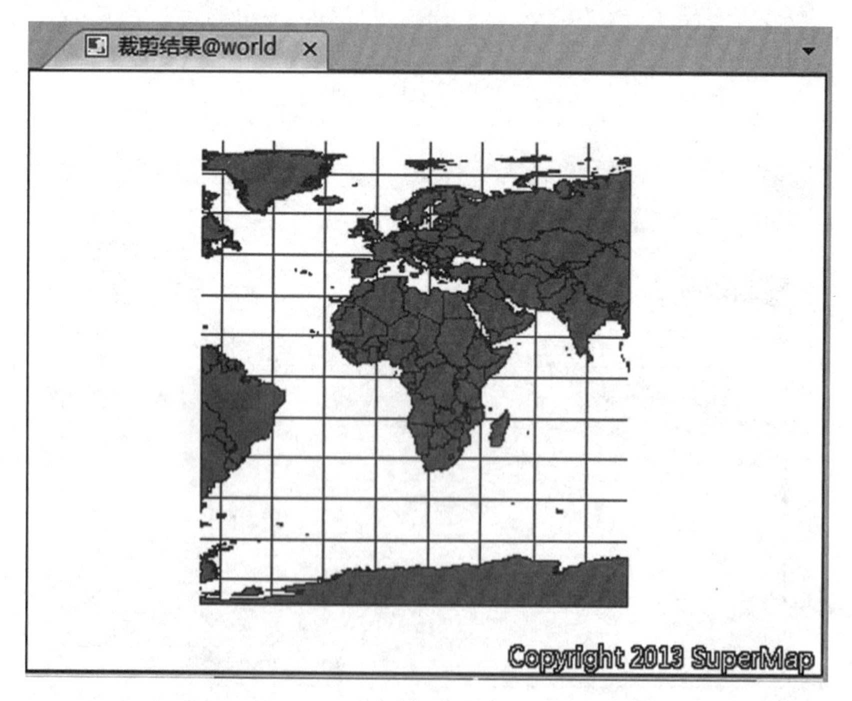

图 7-4

2. 数据类型的转换

1)点、线、面数据互转

线数据转换为面数据是通过将线对象的起点与终点相连接而构成面对象。

面数据转换为线数据是通过将面对象的边界转换为线，从而创建一个包含线对象的数据集。

线数据转换为点数据是通过把线数据集中所有线对象的节点提取出来，进而生成新的点数据集。

面数据转换为点数据是将面数据集中的每个对象的质心提取出来生成一个新的点数据集。

点、线、面数据互转的具体操作步骤为：

(1)在“工具”选项卡的“数据”组中，单击“类型转换”按钮的下拉箭头，在弹出的菜单中选择“线数据->面数据”、“面数据->线数据”、“线数据->点数据”、“面数据->点数据”。

(2)在弹出的相应对话框中单击“添加”按钮(或在列表框空白区域双击左键)，弹出选择对话框，选择待转换的数据集，单击确定按钮，返回对话框。以图 7-5 所示的“面数据->点数据”对话框为例。

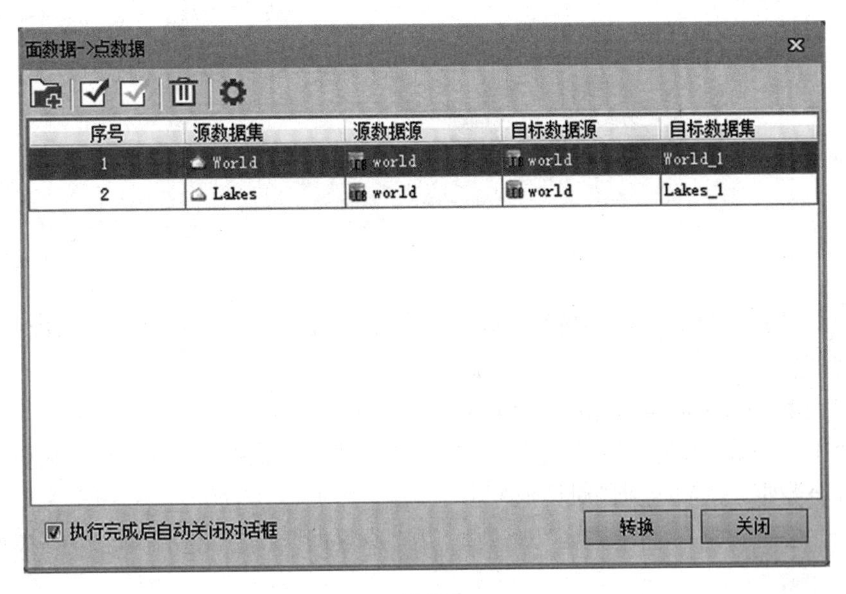

图 7-5

(3)在列表框中选择目标数据源和目标数据集，也可以直接输入目标数据集的名称。

(4)设置完成后，单击“转换”按钮，完成操作。

2)复合数据与简单数据互转

复合数据转为简单数据是将一个 CAD 数据集分解成多个简单数据集。简单数据转为复合数据是将多个不同类型的简单数据集合成为一个 CAD 数据集。

(1)简单数据转为复合数据的具体操作步骤如下：

①在“工具”选项卡的“数据”组中，单击“类型转换”按钮的下拉箭头，在弹出的菜单中选择“简单数据->复合数据”对话框。

②在弹出的“简单数据->复合数据”对话框中，选择简单数据集所在的数据源。在对话框上方的工具条中，单击添加按钮，弹出选择对话框。在选择对话框中，显示了当前工作空间中所有的数据源下面的简单数据集，添加要转换的数据集。这些数据集可以来自于多个不同的数据源，同时可以结合使用工具条中提供的全选、反选、删除等操作，如图7-6所示。

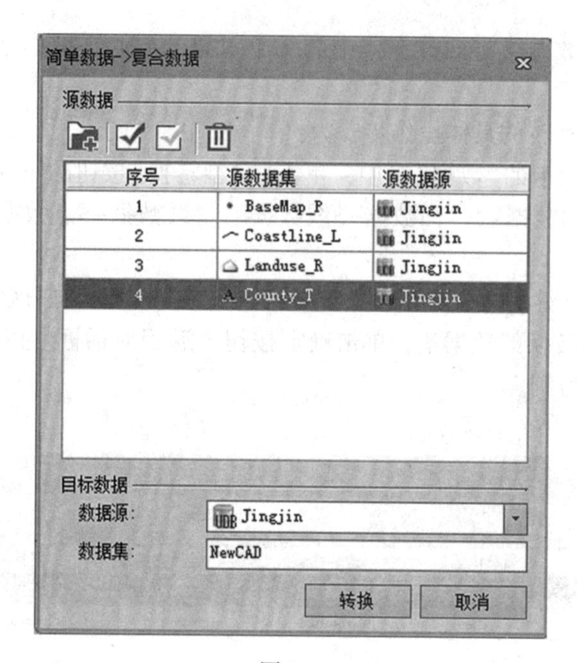

图7-6

③在“目标数据”标签下设置转换结果要保存的数据源以及复合数据集名称。

④设置完成后，单击“转换”按钮，完成操作。

(2)复合数据转为简单数据的具体操作步骤如下：

①在“工具”选项卡的“数据”组中，单击“类型转换”按钮的下拉箭头，在弹出的菜单中选择“复合数据->简单数据”对话框。

②弹出“复合数据->简单数据”对话框，在“源数据”标签下选择复合数据集所在的数据源。

③在“目标数据”标签下，选择转换后的数据集要保存的数据源。在对话框的下方选择要转换的简单数据的类型，为输出的简单数据集命名，也可以使用系统默认的名称，如图7-7所示。

④设置完成后，单击“转换”按钮，完成操作。

3)网络数据集转换为线数据集或点数据集

(1)网络数据集->线数据集：将网络数据集中所有线段(网络连接)提取出来生成新的线数据集。

(2)网络数据集->点数据集：把网络数据集中所有点(网络节点)提取出来生成新的

图 7-7

点数据集。

具体操作步骤如下：

(1)在“工具”选项卡的“数据”组中，单击“类型转换”按钮的下拉箭头，在弹出的菜单中选择“网络数据->线数据”、“网络数据->点数据”对话框。

(2)在弹出的“网络数据->线数据”、“网络数据->点数据”对话框中，单击添加按钮(或在列表框空白区域双击左键)，弹出选择对话框，选择待转换的网络数据集，单击“确定”按钮，返回“网络数据->线数据”、“网络数据->点数据”对话框。

(3)在列表框中选择目标数据源和目标数据集，也可以为目标数据集命名，生成一个新的数据集。

(4)设置完成后，单击“转换”按钮，完成操作。

此外，在“类型转换”按钮的下拉菜单中，还有“字段与文本数据互转”、“二维数据与三维数据互转”等，详细内容可参考联机帮助，这里不再一一赘述。

3. 拓扑处理

空间数据在采集和编辑过程中，不可避免地会出现一些错误。例如，同一个节点或同一条线被数字化了两次，相邻面对象在采集过程中出现裂缝或者相交、不封闭等。这些错误往往会产生假节点、冗余点、悬线、重复线等拓扑错误，导致采集的空间数据之间的拓扑关系和实际地物的拓扑关系不符合，进而影响到后续的数据处理、分析工作，并影响到数据的质量和可用性。此外，这些拓扑错误通常量很大，也很隐蔽，不容易被识别出来，通过手工方法不易去除，因此，需要进行拓扑处理来修复这些冗余和错误。

在本产品中，主要针对线数据集进行拓扑处理，可以对处理后的线数据集进行构建面数据集或网络数据集的操作，也可以使用“数据集拓扑检查”功能对其进行更加细致的拓扑检查操作。拓扑处理涉及的操作功能包括线数据集拓扑处理、拓扑构面、拓扑构网。

1) 拓扑处理

拓扑处理针对线数据集或网络数据集进行拓扑检查和修复的具体操作步骤为：

(1) 单击“数据”选项卡中“拓扑”组的“线拓扑处理”按钮。

(2) 弹出如图 7-8 所示的“线数据集拓扑处理”对话框，选择需要进行拓扑处理的源数据集。

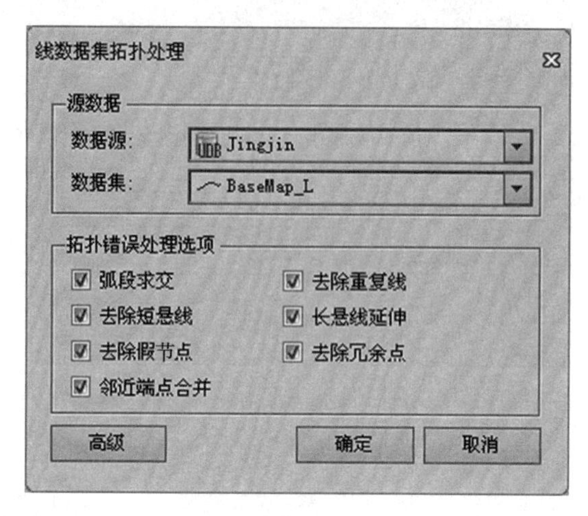

图 7-8

(3) 拓扑错误处理选项包括去除假节点、去除冗余点、去除重复线、去除短悬线、长悬线延伸、邻近端点合并、弧段求交等 7 种规则，用户可根据需要选择合适的规则对选中数据集进行拓扑处理。

(4) 单击“高级”按钮，弹出如图 7-9 所示的“高级参数设置”对话框，可在该对话框内进行弧段求交和容限设置。

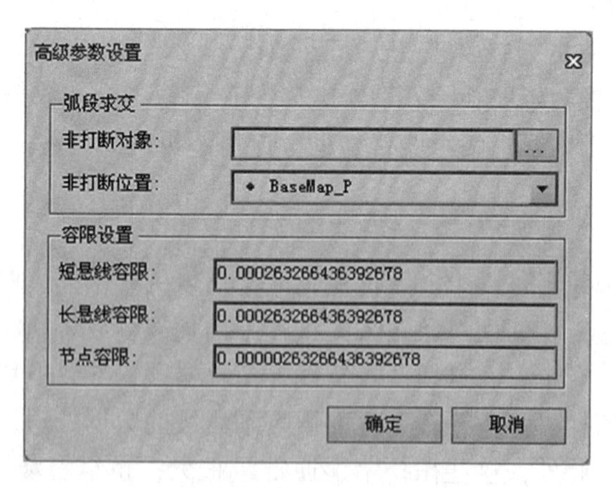

图 7-9

(5) 单击“确定”按钮对所选线数据集执行拓扑处理操作。

2) 拓扑构面

拓扑构面是将线数据集或网络数据集通过拓扑处理构建为面数据集，具体操作步骤为：

（1）单击“数据”选项卡中“拓扑”组的“拓扑构面”按钮。

（2）弹出如图 7-10 所示的“线数据集拓扑构面”对话框。

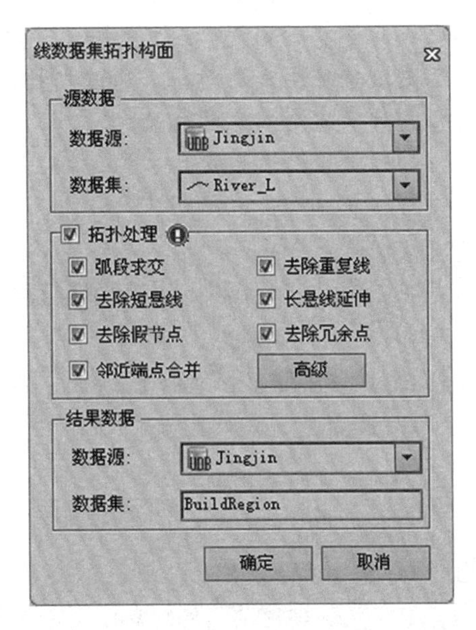

图 7-10

（3）在源数据区域选择需要进行拓扑构面的数据集，这里可以选择线数据集或网络数据集。

（4）单击“高级”按钮，可弹出如图 7-11 所示的“高级参数设置”对话框，可在该对话框内设置非打断对象和相关拓扑处理规则的容限。

图 7-11

（5）在结果数据区域设置结果面数据集的名称和存放位置，单击“确定”按钮完成操作。

小提示：

在对线数据集进行拓扑构面之前，建议先对待处理数据集进行拓扑处理操作。通过拓扑处理可以将那些在容限范围内的问题线对象(例如存在假节点、冗余点、悬线、重复线、未合并的邻近端点等拓扑错误)进行修复，同时对呈相交关系的线对象在交点处进行打断，以便于更准确地生成面对象。通过拓扑处理，可以免去用户在拓扑构面之后还要删除不符合条件的冗余对象的麻烦。

3)拓扑构网

拓扑构网是根据指定的点数据集、线数据集或网络数据集联合生成网络数据集，具体操作步骤为：

(1)单击“数据”选项卡中“拓扑”组的“拓扑构网”按钮，弹出如图 7-12 所示的“构建网络数据集”对话框。

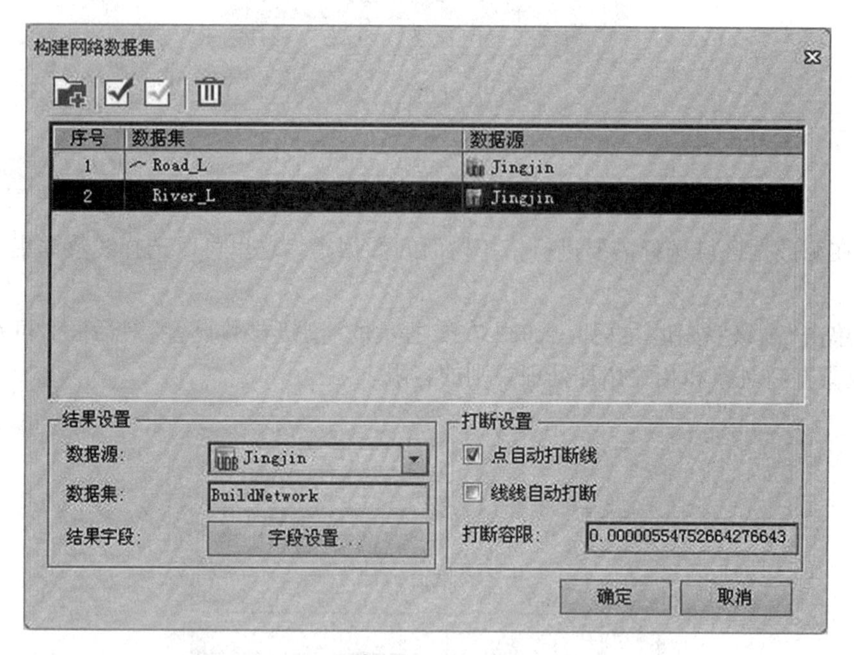

图 7-12

(2)在列表框内添加用来构建网络数据集的数据集。

(3)设置结果数据源、数据集，单击“字段设置...”按钮，弹出如图 7-13 所示对话框，选择赋予新生成的网络数据集的字段信息。

(4)单击“确定”按钮，完成操作。

4. 数据集的融合

数据集的融合为将一个线数据集或面数据集中符合一定条件的对象融合成一个对象。数据集融合功能中包括融合、组合、融合后组合三种处理方式，具体操作步骤如下：

图 7-13

(1)在功能区“数据”选项卡的“矢量”组中，单击“融合”按钮，弹出“数据集融合”对话框，如图 7-14 所示。

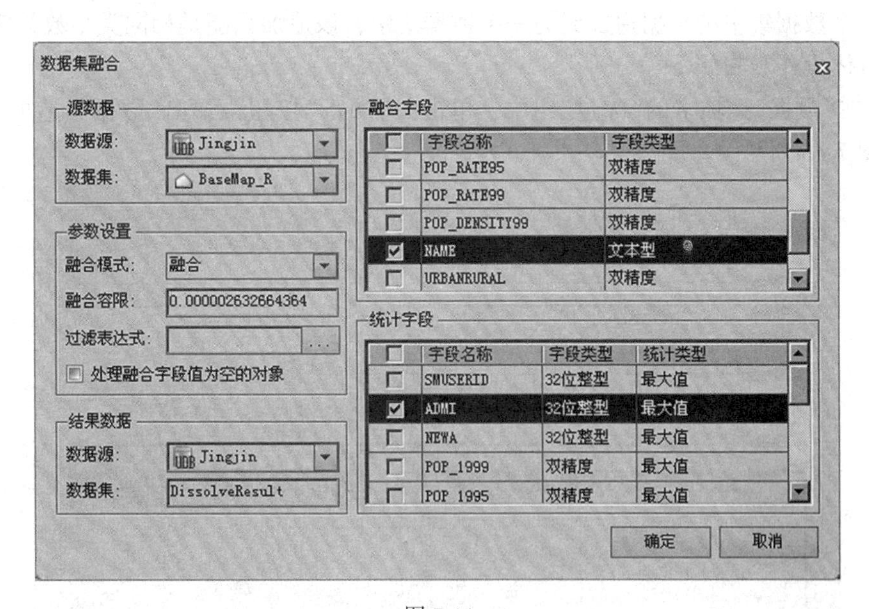

图 7-14

(2)在“源数据”区域选择要进行处理的数据集。

(3)选择融合模式。系统提供了三种融合模式：融合、组合、融合后组合。

(4)设置融合容限。数据进行融合处理时若两个对象或多个对象之间的距离在此容限范围内，则被合并为一个节点。

(5)设置过滤表达式。只有满足此条件的对象才参加融合运算。

(6)选中“处理融合字段值为空的对象”复选框，表示会将容限范围内字段值同时为空的对象进行融合，否则对字段值为空的对象不进行任何处理。

(7)选择融合字段。要被融合的对象在属性表中某字段下应具有相同的值，选择一个或多个这样的字段作为融合字段。

(8)选择统计字段。对融合的对象进行字段统计，统计类型可以是最大值、最小值、平均值等。

(9)单击“确定”按钮，执行融合操作。

小提示：

数据集融合时需要遵循如下条件：

①数据对象间某字段的值相同；

②线对象需端点重合才可以进行融合；

③面对象必须相交或相邻(具有公共边)。

5. 追加数据集

1)数据集追加行

把一个数据集中的数据追加到另一个数据集中，该追加只能是相同类型数据集之间的追加，具体操作步骤如下：

(1)在“数据”选项卡的“矢量”组中，单击“追加行”按钮，弹出“数据集追加行”对话框，如图 7-15 所示。

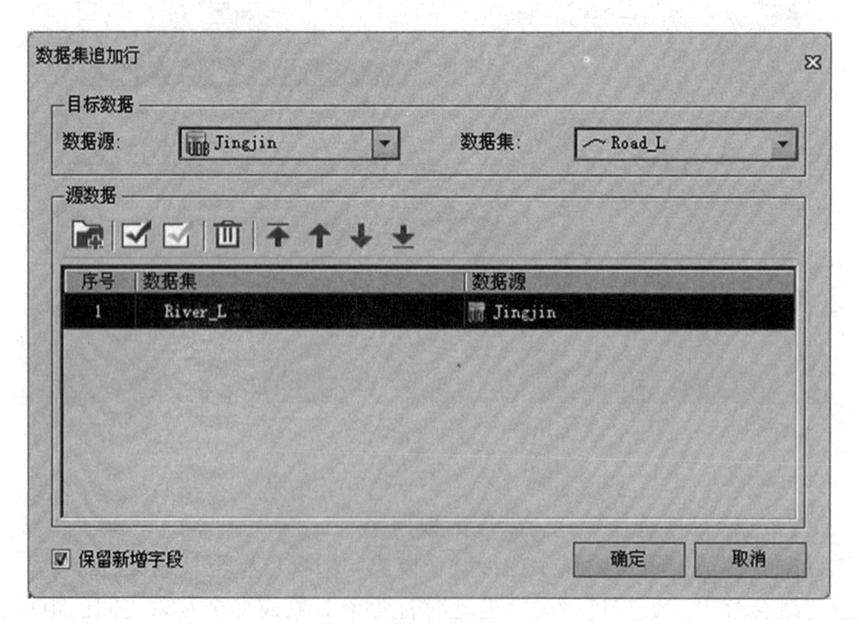

图 7-15

(2)在“目标数据”区域选择追加的目标数据集，可以是一个已有的数据集，也可以手动新建一个数据集进行追加。

(3)在“源数据”列表区域选择源数据集，即提供数据的数据集。列表框内的数据集可以通过工具条按钮进行编辑。

(4)保留新增字段用来设置源数据中存在而目标数据中不存在的字段是否保留。选中“保留新增字段”复选框，予以保留，否则只保留与目标数据中相匹配的字段。

(5)单击“确定”按钮，完成追加操作，单击“取消”撤销此操作。

2)数据集追加列

数据集追加列主要用于向目标数据集属性表中追加新的字段。该字段值来自于源数据集的属性表。在操作过程中，需要设置一对连接字段，这对连接字段分别来自于源数据集和目标数据集，连接字段中具有相同的数据值时，才能完成数据值的顺利追加。

数据集追加列的具体操作步骤如下：

(1)在“数据”选项卡的“矢量”组中，单击“追加列”按钮，弹出“数据集追加列”对话框，如图 7-16 所示。

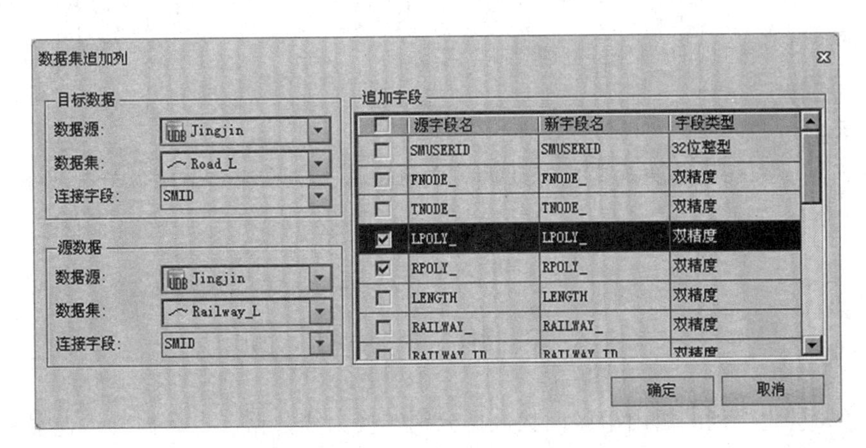

图 7-16

(2)在“目标数据”区域选择要追加的目标数据集，再选择其连接字段。

(3)在“源数据”区域选择提供属性字段的源数据集及其连接字段。此处设置的连接字段的字段类型要保持和目标数据集的连接字段类型相同。

(4)在“追加字段”区域选择需要追加到目标数据集的字段。

(5)单击“确定”按钮即完成数据集追加列的操作，单击“取消”按钮则撤销操作。

3)数据集重采样

数据集重采样是当线对象中的节点过于密集时，重新采集坐标数据，简化地图绘制。可以批量处理多个数据集，操作步骤如下：

(1)在功能区“数据”选项卡的“矢量”组中，单击“数据集重采样”按钮，弹出“矢量数据集重采样”对话框，如图 7-17 所示。

(2)在左侧列表框中添加要进行重采样处理的数据集，通过工具可进行“添加”、“全选”、“反选”、“移除”的操作。

(3)在“参数设置”区域设置重采样的方法以及相关参数。

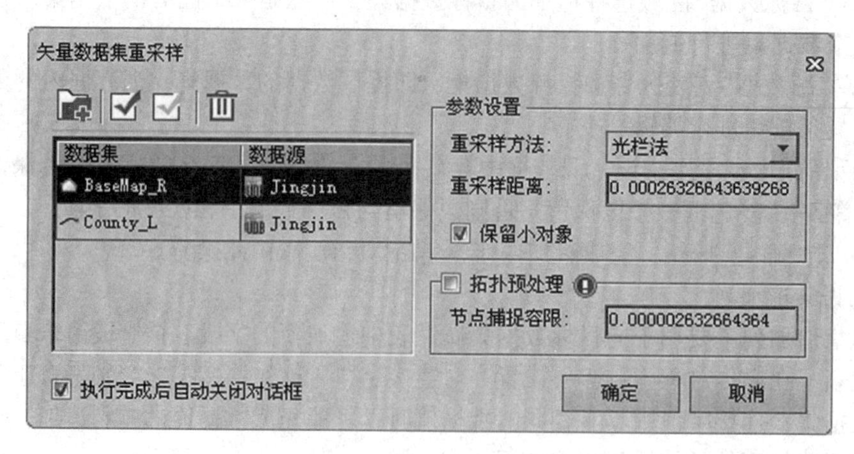

图 7-17

(4)单击“确定”按钮即执行矢量数据集重采样操作，单击“取消”按钮则关闭窗口放弃操作。

小提示:

数据集重采样操作会改变原有数据集中的数据，用户操作前须做好数据备份。

六、拓展练习

(1)将矢量化得到的唐山市区面状数据分别转换为线数据、点数据，并观察其变化。

(2)分别选取唐山市区点、线、面数据转换为CAD复合数据集。

实验八　专题图制作

一、实 验 目 的

(1)理解专题图的分类及区别。

(2)掌握几种常用的专题图应用场景。

(3)熟悉各种专题图的基本制作步骤。

二、实 验 背 景

专题图是指使用各种图形风格(例如颜色或填充模式)图形化地显示地图的基础信息的某方面特征的一类地图。制作专题图只根据专题变量对地图进行渲染，而专题变量是指在地图上显示的数据。专题图表示现象的现状、分布规律及其联系，并且能够表现这些现象的动态发化和发展规律，有助于预测和预报，专业性强，与各学科联系密切。

SuperMap iDesktop 7C 桌面产品作为桌面 GIS 软件，具有十分强大丰富的专题图制作功能，为用户提供了简洁方便的操作，可以根据用户的各种需求制作出生动、精美的专题图。SuperMap iDesktop 7C 桌面产品总共为用户提供了七种矢量专题图(见表 8-1)、两种栅格专题图(栅格单值专题图、栅格分段专题图)以供选择。

表 8-1　专题图类型说明

类型	概　述
单值专题图	单值专题图是利用图层的某一字段(或者多个字段)的属性信息通过不同的符号(线型或者填充符号)表示不同属性值之间的差别。单值专题图有助于强调数据的类型差异，但是不能显示定量信息。这种专题图比较适合根据其固有的特征(名称、类型等)来区分主题的地图，比如土地利用类型、境界线、行政区划图等
分段专题图	分段专题图是利用图层的某一字段属性，将属性值划分为不同的连续段落(分段范围)，每一段落使用不同的符号(线型、填充或者颜色)表示该属性字段的整体分布情况，从而体现属性值和对象区域的关系。分段专题图用来显示数值和地理位置之间的关系，如不同区域的销售数字、家庭收入、GDP，或者显示比率信息如人口密度等
标签专题图	标签专题图主要用于对地图进行标注说明，可以用图层属性中的某个字段(或者多个字段)对点、线、面等对象进行标注。制图过程中，常使用文本型或者数值型的字段，如地名、道路名称、河流宽度、等高线高程值等对地图进行标注

续表

类型	概　　述
统计专题图	统计专题图是根据地图属性表中所包含的统计数据进行制图，可在地图中形象的反映同一类属性字段之间的关系。借助统计专题图可以更好地分析自然现象和社会经济现象的分布特征和发展趋势，例如研究区植被类型分布变化或城市人口增长比率。统计专题图为用户提供了多种统计图类型，用户可以根据不同的需求，创建不同的统计图
等级符号专题图	等级符号专题图与分段专题图类似，同样将矢量图层的某一属性字段信息映射为不同等级，每一级分别使用大小不同的点符号表示，符号的大小与该属性字段值成比例。制作这种专题图时，要注意符号大小设置，尽量做到减少部分符号之间的互相压盖，且能清楚区分各级不同的符号。等级符号专题图多用于具有数量特征的地图上，例如不同地区的粮食产量、GDP、人口等的分级
点密度专题图	点密度专题图可以让用户检查数据的粗略数目。它是用点的密集程度来表示与范围或区域面积相关的数据值。每个点代表一定数值，每个区域有一定数量的点，每个区域的点值与点总数的乘积就是该区域的数据值。点密度专题图多用于具有数量特征的地图上，例如表示不同地区的粮食产量、GDP、人口等的分级
自定义专题图	通过自定义属性字段来创建专题图，根据数值型字段的值对应风格设置表来设置显示风格，可以更自由的表达数据信息

三、实验内容

(1)练习专题图制作主要流程。

(2)进行各种专题图制作。

四、实验数据

SuperMap iDesktop 7C 安装目录 \ SampleData \ City \ Jingjin. smwu

SuperMap iDesktop 7C 安装目录 \ SampleData \ World \ World. smwu

SuperMap iDesktop 7C 安装目录 \ SampleData \ China \ China400. smwu

五、实验步骤

1. 创建专题图的一般操作

1)准备数据

打开工作空间“China400. smwu”。

2）加载数据到图层

方法一：将数据直接拖曳到地图窗口。

方法二：选中数据（可多选），右键选中"添加到新地图"。

方法三：双击数据，效果如图 8-1 所示。

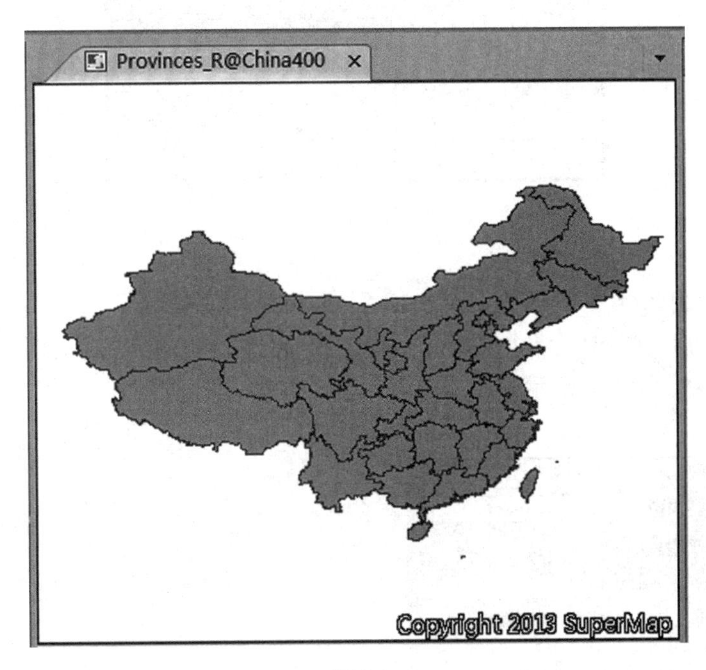

图 8-1

3）创建专题图

方法一：点击"地图"选项卡"专题图"组中的"新建"按钮，弹出"制作专题图"对话框，通过"默认"或者模板创建相应专题图，如图 8-2、图 8-3 所示。

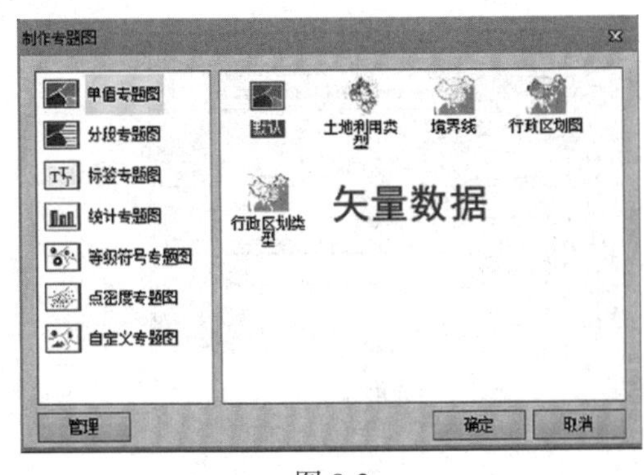

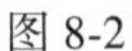
图 8-2

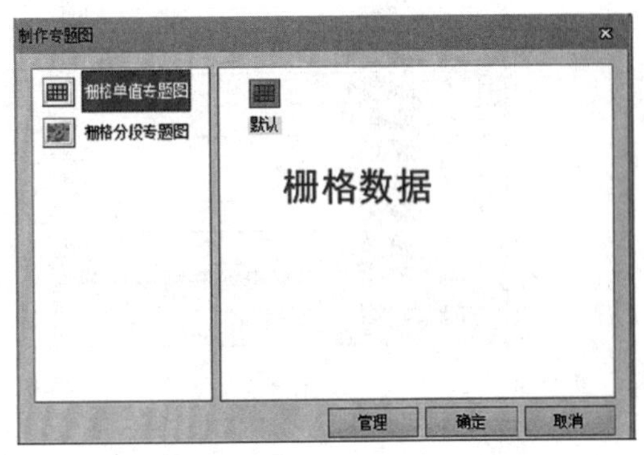

图 8-3

方法二：右键单击图层管理器中的矢量图层节点，在弹出的右键菜单中单击选择"制作专题图"命令，如图 8-4 所示。单击后，弹出"制作专题图"对话框，按照向导创建。

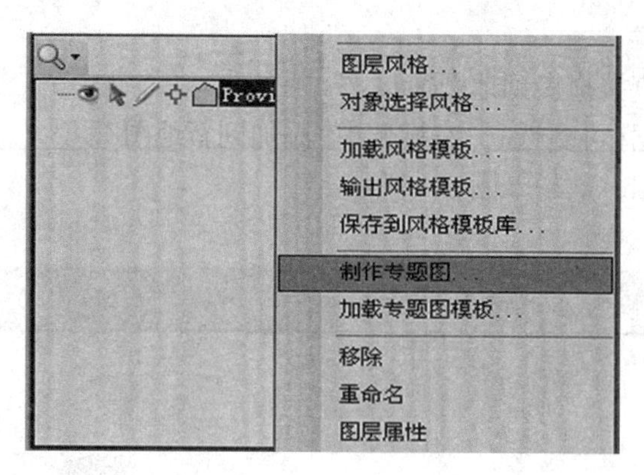

图 8-4

4) 设置专题图属性

创建专题图后，弹出"专题图"窗口，在设置"属性"和"高级"对话框中，设置各专题图属性，如图 8-5、图 8-6 所示。

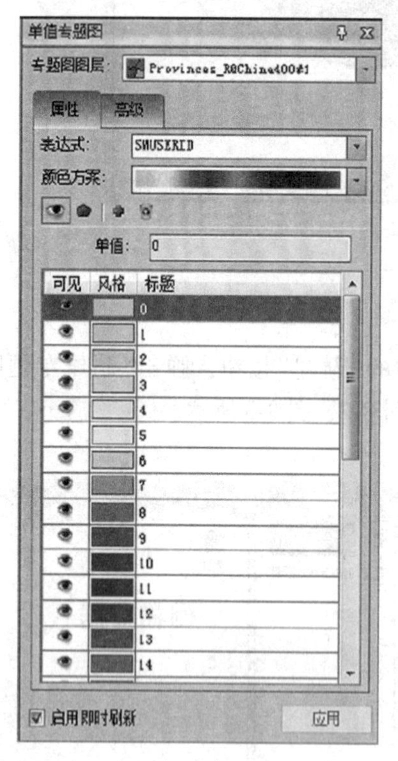

图 8-5

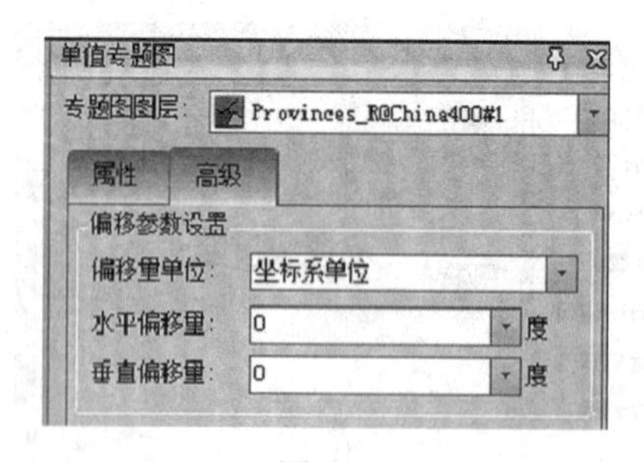

图 8-6

2. 分类制作专题图

1) 单值专题图

实例：打开工作空间"Jingjin. smwu"中数据源"Jingjin"下的"Landuse_R"数据集，利用属性字段"LANDTYPE"制作"土地利用类型"单值专题图。

操作步骤：

(1)启动 SuperMap iDesktop 7C 应用程序。

(2)打开工作空间“Jingjin. smwu”。

(3)双击“Landuse_R”数据集，加载数据到地图窗口。

(4)点击“地图”选项卡“专题图”组中的“新建”按钮，选择“单值专题图”，通过“默认”模板创建相应专题图，弹出“制作专题图”对话框。

(5)创建专题图后，弹出“专题图”窗口，在设置“属性”对话框中，将“表达式”设置为“Landuse_R. LANDTYPE”，采用“LANDTYPE”属性字段。在“颜色方案”组合框设置当前单值专题图的颜色风格。在“高级”选项框中，保留默认设置，如图 8-7 所示。

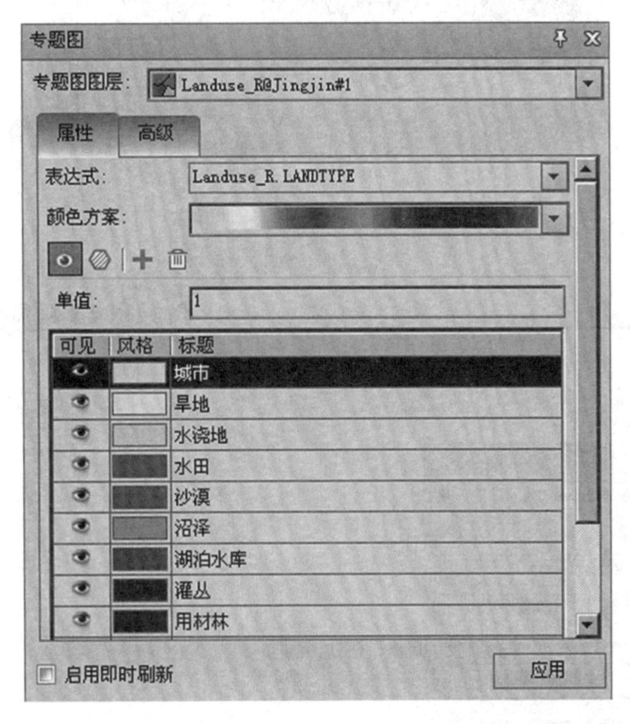

图 8-7

(6)单击“应用”按钮，完成设置，如图 8-8 所示。基于模板风格创建的单值专题图将自动添加到当前地图窗口中作为一个专题图图层显示，同时在图层管理器中也会相应地增加一个专题图图层。

(7)在图层管理器中右击新增加的专题图图层，选择“重命名”，修改专题图图层名称为“土地利用类型”。

窗口说明：“属性”选项卡如图 8-9 所示(具体参数介绍详见联机帮助)。“高级窗口”如图 8-10 所示，各参数说明如下：

- 偏移量单位：用于设置偏移量数值的单位。
- 水平偏移量：用于设置标签相对于其表达对象的水平偏移量。
- 垂直偏移量：用于设置标签符号相对于其表达对象的垂直偏移量。

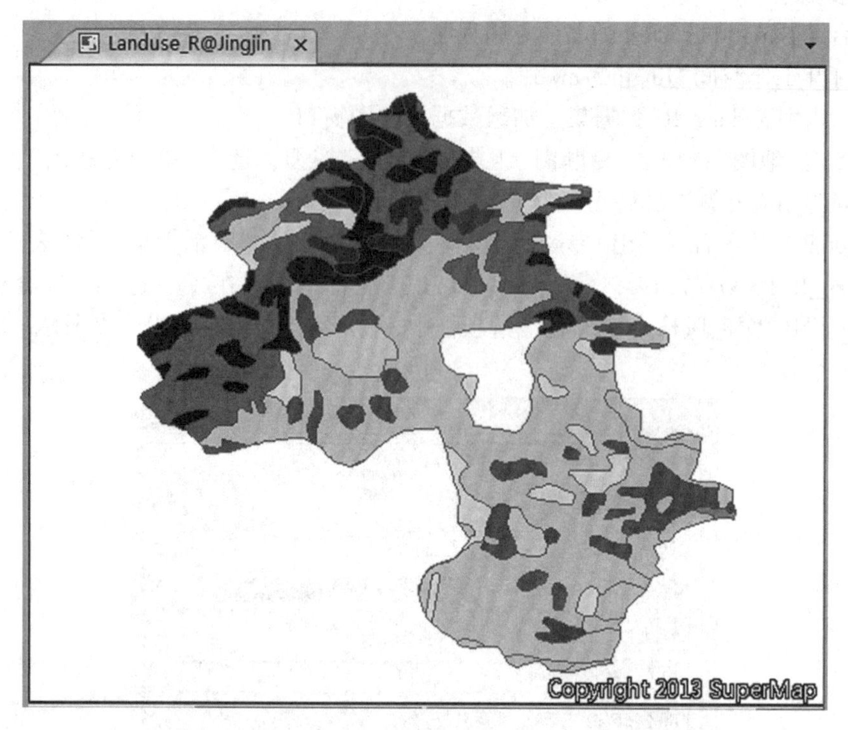

图 8-8

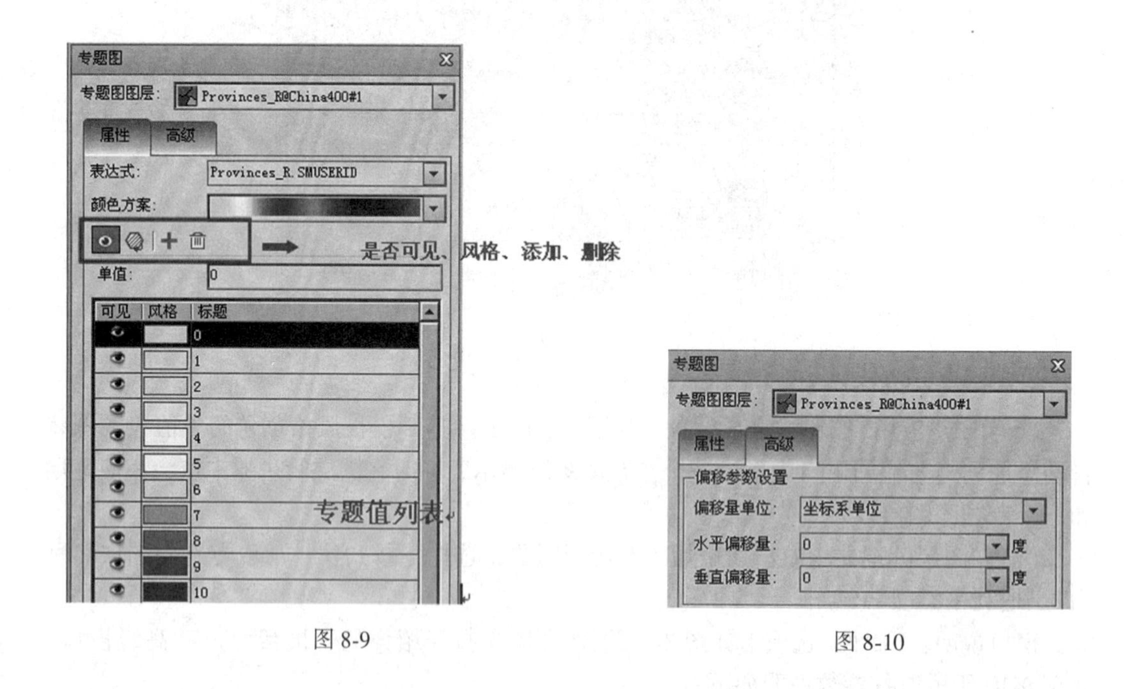

图 8-9

图 8-10

2)分段专题图

实例：打开工作空间“World. smwu”中的数据源“World”下的“World”数据集，利用属性字段“Pop_1994”制作“世界人口”分段专题图。

操作步骤：

(1)启动 SuperMap iDesktop 7C 应用程序。

(2)打开工作空间“World. smwu”，双击“World”数据集，加载数据到地图窗口。

(3)右键单击图层管理器中的矢量图层节点，在弹出的右键菜单中单击选择“制作专题图”命令，弹出“制作专题图”对话框，选择“分段专题图”，通过“默认”模板创建相应专题图，如图 8-11 所示。

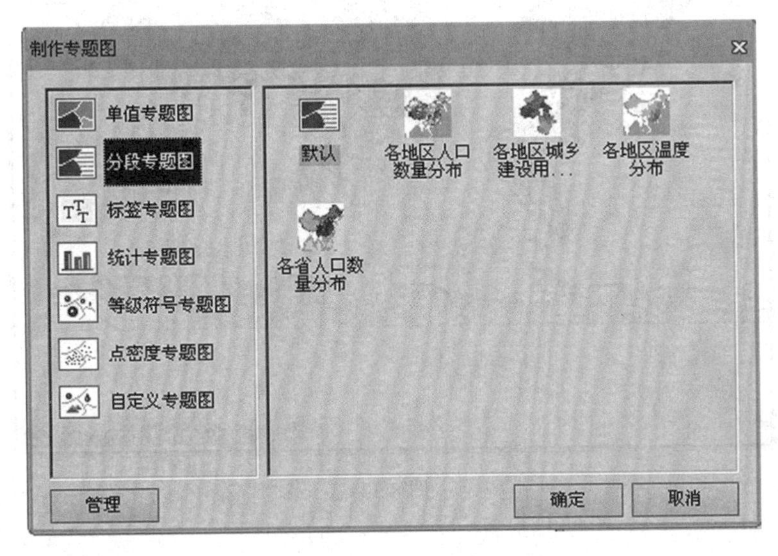

图 8-11

(4)创建专题图后，弹出“专题图”窗口中，在设置“属性”对话框中，将“表达式”设置为“World. POP_1994”，“分段方法”设置为“等距分段”，“段数”设置为“6”，在“颜色方案”组合框设置当前分段专题图的颜色风格，如图 8-12 所示。

(5)单击“应用”按钮，完成设置，如图 8-13 所示。基于模板风格创建的分段专题图将自动添加到当前地图窗口中作为一个专题图图层显示，同时在图层管理器中也会相应地增加一个专题图图层。

(6)在图层管理器中右击新增加的专题图图层，选择“重命名”，修改专题图图层名称为“世界人口分段专题图”。

窗口说明：“属性”选项卡如图 8-14 所示(详细参数介绍可参考联机帮助)。

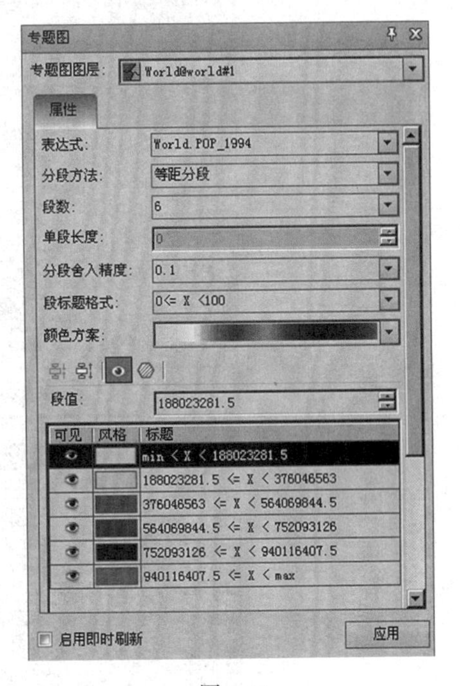

图 8-12

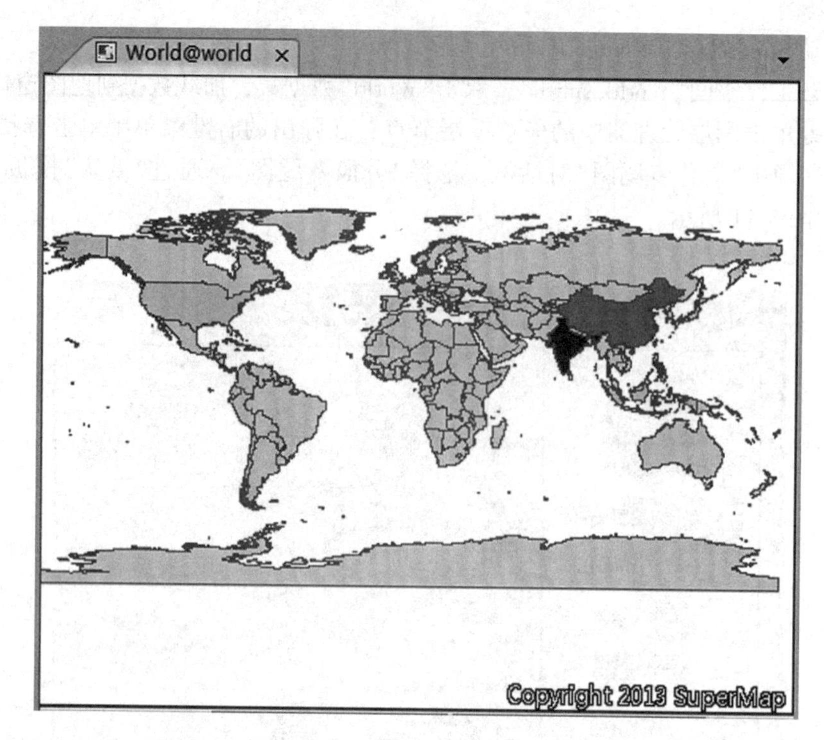
World@world
Copyright 2013 SuperMap

图 8-13

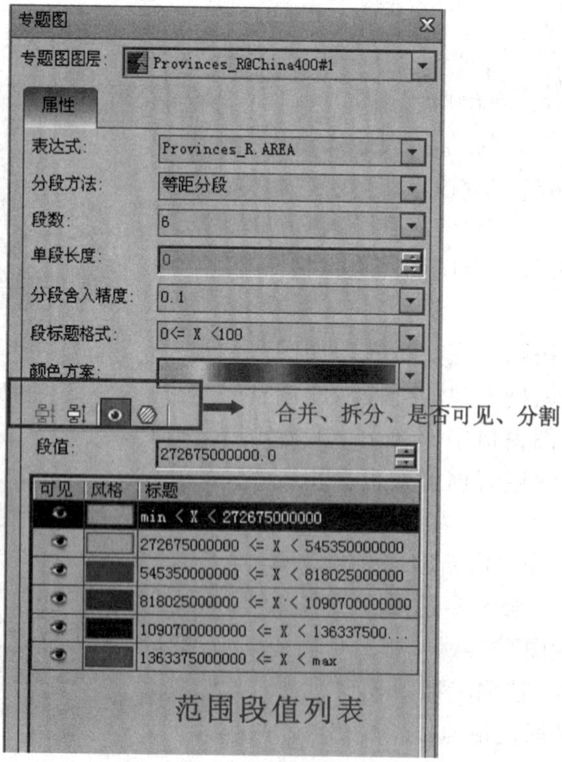

专题图
专题图图层：Provinces_R@China400#1
属性
表达式：Provinces_R.AREA
分段方法：等距分段
段数：6
单段长度：0
分段舍入精度：0.1
段标题格式：0<= X <100
颜色方案：
合并、拆分、是否可见、分割
段值：272675000000.0
可见 风格 标题
min < X < 272675000000
272675000000 <= X < 545350000000
545350000000 <= X < 818025000000
818025000000 <= X < 1090700000000
1090700000000 <= X < 136337500...
1363375000000 <= X < max
范围段值列表

图 8-14

3)标签专题图

应用程序可创建的标签专题图分为四种类型：统一风格、分段风格、复合风格、矩阵风格。同时程序还提供了四种标签专题图的模板。单击“新建”按钮后，在弹出的窗口中选择“标签专题图”，窗口右侧会出现可创建的标签专题图的类型。用户通过选择某种类型的标签专题图模板，制作该类型的标签专题图。

实例：打开工作空间“World. smwu”中数据源“World”下的“World”数据集，利用属性字段“Country”制作标签专题图(这里以“统一风格”标签专题图制作为例，其他三种风格标签专题图制作过程类似)。

操作步骤：

(1)启动 SuperMap iDesktop 7C 应用程序。

(2)打开工作空间“World. smwu”，双击“World”数据集，加载数据到地图窗口。

(3)右键单击图层管理器中的“World@ world”矢量图层节点，在弹出右键菜单中单击选择“制作专题图”命令，弹出“制作专题图”对话框，选择“标签专题图”“统一风格”项，创建相应专题图，如图 8-15 所示。

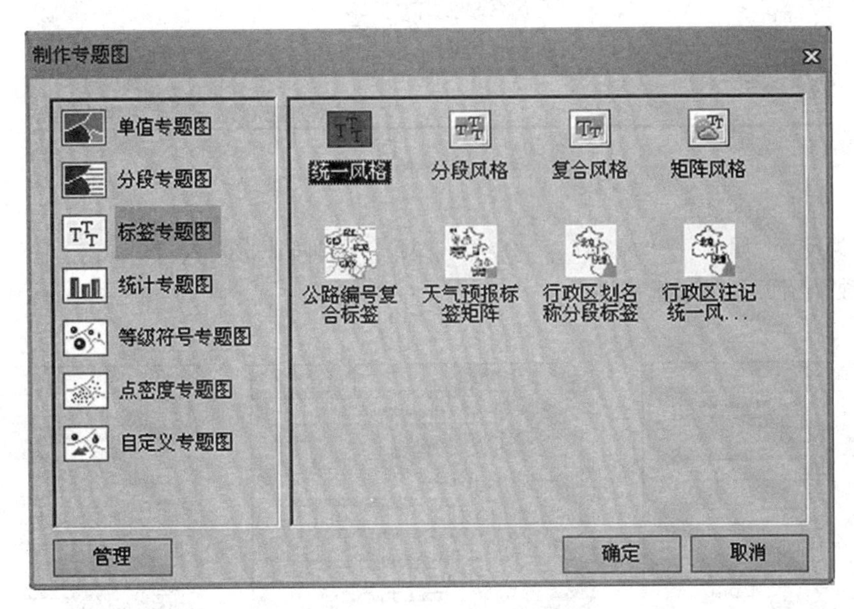

图 8-15

(4)创建专题图后，弹出“专题图”窗口，在“属性”对话框中，将“标签表达式”设置为“World. COUNTRY”，同时在“风格”、“高级”对话框中对参数进行相应设置，这里采用默认设置。

(5)单击“应用”，完成设置，结果如图 8-16 所示。基于模板创建的统一风格标签专题图将自动添加到当前地图窗口中作为一个专题图图层显示，同时在图层管理器中也会相应地增加一个专题图图层。

(6)在图层管理器中右击新增加的专题图图层，选择“重命名”，修改专题图图层名称为“统一风格标签专题图”。

World@world
北极地区
格陵兰（丹）
扬马延岛（挪）
冰岛
法罗群岛（丹）
芬兰
爱尔兰
丹麦
立陶宛
拉脱维亚
俄罗斯
加拿大
卢森堡
捷克
哈萨克斯坦
美国
西班牙
克罗地亚
波斯尼亚
乌克兰
乌兹别克斯坦
蒙古
葡萄牙
阿塞拜疆
吉尔吉斯斯坦
韩国
突尼斯
塞浦路斯
伊拉克
阿富汗
西撒哈拉
阿尔及利亚
埃及
沙特阿拉伯
尼泊尔
毛利塔尼亚
也门
阿曼
印度
孟加拉国
波多黎各
几内亚比绍
塞内加尔
乍得
苏丹
厄立特里亚
缅甸
特立尼达
塞拉利昂
加纳
多哥
喀麦隆
埃塞俄比亚
泰国
柬埔寨
东里南
斯里兰卡
马尔代夫
圣多美和普林西比
赤道几内亚
肯尼亚
马来西亚
布隆迪
坦桑尼亚
玻利维亚
安哥拉
马拉维
科摩罗
赞比亚
智利
纳米比亚
津巴布韦
巴拉圭
博茨瓦纳
乌拉圭
南非
斯威士兰
阿根廷
Copyright 2013 SuperMap

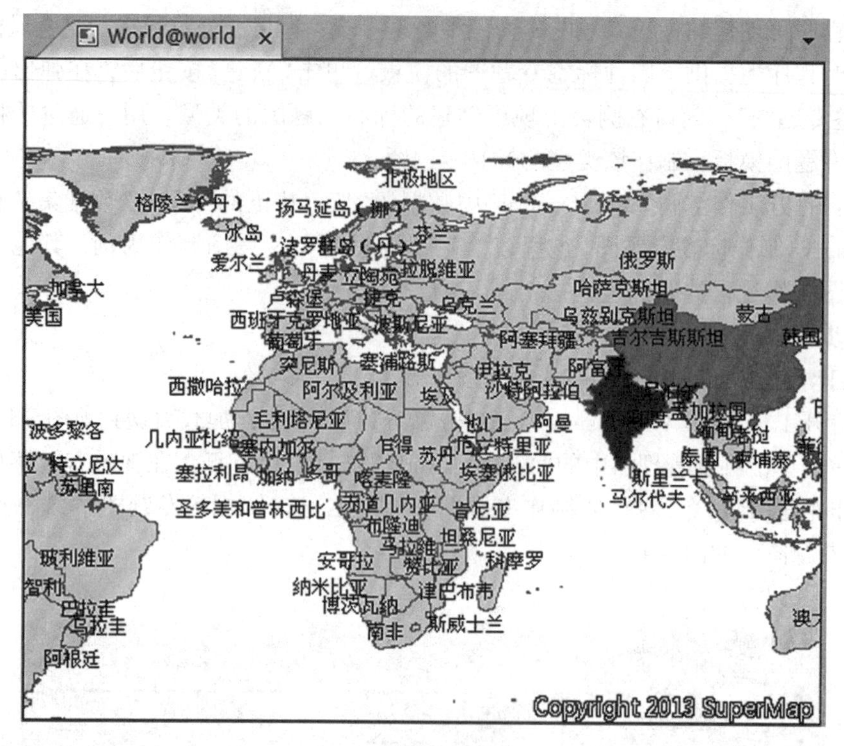

图 8-16

窗口说明："属性"、"风格"、"高级"选项卡分别如图 8-17、图 8-18、图 8-19 所示（详细参数介绍可参考联机帮助）。

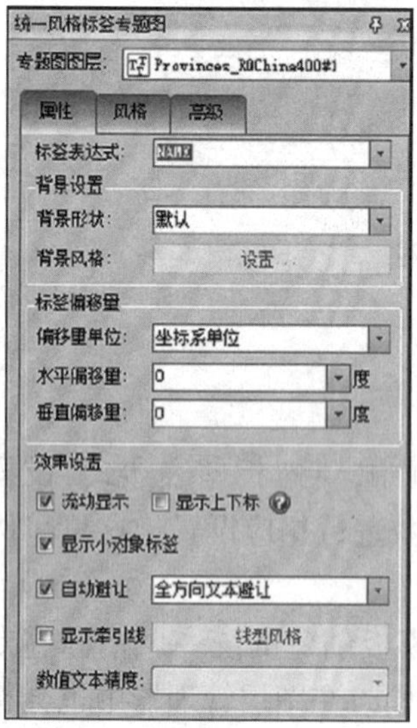

统一风格标签专题图
专题图图层：Provinces_R@China400#1
属性
风格
高级
标签表达式：NAME
背景设置
背景形状：默认
背景风格：设置
标签偏移量
偏移量单位：坐标系单位
水平偏移量：0 度
垂直偏移量：0 度
效果设置
流动显示
显示上下标
显示小对象标签
自动避让 全方向文本避让
显示牵引线 线型风格
数值文本精度：

图 8-17

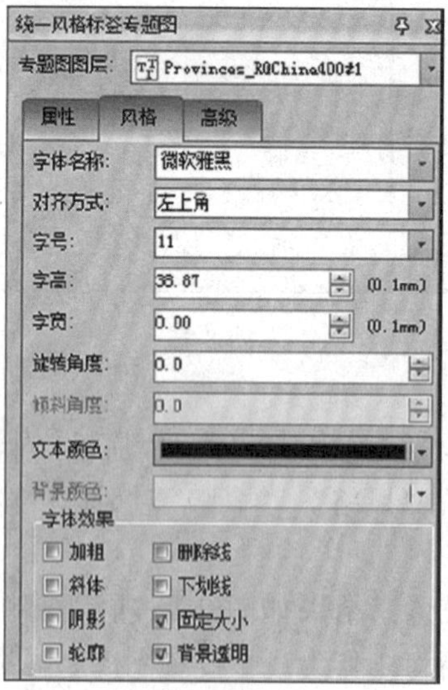

统一风格标签专题图
专题图图层：Provinces_R@China400#1
属性
风格
高级
字体名称：微软雅黑
对齐方式：左上角
字号：11
字高：38.67 (0.1mm)
字宽：0.00 (0.1mm)
旋转角度：0.0
倾斜角度：0.0
文本颜色：
背景颜色：
字体效果
加粗
删除线
斜体
下划线
阴影
固定大小
轮廓
背景透明

图 8-18

统一风格标签专题图
专题图图层：Provinces_R@China400#1
属性
风格
高级
沿线显示方向：从上到下，从左到右
沿线字间距：1.1 倍
沿线周期间距：0
固定循环标注间隔
文本字符设置
超长处理方式：默认
单行文本字数：8
文本高度限制
最大文本高度：0 0.1mm
最小文本高度：0 0.1mm
文本宽度限制
最大文本宽度：0 0.1mm
最小文本宽度：0 0.1mm
文本避让的缓冲范围
横向：0
纵向：0

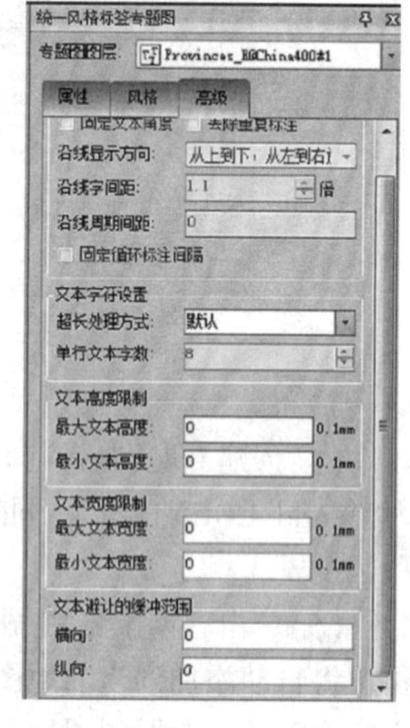

图 8-19

4)统计专题图

SuperMap iDesktop 7C 提供有近 10 种统计图类型，如面积图、阶梯图、折线图、柱状图、饼图等，可根据实际数据选择最佳表达方式。

实例：打开工作空间“China400. smwu”中数据源“China400”下的“Provinces_R”数据集，利用“GDP_1994”、“GDP_ 1997”、“GDP_ 1998”、“GDP_ 1999”、“GDP_2000”5 个属性字段制作统计专题图。

操作步骤：

(1)启动 SuperMap iDesktop 7C 应用程序。

(2)打开工作空间“China400. smwu”，双击“Provinces_R”数据集，加载数据到地图窗口。

(3)右键单击图层管理器中的“Provinces_R@ China400”矢量图层节点，在弹出的右键菜单中单击选择“制作专题图”命令。单击后，弹出“制作专题图”对话框，选择对话框中的“默认”项，创建相应专题图，如图 8-20 所示。

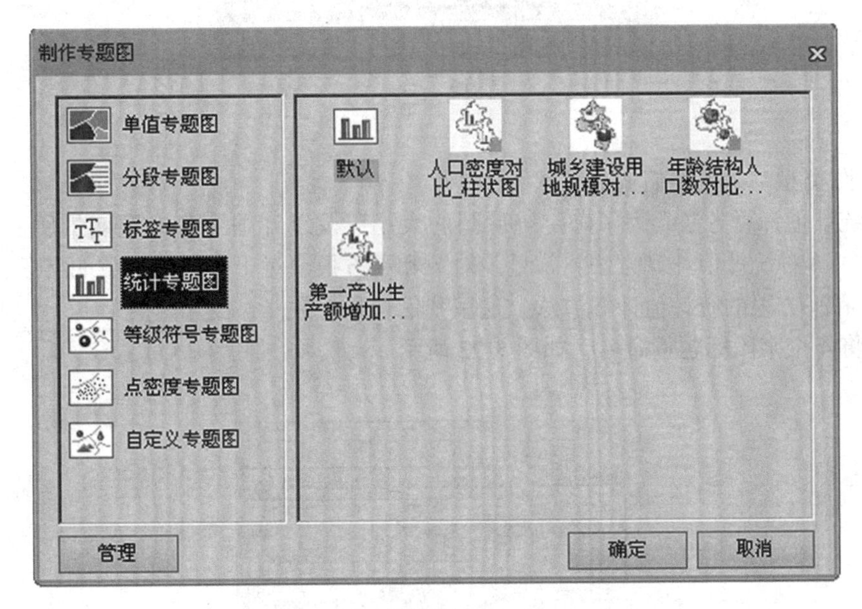

图 8-20

(4)创建专题图后，弹出“专题图”窗口中，选择“属性”对话框。

(5)添加字段。点击工具栏的添加按钮的下拉按钮，在弹出的该专题图图层的所有字段列表中点击需要添加的统计字段前面的方框，如图 8-21 所示。

(6)颜色方案。“颜色方案:”组合框下拉列表中列出了系统提供的颜色方案，选择需要的配色方案，则系统会根据选择的颜色方案自动分配每个渲染字段值所对应的专题风格。用户可通过点击该组合框右侧的下拉按钮，在弹出的下拉列表中选中某一个颜色方案，当前统计专题图的每个统计字段根据颜色方案的颜色变化模式被赋予不同的颜色。

(7)统计图类型。系统提供 11 种统计图供用户选择：折线图、点状图、柱状图、三维柱状图、饼状图、三维饼状图、玫瑰图、三维玫瑰图、堆叠柱状图、三维堆叠柱状图、环状图。用户可通过点击“统计图类型:”项右侧的下拉按钮，在弹出的下拉列表中选择所

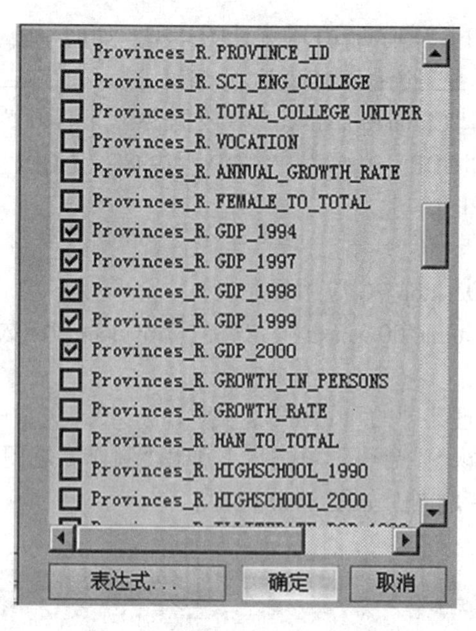

图 8-21

需的统计图类型。这里我们选择柱状图。

(8)统计值计算方法。为了确定统计图的大小以及统计图中各专题变量所占的比例，系统提供了 3 种统计值计算方法：常量、对数和平方根。对于有值为负数的字段，不可以选择对数和平方根的统计值计算方法。这里我们选择对数。

(9)将 4 个字段标题重命名，如图 8-22 所示。

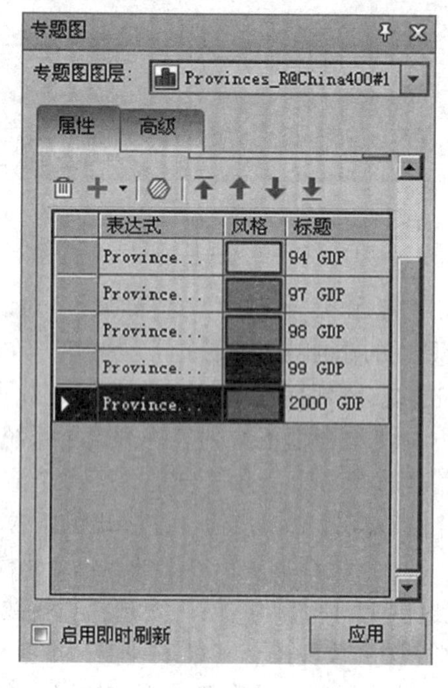

图 8-22

(10)打开“高级”选项卡设置相应参数，如图 8-23 所示。

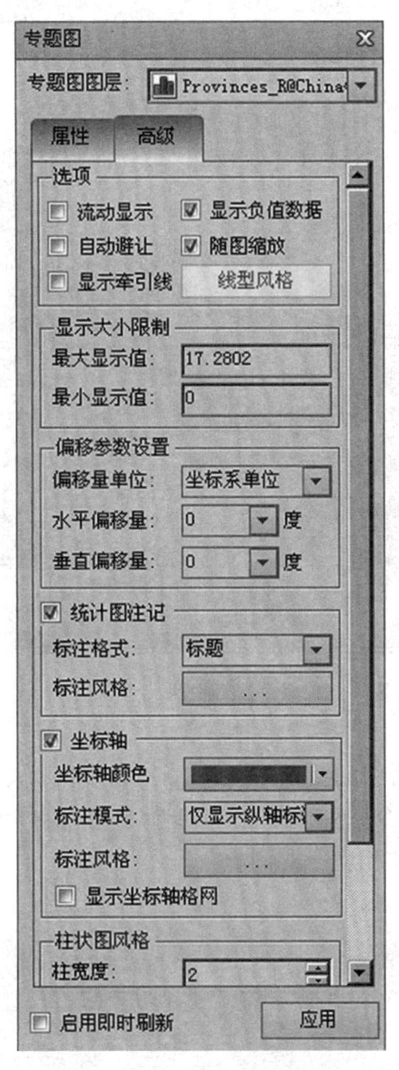

图 8-23

(11)单击“应用”按钮，完成设置，结果如图 8-24 所示。

(12)在图层管理器中右击新增加的专题图图层，选择“重命名”，修改专题图图层名称为“统计专题图-柱状图”。

窗口说明：“统计专题图”窗口的详细参数介绍可参考联机帮助。

5)等级符号专题图

实例：打开工作空间“China400. smwu”中数据源“China400”下的“Provinces_R”数据集，利用“AREA”属性字段制作等级符号专题图。

操作步骤：

(1)启动 SuperMap iDesktop 7C 应用程序。

(2)打开工作空间“China400. smwu”，双击“Provinces_R”数据集，加载数据到地图窗口。

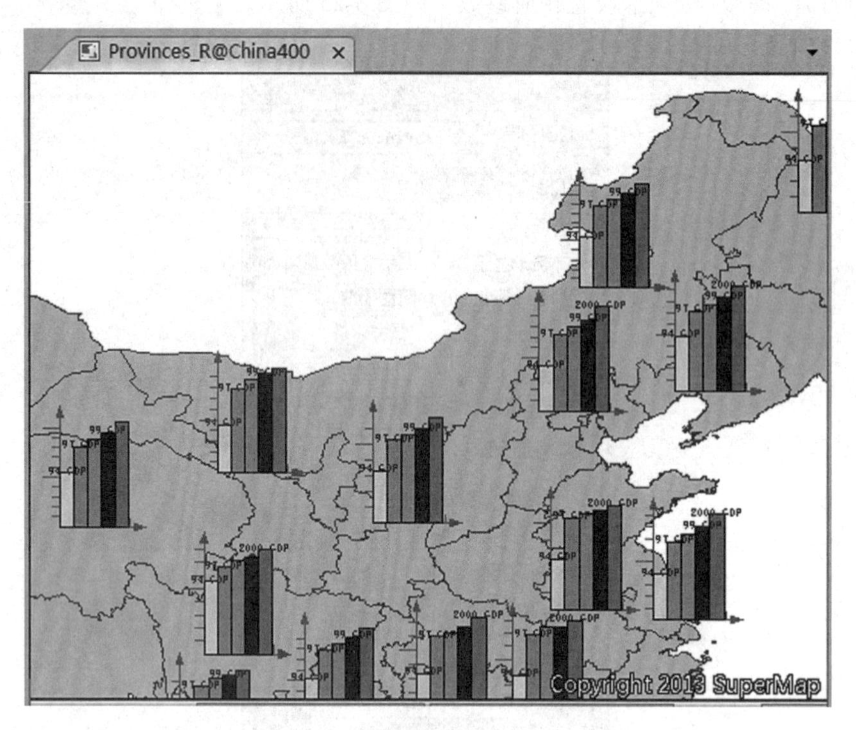

图 8-24

(3)右键单击图层管理器中的“Provinces_R@ China400”矢量图层节点，在弹出的右键菜单中单击“制作专题图”命令，弹出如图 8-25 所示的“制作专题图”对话框，选择“等级符号专题图”“默认”项，创建相应专题图。

图 8-25

(4)创建专题图后，在弹出的“专题图”窗口的“属性”选项卡中设置“表达式”为

“Provinces_R. AREA”，“分级方式”选择“常量”，其他参数保留默认设置，如图 8-26 所示。

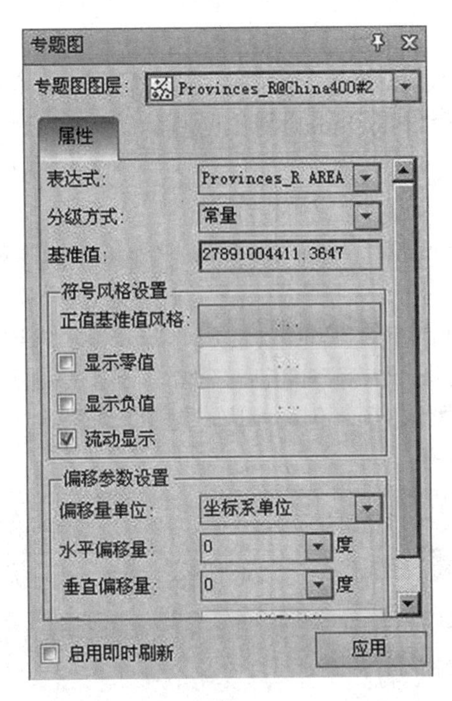

图 8-26

(5)单击“应用”按钮，完成设置，结果如图 8-27 所示。

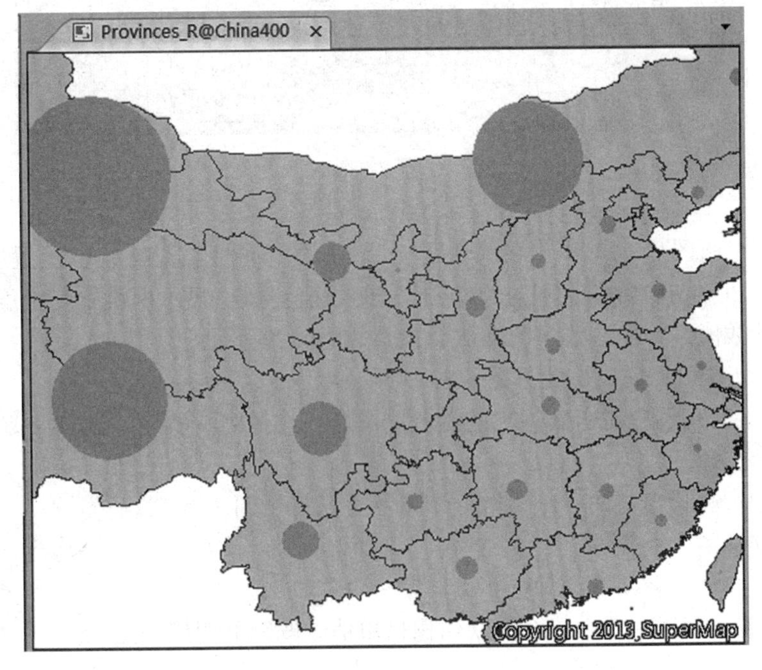

图 8-27

(6)在图层管理器中，右键单击新增加的专题图图层，选择“重命名”，修改专题图图层名称为“等级符号专题图”。

窗口说明：“等级符号专题图”窗口的详细参数介绍可参考联机帮助。

6)点密度专题图

实例：打开工作空间“China400. smwu”中的数据源 China400 下的“Provinces_R”数据集，利用农村人口属性字段“Pop_Rural”制作点密度专题图。

操作步骤：

(1)启动 SuperMap iDesktop 7C 应用程序。

(2)打开工作空间“China400. smwu”，双击“Provinces_R”数据集，加载数据到地图窗口。

(3)右键单击图层管理器中的“Provinces_R@ China400”矢量图层节点，在弹出的右键菜单中单击选择“制作专题图”命令。单击后，弹出“制作专题图”对话框，选择“点密度专题图”，同时选择右侧的“默认”项，创建相应专题图，如图 8-28 所示。

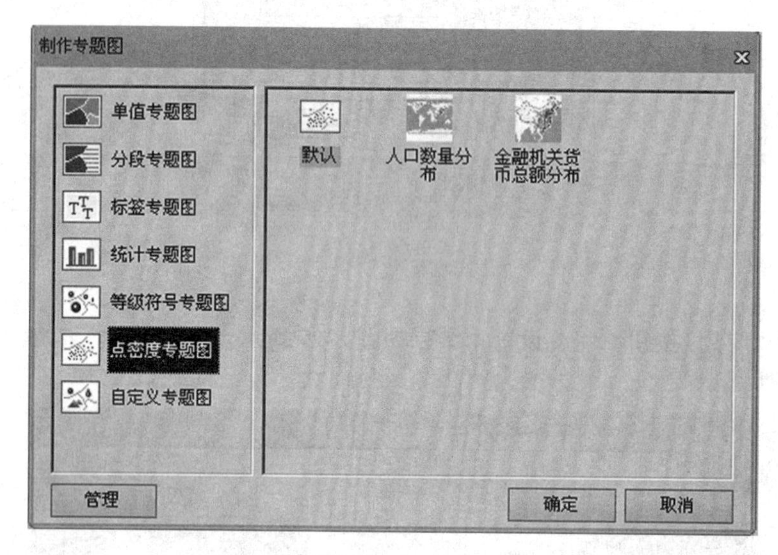

图 8-28

(4)创建专题图后，在弹出的“专题图”窗口的“属性”选项卡中设置“表达式”为“Provinces_R. POP_RURAL”，通过“单点代表的数值:”数字显示框设置点密度专题图中一个点所表达的数值，其他参数保留默认设置，如图 8-29 所示。

(5)单击“应用”，完成设置如图 8-30 所示。

(6)在图层管理器中右击新增加的专题图图层，选择“重命名”，修改专题图图层名称为“点密度专题图”。

“点密度专题图”窗口的详细参数介绍可参考联机帮助。

7)新建栅格单值专题图

操作步骤：

(1)在图层管理器中选中一个要制作栅格单值专题图的栅格图层。

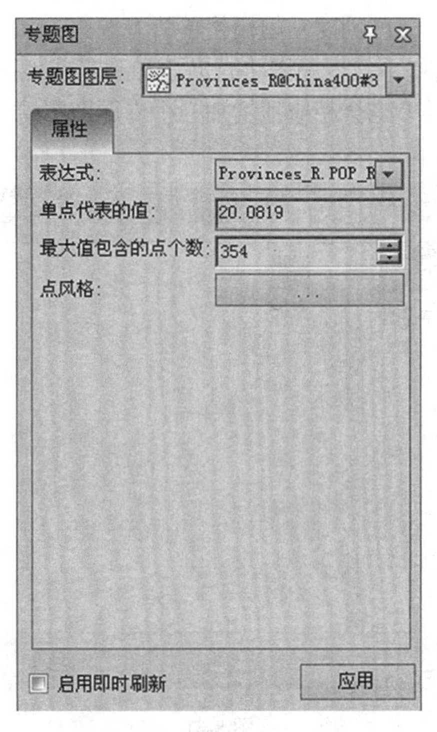
专题图
专题图图层：
Provinces_R@China400#3
属性
表达式：
Provinces_R.POP_R
单点代表的值：
20.0819
最大值包含的点个数：
354
点风格：
启用即时刷新
应用

图 8-29

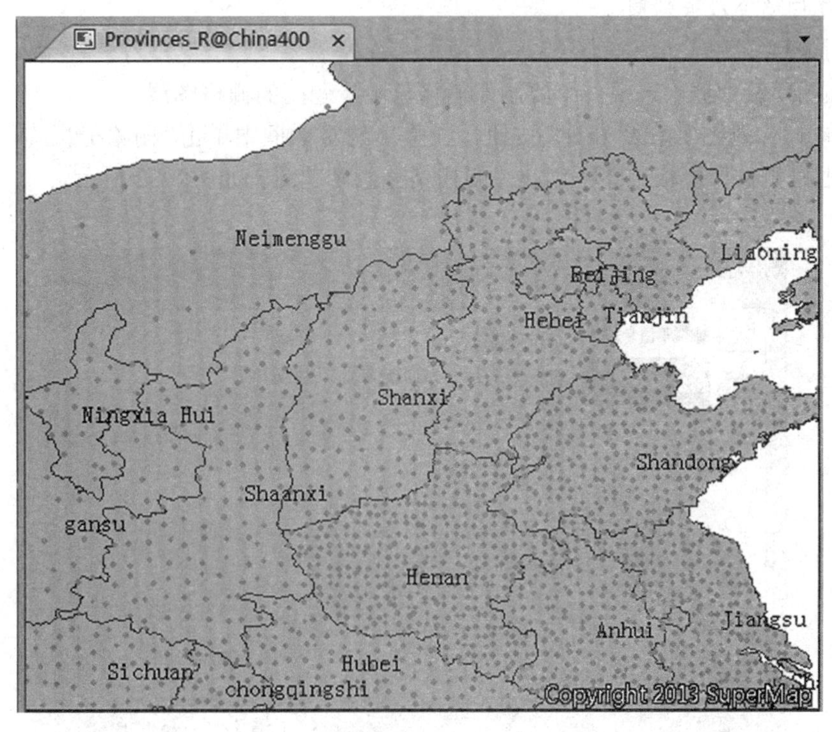
Provinces_R@China400
Neimenggu
Liaoning
Beijing
Hebei
Tianjin
Shanxi
Ningxia Hui
Shandong
Shaanxi
gansu
Henan
Anhui
Jiangsu
Sichuan
Hubei
chongqingshi
Copyright 2013 SuperMap

图 8-30

(2)单击“专题图”组的“新建”按钮，在弹出的对话框中单击“栅格单值专题图”，同时在对话框右侧选择模板，即可创建一幅栅格单值专题图，如图 8-31 所示。

(3)基于模板创建的栅格单值专题图将自动添加到当前地图窗口中作为一个专题图图层显示，同时在图层管理器中也会相应地增加一个专题图图层。

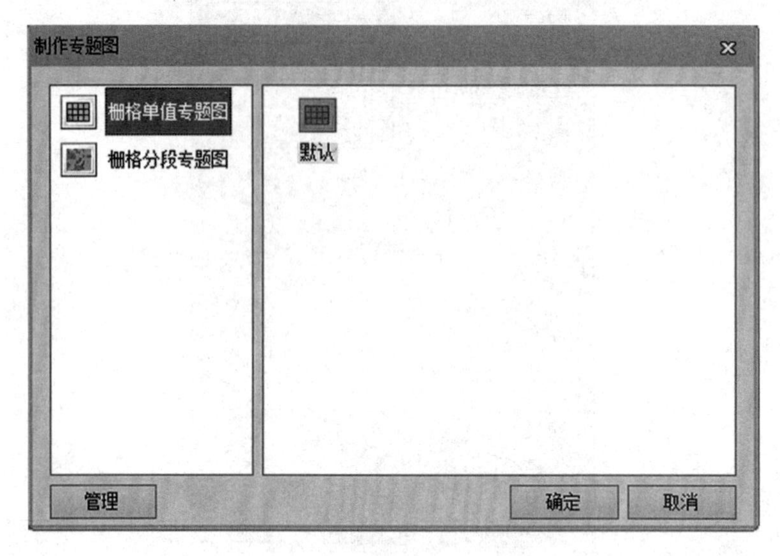

图 8-31

8)新建栅格分段专题图

操作步骤：

(1)在图层管理器中选中一个要制作栅格分段专题图的栅格图层。

(2)单击“专题图”组的“新建”按钮，在弹出的对话框中单击“栅格分段专题图”，同时在对话框右侧选择模板，即可创建一幅栅格分段专题图，如图 8-32 所示。

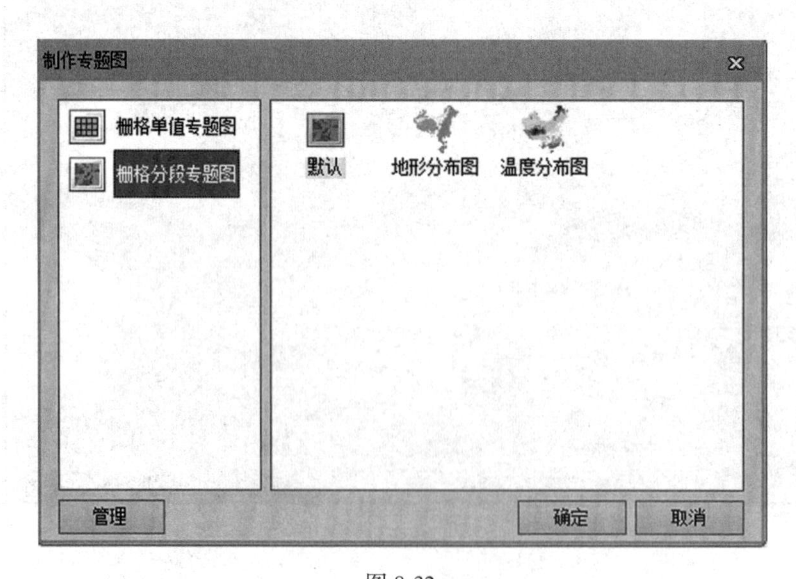

图 8-32

(3)基于模板创建的栅格分段专题图将自动添加到当前地图窗口中作为一个专题图图层显示，同时在图层管理器中也会相应地增加一个专题图图层。

六、拓展练习

(1)利用“China400. smwu”中面数据集“Provinces_R”的“2000 年人口密度”属性字段，制作点密度专题图。

(2)利用“China400. smwu”中面数据集“Provinces_R”的“Pop_0-14”、“Pop_15_64”、“Pop_65Plus”属性字段，采用统计专题图中的三维玫瑰图，制作各省年龄结构人口数专题图。

实验九　地图符号制作

一、实验目的

(1)理解 SuperMap iDesktop 7C 符号组织管理的方式。
(2)掌握 SuperMap iDesktop 7C 中点状符号的制作方法。
(3)掌握 SuperMap iDesktop 7C 中线状符号的制作方法。
(4)掌握 SuperMap iDesktop 7C 中面状符号的制作方法。

二、实验背景

SuperMap iDesktop 7C 通过符号库对各种符号资源进行组织和管理。符号分为三种类型：点符号、线型符号和填充符号。因此，相应地有点符号库、线型符号库和填充符号库。这三种符号库分别管理相应类型的符号资源。

制作符号的主要目的是对地理空间中分布的离散地理事物进行标识和可视化表达。为了保持空间数据标的的一致性，符号的制作必须遵循国家和行业规范进行。

符号的存储方式为：

(1)点符号库文件：以 .sym 为文件扩展名；
(2)线型符号库文件：以 .lsl 为文件扩展名；
(3)填充符号库文件：以 .bru 为文件扩展名。

三、实验内容

(1)完成五角星符号(二维点符号)的绘制；
(2)完成汽车符号(三维点符号)的制作；
(3)完成铁路符号(二维线型符号)的绘制；
(4)完成公路符号(三维线型符号)的制作；
(5)完成填充符号的制作。

四、实验数据

实验数据\ 地图符号制作\ 符号制作数据

五、实验步骤

1. 打开符号库窗口的方式

在应用程序中，符号库有两种表现形式，一种为“符号库”窗口，主要用于加载、浏览、管理符号库文件；另一种为“风格设置”窗口，既可用于设置点、线、面对象的风格，也可加载、浏览、管理符号库文件。这两种类型的符号库窗口的界面和操作方式基本相同。

打开符号库窗口的途径主要有以下 3 种。

1) 通过工作空间管理器打开符号库窗口

在工作空间管理器中，展开资源节点，其下有三个子节点，分别为：符号库、线型库和填充库，分别对应管理点符号、线型符号和填充符号，而符号库窗口则可以通过任意子节点的右键菜单打开，具体操作如下：

(1) 右键点击符号库子节点，在弹出的右键菜单中选择“加载点符号库…”，打开的符号库窗口中默认加载的是系统提供的预定义点符号库。

(2) 右键点击线型库子节点，在弹出的右键菜单中选择“加载线型符号库…”，打开的符号库窗口中默认加载的是系统提供的预定义线型符号库。

(3) 右键点击填充库子节点，在弹出的右键菜单中选择“加载填充符号库…”，打开的符号库窗口中默认加载的是系统提供的预定义填充符号库。

2) 通过图层管理器打开风格设置窗口

在图层管理器中，双击某个图层节点的符号图标，可以打开符号库窗口，如图 9-1 所示。

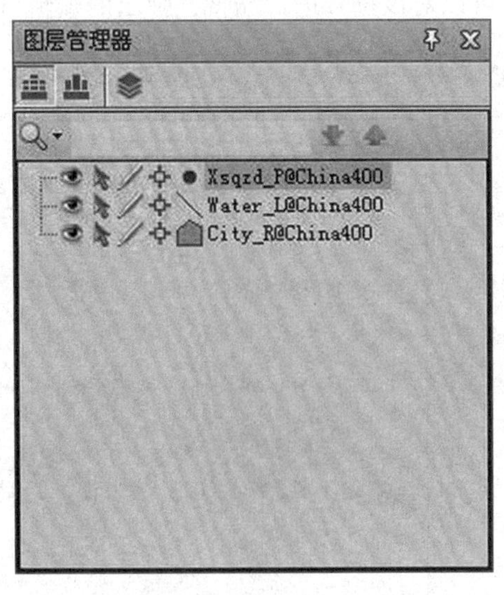

图 9-1

(1) 双击点类型图层的符号图标，弹出风格设置窗口，默认加载的是系统提供的预定义点符号库。

(2)双击线类型图层的符号图标，弹出风格设置窗口，默认加载的是系统提供的预定义线型符号库。

(3)双击填充类型图层的符号图标，弹出风格设置窗口，默认加载的是系统提供的预定义填充符号库。

3)通过功能区中的“图层风格”选项卡打开风格设置窗口

功能区中与地图窗口(或布局窗口)关联的“图层风格”选项卡可用于设置地图图层(或布局元素)的符号风格，在设置符号风格时也可以打开风格设置窗口，具体操作如下：

(1)设置点符号风格时，点击“风格设置”选项卡中“点风格”组的“点符号”下拉按钮，在弹出的点符号资源列表中点击底部的“更多符号...”按钮，打开风格设置窗口，默认加载的是系统提供的预定义点符号库。

(2)设置线型符号风格时，点击“风格设置”选项卡中“线风格”组的“线型符号”下拉按钮，在弹出的点线号资源列表中点击底部的“更多符号...”按钮，打开风格设置窗口，默认加载的是系统提供的预定义线型符号库。

(3)设置填充符号风格时，点击“风格设置”选项卡中“填充风格”组的“填充符号”下拉按钮，在弹出的填充符号资源列表中点击底部的“更多符号...”按钮，打开风格设置窗口，默认加载的是系统提供的预定义填充符号库。

2. 绘制点符号

1)获取二维点符号

获取二维点符号方式有：编辑已有符号；绘制新的符号；导入其他文件作为点符号；从已有符号库中复制符号。

(1)编辑已有符号：如图 9-2 所示，选择需要进行编辑的已有符号“三角点”，然后点击右下角的“编辑”按钮，可以对该符号进行编辑，弹出的编辑对话框如图 9-3 所示。

图 9-2

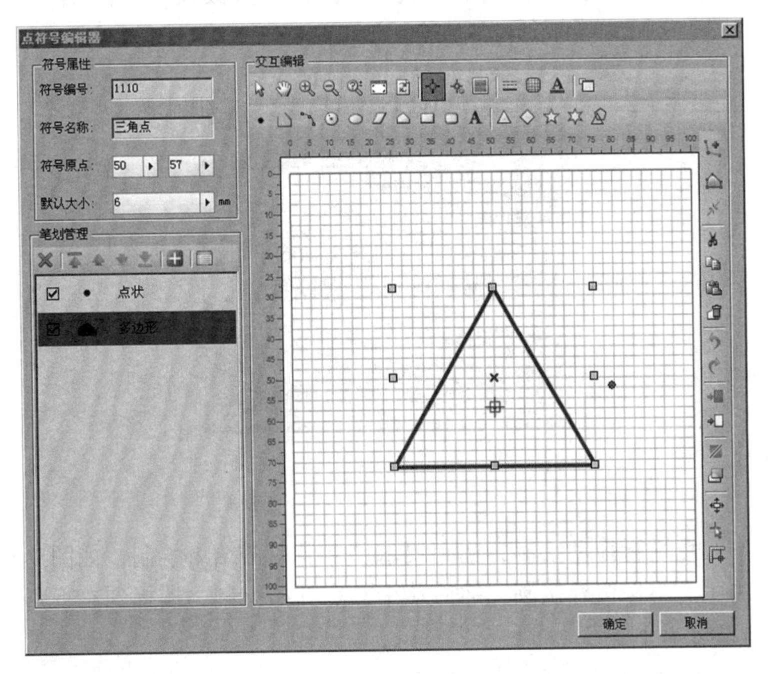

图 9-3

(2)绘制新的符号：我们以绘制符号为例，操作步骤如下：

①点击“点符号库”对话框中的“新建”按钮，选择“新建二维符号”，调出“点符号编辑器”对话框，进行符号绘制，如图 9-4 所示。

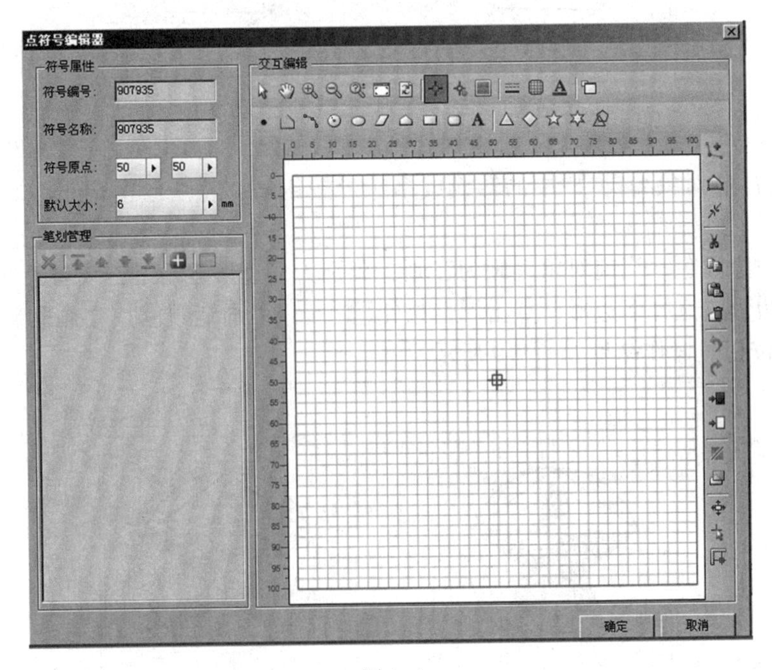

图 9-4

②选择“对象绘制”中的“参数化正多边形”按钮，参数设置如图 9-5 所示，单击“确定”按钮。

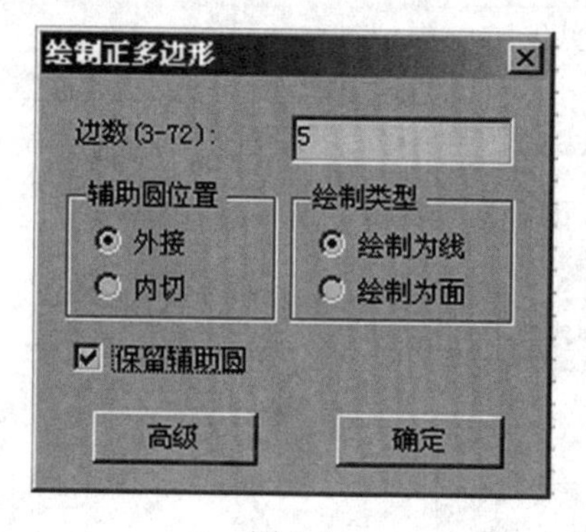

图 9-5

③捕捉到中心点进行拖动绘制，达到要求尺寸后单击结束绘制，如图 9-6 所示。

④绘制五角星，不保留外接圆。然后从中心点开始绘制，捕捉到右下角点后单击结束绘制，如图 9-7 所示。

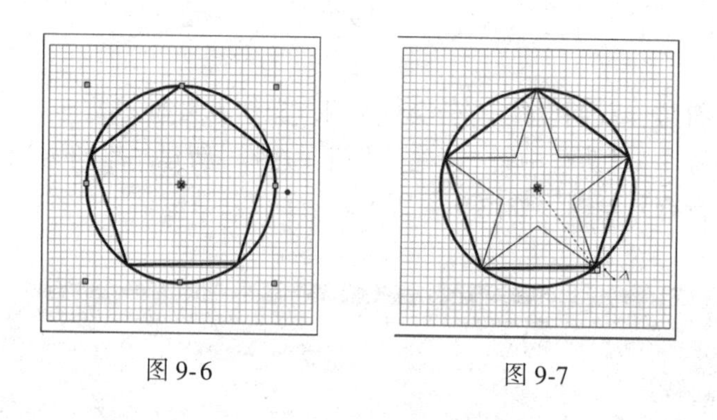

图 9-6　　图 9-7

⑤单击右侧“对象编辑”栏中的转换成多边形按钮，将所绘图形由线转换成面，如图 9-8 所示。

⑥修改对象颜色。当前对象笔画为三画，分别为多边形五角星，线对象外接圆以及线对象外接五边形。选择多边形，点击属性按钮，设置“画笔颜色”、“画刷颜色”为红色，单击“确定”按钮。操作结果如图 9-9 所示。

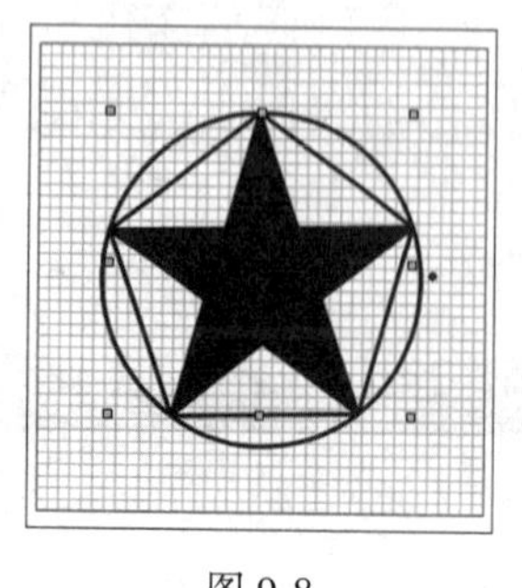

图 9-8

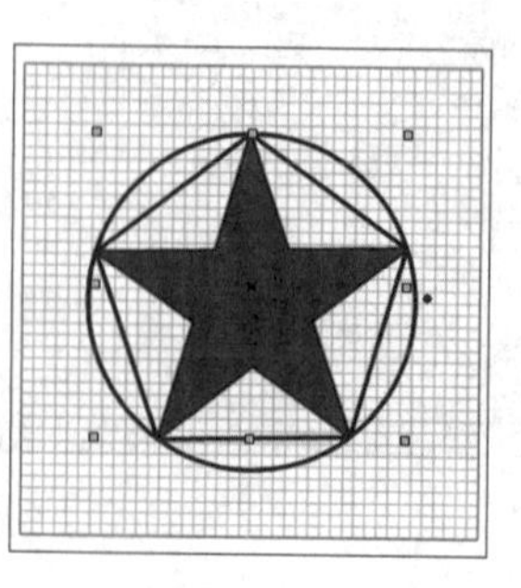

图 9-9

⑦“符号名称”改为“五角星”，“符号编码”采用默认编码，单击“确定”按钮，完成绘制。此时，符号库会增加刚刚绘制好的“五角星”符号，如图 9-10 所示。

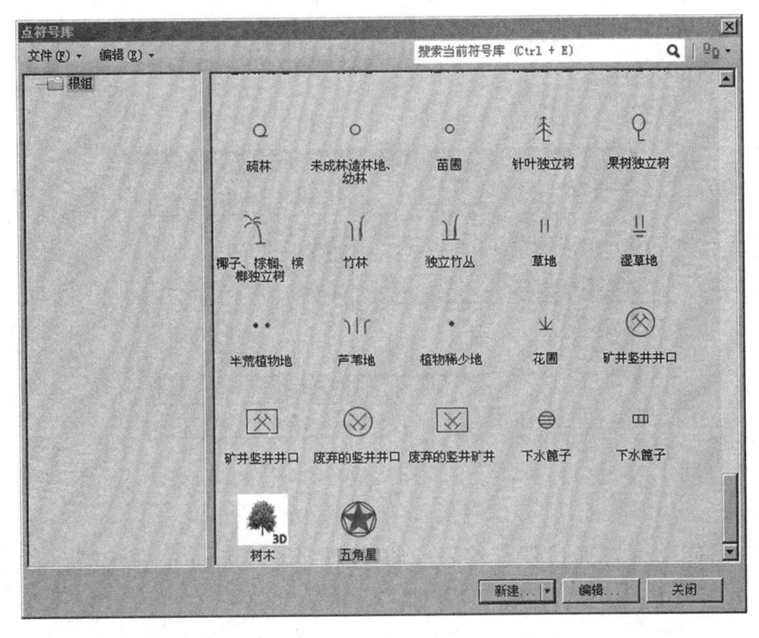

图 9-10

⑧右击“根组”，选择“新建组”，新建“我的分组”，将新绘制的“五角星”符号拖曳到“我的分组”，方便管理，如图 9-11 所示。

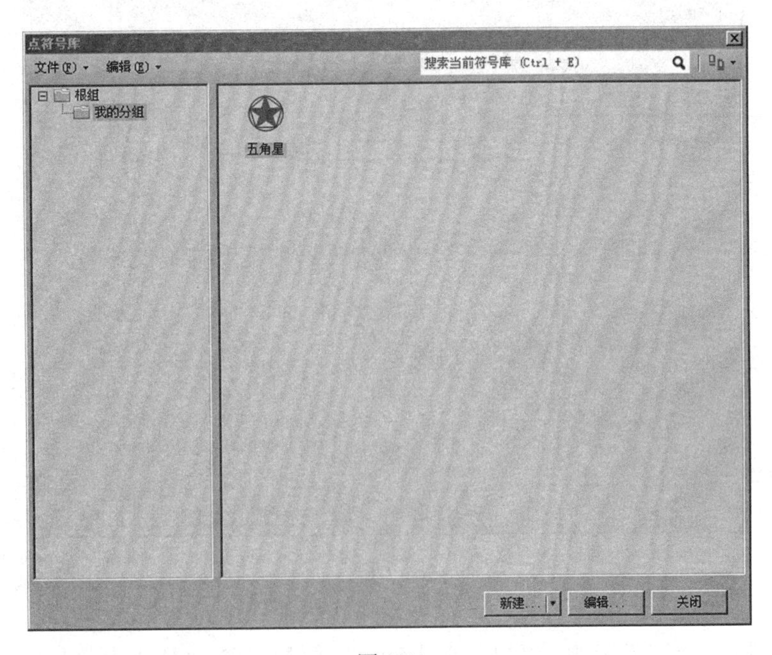

图 9-11

(3)导入其他文件作为点符号：右击“文件”→“导入”，选择相应导入选项进行导入，如图 9-12 所示。

①导入栅格图片作为符号，支持 *. png、*. jpg、*. jpeg、*. bmp、*. ico 格式。

②导入 AutoCAD 文件，支持 *. dxf、*. dwg 格式。

③导入 TrueType 字体。

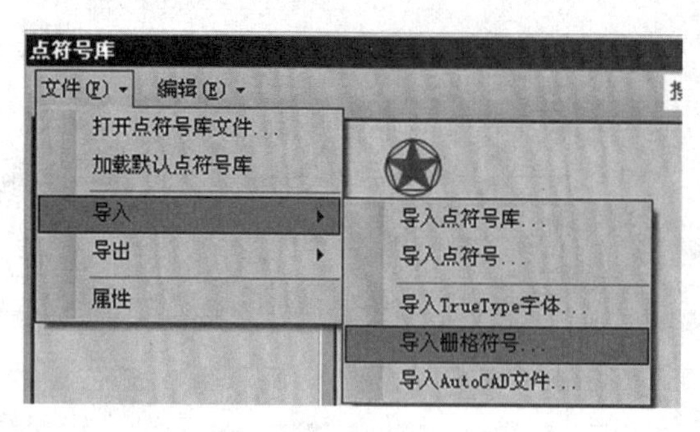

图 9-12

(4)导出符号库文件：通过保存符号库将绘制、导入的符号进行保存。可以将当前符号库、某符号分组、某几个符号进行导出保存。

①导出当前符号库：右击“文件”→“导出”→“导出点符号库文件”，选择保存路径，如图 9-13 所示。

图 9-13

②导出“我的分组”符号组：右击“我的分组”→“导出”→“导出点符号库文件”，选择保存路径，如图 9-14 所示。

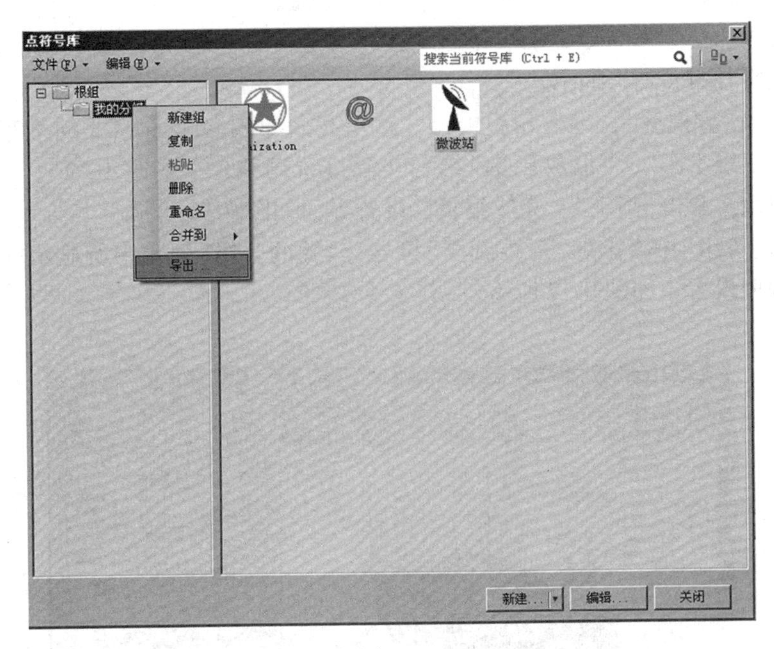

图 9-14

③导出指定符号：选择指定符号，右击“点符号导出成库文件”，指定保存路径，如图 9-15 所示。

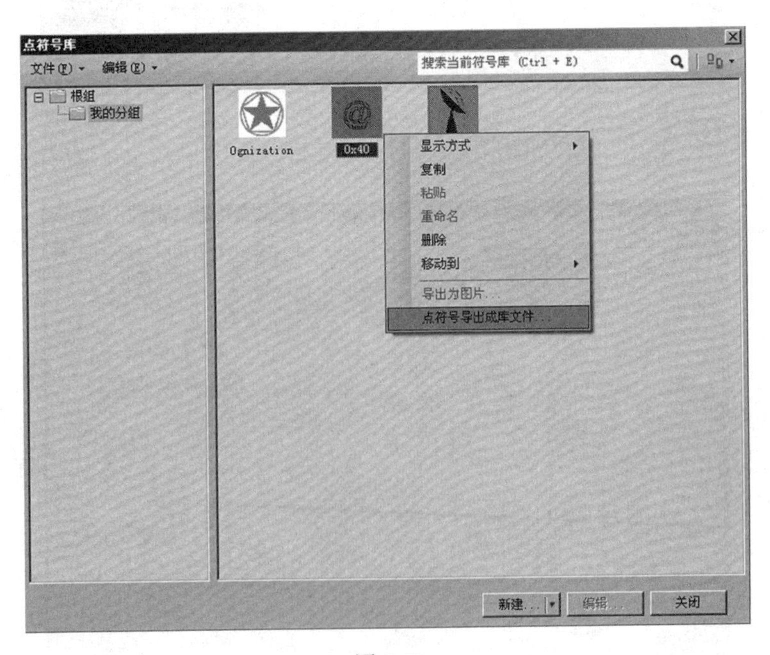

图 9-15

2) 制作三维点符号

三维点符号实际是导入模型文件，模型文件支持格式 *.sgm、*.3ds。

这里我们以制作三维汽车点符号为例，具体步骤如下：

（1）打开“符号库”窗口，选择“我的分组”，点击“新建”按钮，选择“新建三维符号”，打开“三维点符号编辑器”对话框。

（2）点击“设置模型”，导入相应模型。这里我们导入 *.sgm 格式的汽车模型，将符号名称改为“三维汽车”，“缩放比例”结合实际进行调整，本例改为“2”，单击“设置快照”，生成快照。单击“确定”，完成编辑。设置界面如图 9-16 所示。

（3）“我的分组”中将添加“三维汽车”符号，“我的分组”列表中所显示的图片即为第（2）步中的快照设置，如图 9-17 所示。

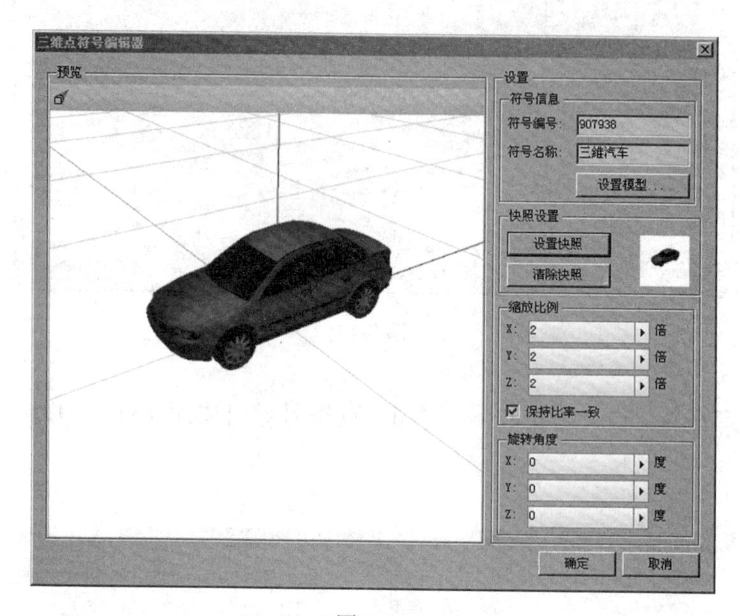

图 9-16

图 9-17

3. 绘制线型符号

线型是通过线的不同类型、颜色、宽度以及不同的组合来直观描述和表达几何线对象的。

线型符号由若干子线构成，通过子线的不同形式和风格样式来构建所需的线型符号。

1）制作二维铁路符号

制作铁路的线型要求如下：

（1）子线1（上层）：线型：短横线；虚实模式：实部40，虚部40；线宽：1.8mm；颜色：白色；端头样式：平头。

（2）子线2（下层）：线型：短横线；虚实模式：实部40，无虚部；线宽：2mm；颜色：黑色；端头样式：平头。

操作步骤：

（1）双击“线型符号库”，打开“线型符号库”对话框。

（2）单击“新建”，选择“新建二维线型”，打开“线型符号编辑器”对话框，如图9-18所示。

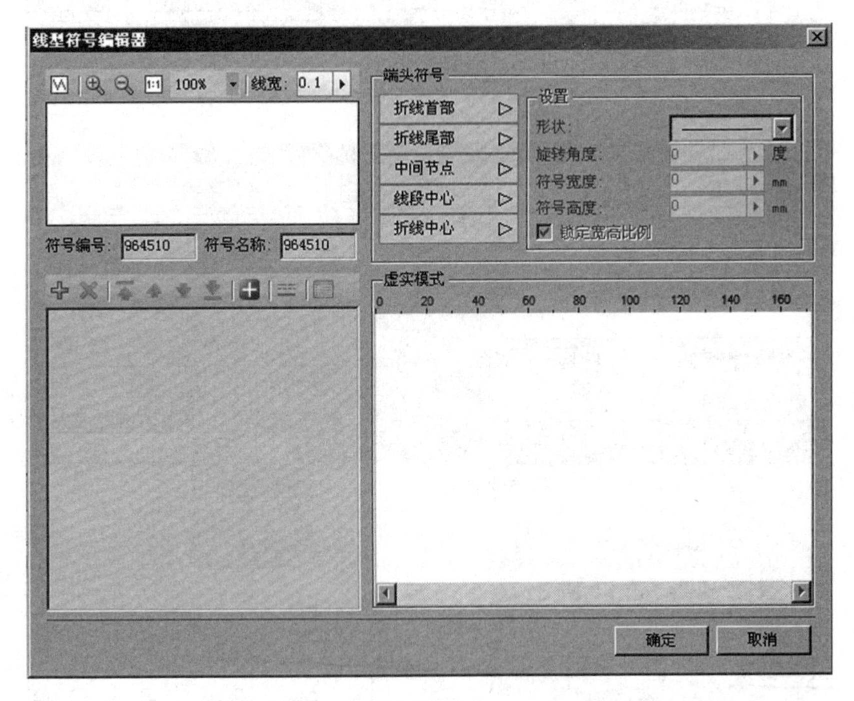

图9-18

（3）在“符号名称”中输入“铁路”，下层线型选择“短横线”（见图9-19），右击虚部，选择“删除”（见图9-20）。单击属性按钮，弹出“属性”对话框，“端头样式”选择“平头”，“固定颜色”设为黑色，“固定线宽”设为2mm（见图9-21）。到此，底层线型设置完成。

线型符号编辑器

100% 线宽: 0.1

端头符号

折线首部
折线尾部
中间节点
线段中心
折线中心

设置

形状:
旋转角度: 0 度
符号宽度: 0 mm
符号高度: 0 mm
锁定宽高比例

符号编号: 964510 符号名称: 铁路

虚实模式

0 20 40 60 80 100 120 140 160

40 40 +

短横线(系统线型)
短横线(系统线型)
短竖线(中心对齐)
短竖线(上边对齐)
短竖线(下边对齐)
上下交错
长短交错(向上)
长短交错(向下)
长短交错(上长下短)

确定 取消

图 9-19

线型符号编辑器

100% 线宽: 0.1

端头符号

折线首部
折线尾部
中间节点
线段中心
折线中心

设置

形状:
旋转角度: 0 度
符号宽度: 0 mm
符号高度: 0 mm
锁定宽高比例

符号编号: 964510 符号名称: 铁路

虚实模式

0 20 40 60 80 100 120 140 160

40 40

插入
删除
单个取反
所有取反

短横线(系统线型)

确定 取消

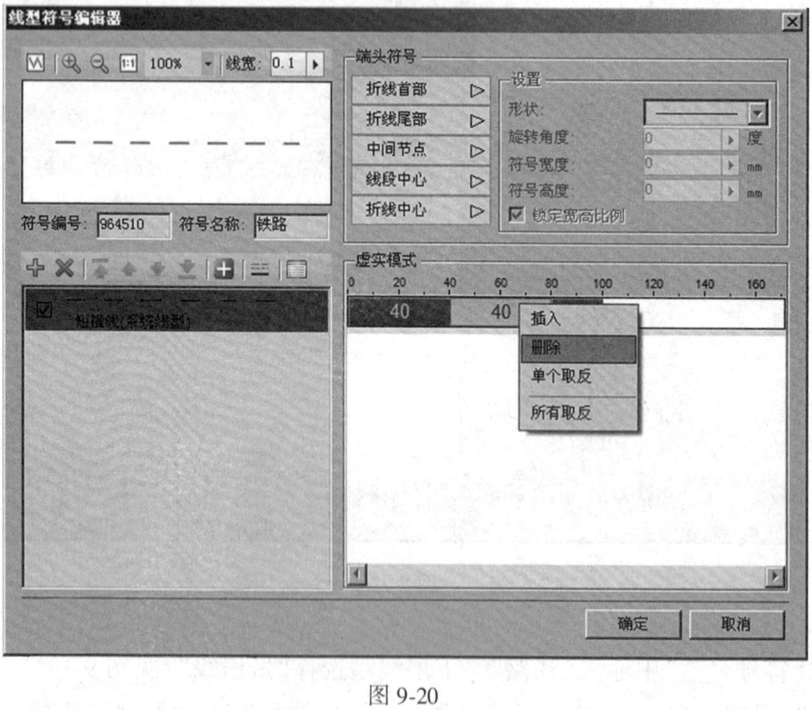

图 9-20

(4)继续添加一条短横线，实部 40，虚部 40。属性设置为：端头样式：平头；颜色：白色；线宽：1.8mm(见图 9-22)。然后单击“确定”。到此，上层线型设置完毕。

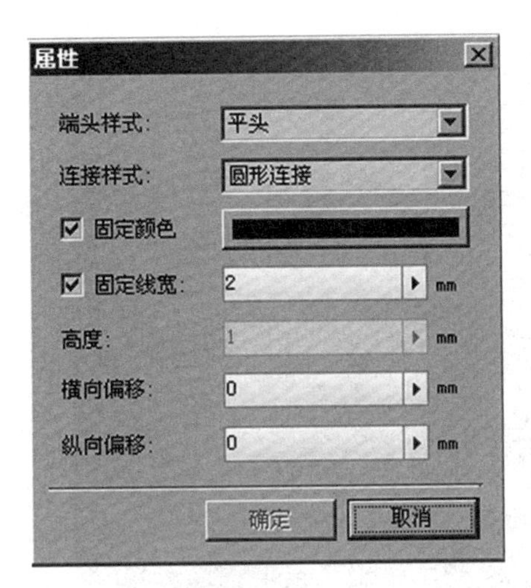

图 9-21

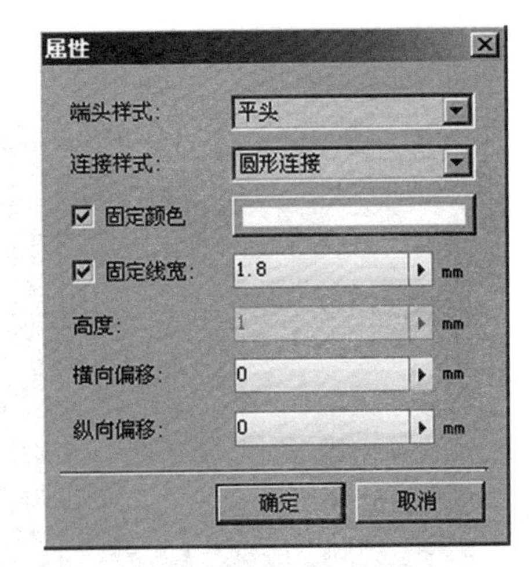

图 9-22

(5)返回“线型符号编辑器”对话框，单击“确定”，完成二维铁路符号绘制，如图9-23所示。

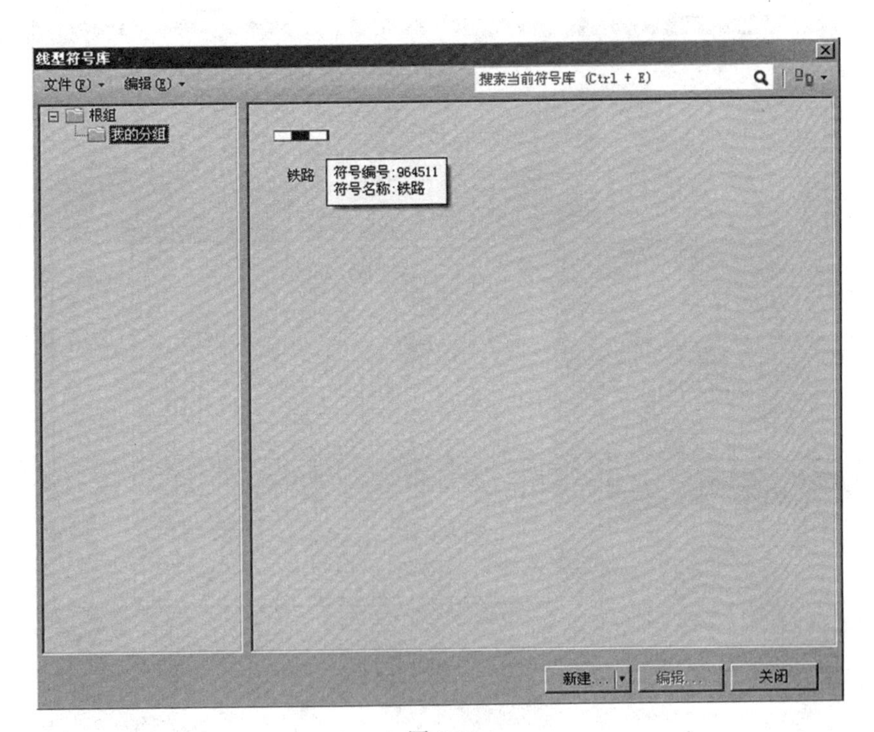

图 9-23

2)制作三维公路线型

制作如图 9-24 所示的三维公路线型，具体步骤如下：

(1)在“我的分组”中单击“新建”，选择“新建三维线型”，打开“三维线型符号编辑器”，如图 9-25 所示。

图 9-24

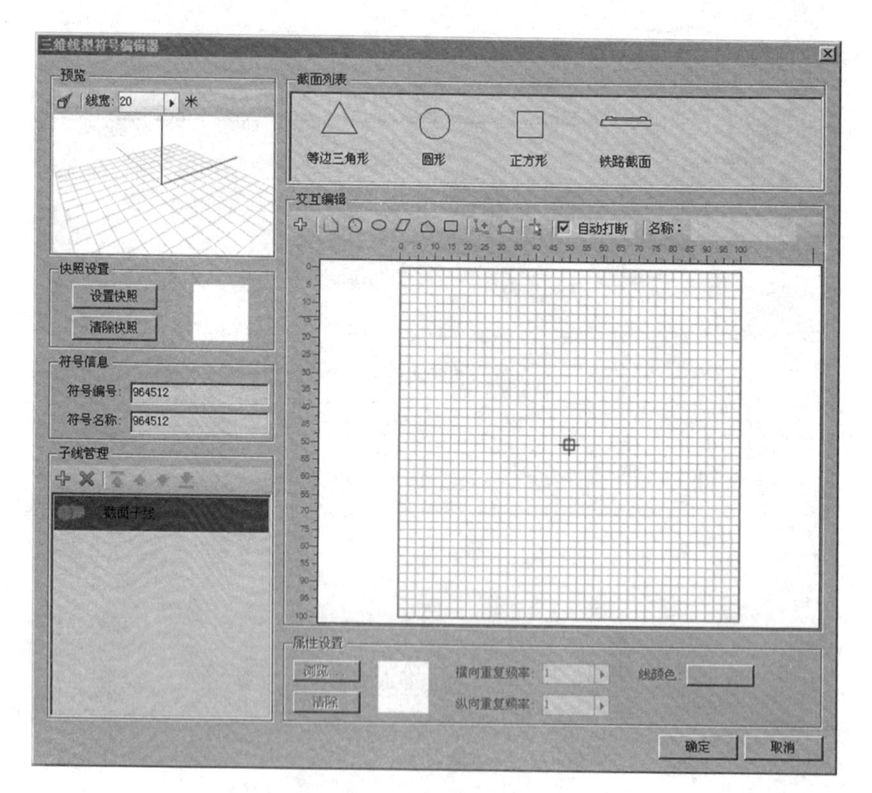

图 9-25

(2)单击，用默认子线绘制截面。因为“自动打断”为默认勾选，所以绘制好的截面实际为三段，如图 9-26 所示。

(3)贴图设置。首先选择截面对象的中间段部分作为公路面进行贴图，单击“属性设

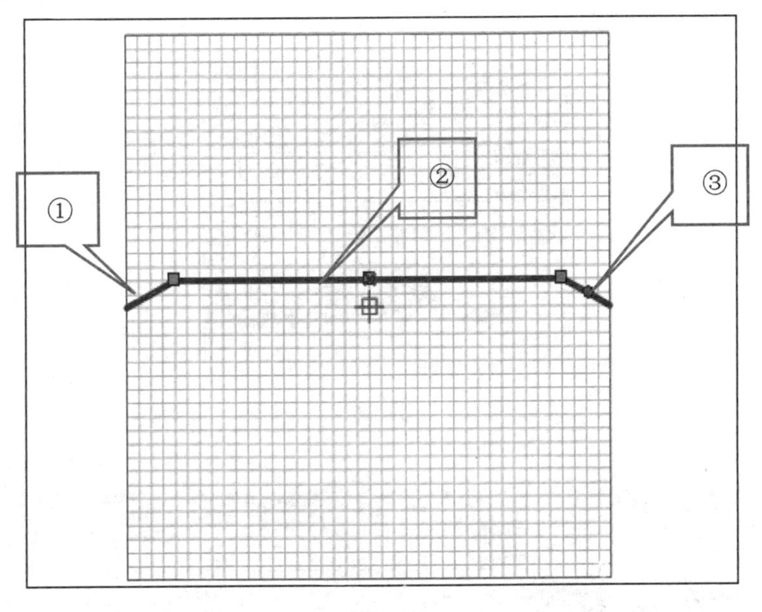

图 9-26

置”中的“浏览”选项，选择公路面贴图“gonglumian. jpg”，“横向重复频率”设为“20”，如图 9-27 所示。然后选择两侧部分进行贴图，图片选择“caodi. jpg”，“横向重复频率”同样设为“20”，如图 9-28 所示。

图 9-27

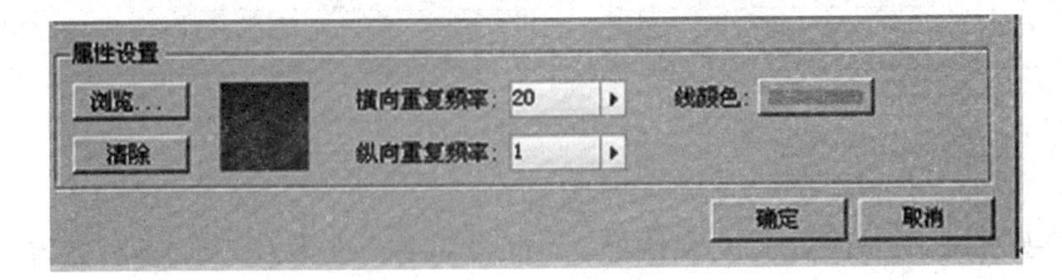

图 9-28

(4) 为公路两侧添加树木。在左侧“子线管理”中添加子线，双击已添加的子线，切换为“模型子线”，选择所需树木模型，如图 9-29 所示。由于树木默认在路中央，路宽为 20 米，将“*Y* 方向偏移”改为“10”米。以同样的方法添加公路另一侧树木，注意此时“*Y* 方向偏移”应为“-10”米，“*X* 方向偏移”设为“10”米，以便将两侧树木位置错开，达到美观效果，如图 9-30 所示。

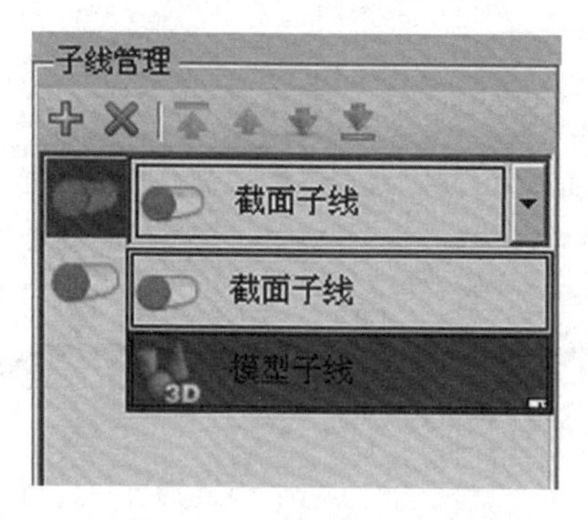

图 9-29

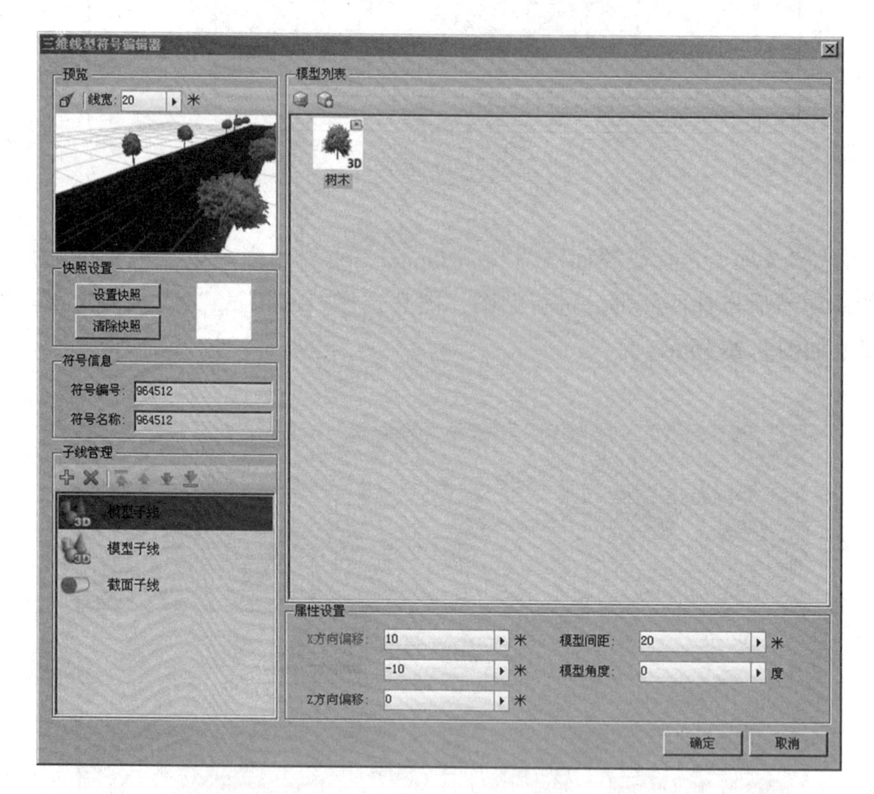

图 9-30

(5) 调整好预览图形位置，设置快照，“符号名称”改为“三维公路”，单击“确定”，完成制作。三维公路符号如图 9-31 所示。

4. 制作填充符号

填充符号可以由若干个图像填充或符号填充构成，通过设置子填充的风格或样式来构建填充符号。子填充类型有背景图片填充和符号填充。

填充单元：在填充区域绘制填充的最小单元，由所有子填充叠加构成。

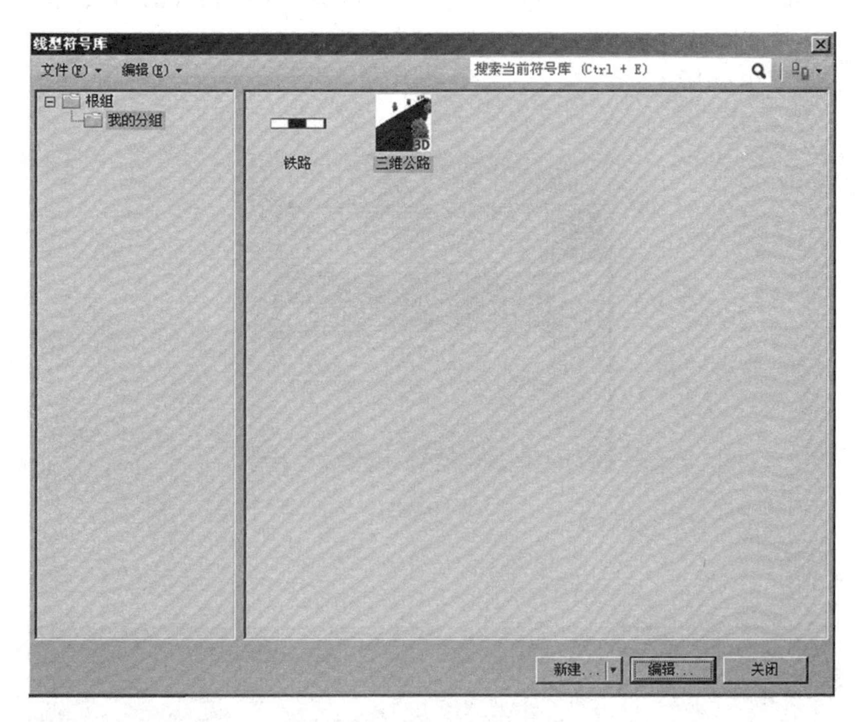

图 9-31

(1)双击“填充符号库”，打开“填充符号库”对话框，单击“新建”选择“新建二维填充”，打开“填充符号编辑器”对话框，如图 9-32 所示。

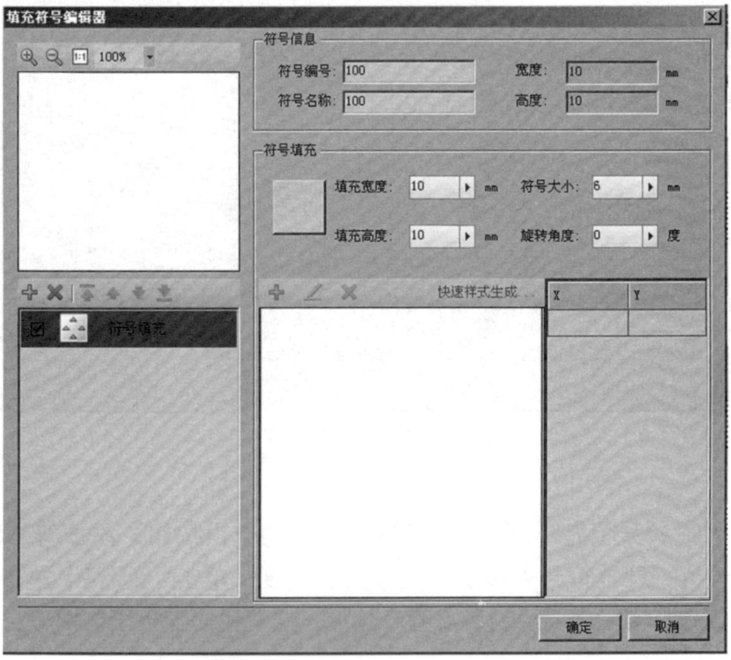

图 9-32

(2)选择如图 9-33 所示的“图像填充”，然后选择＊. png 格式的图像 Fill. png，单击“打开”，导入填充图像。在“填充符号编辑器”对话框中将“填充高度”、“填充宽度”均设置为“20”，如图 9-34 所示。

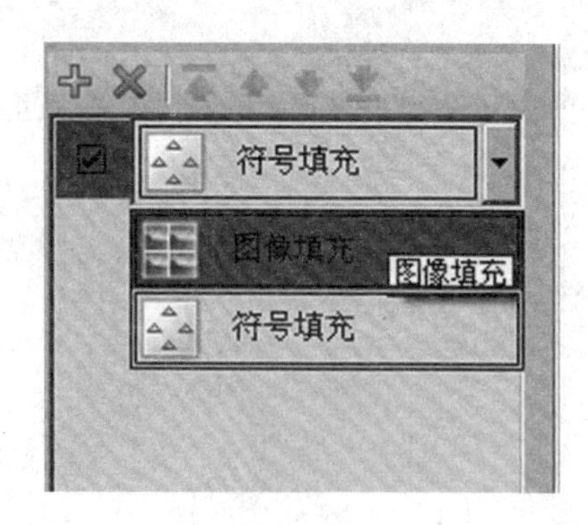

图 9-33

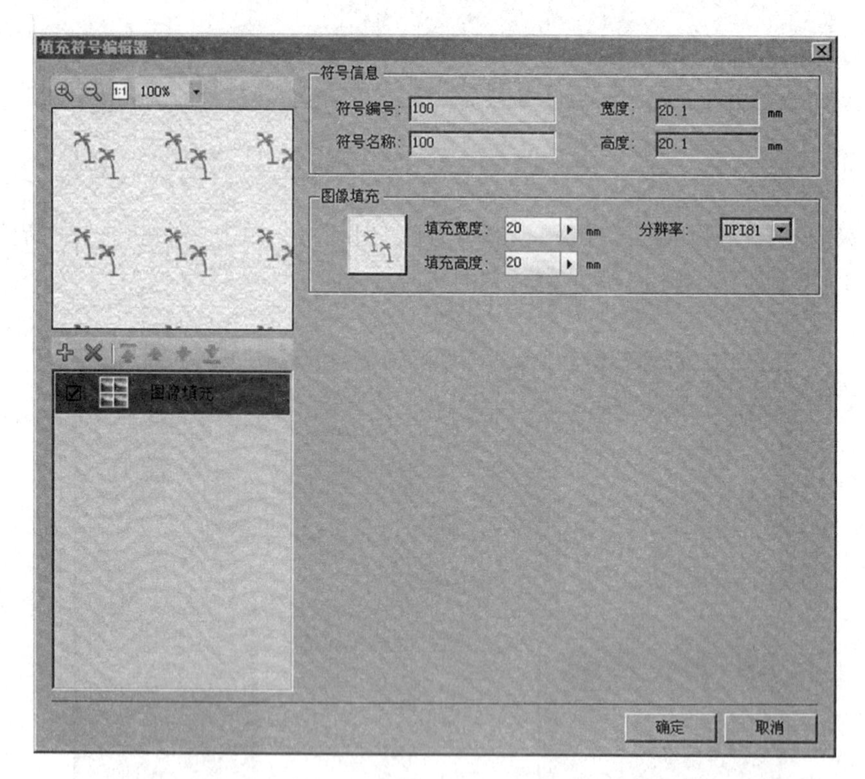

图 9-34

(3)继续添加“符号填充”。单击“符号填充”中的空白按钮，添加符号，这里我们随机选择果园符号，设置符号大小及填充高度、宽度，单击“确定”。单击添加按钮，然后在空白区域根据实际需要绘制所需符号数量，这里我们随机绘制两个，如图 9-35、图 9-36 所示。

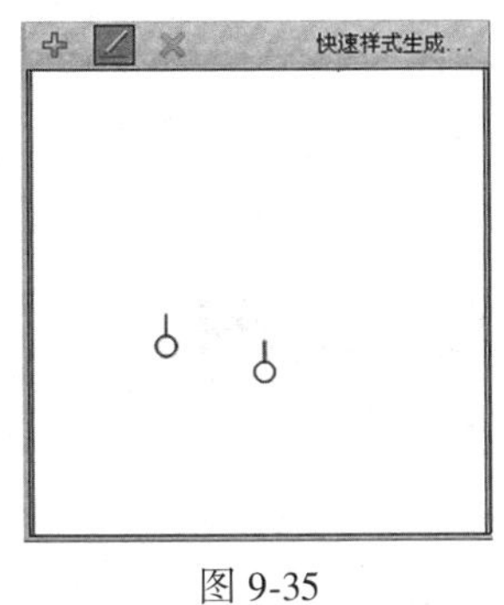

图 9-35

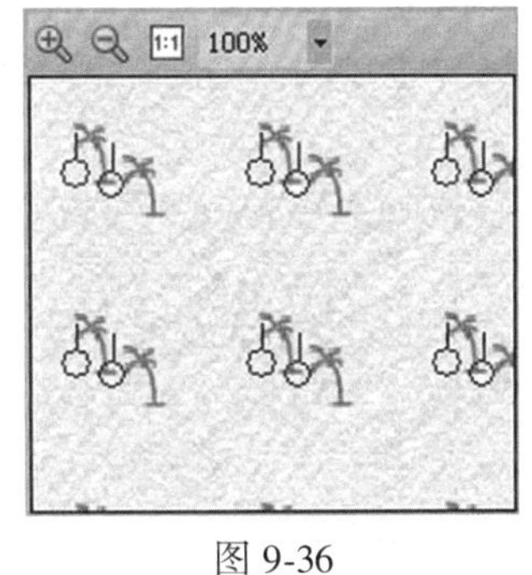

图 9-36

(4)参考预览图像，通过修改按钮调整古迹符号位置，直到达到满意效果，如图 9-37、图 9-38 所示。

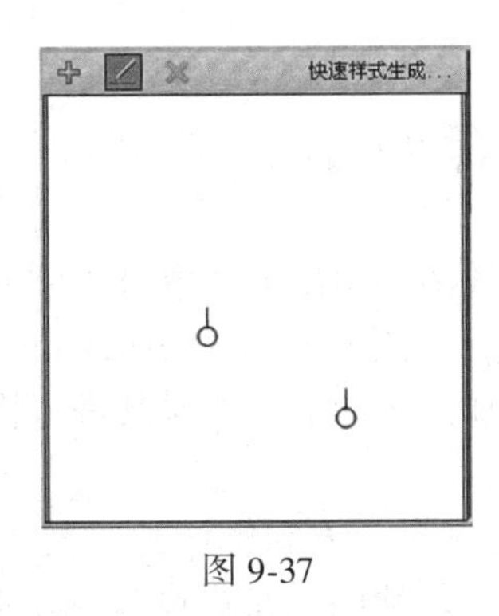

图 9-37

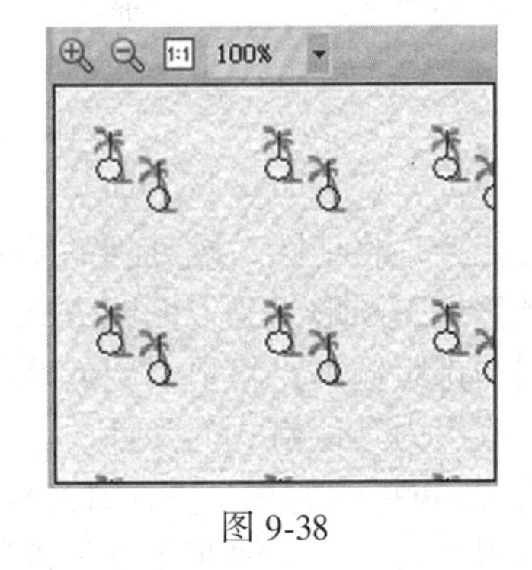

图 9-38

(5)单击“确定”，完成制作。

六、拓 展 练 习

利用已有图像、模型等资料练习制作二维、三维点符号，二维、三维线型符号以及填充符号。

实验十　排版出图

一、实验目的

(1)能保存制作的地图。
(2)能够按照一定的纸张要求设置和布局版面。
(3)在设置好的版面上添加各种制图要素，并进行排版。
(4)能保存布局(模板)，并打印输出。

二、实验背景

制图的主要任务是将地图数据处理的结果变成图形输出为装置可识别的信号，以驱动图形输出装置产生地图图形并且以图幅方式输出。采用 SuperMap iDesktop 7C 进行布局就是为了完成地图的排版输出，将要出版的地图添加到布局上，并对其进行排版，最后打印到硬件设备上或输出为其他格式的文件。

布局就是地图(包括专题图)、图例、地图比例尺、方向标图片、文本等各种不同地图内容的混合排版与布置，主要用于电子地图和打印地图。布局窗口就是制作布局(布置和注释地图内容)以供打印输出的窗口。

三、实验内容

(1)保存地图。
(2)设置布局版面。
(3)调整布局元素的分布。
(4)布局的保存与输出。

四、实验数据

SuperMap iDesktop 7C 安装目录 \ SampleDate \ China \ China400. smwu

五、实验步骤

1. 保存地图

地图的制作过程包括：

(1)将要制作地图的空间数据显示于同一个平面地图窗口中；

(2)对图层进行必要的专题图渲染或者风格设置；

(3)保存地图；

(4)保存工作空间。

前两个步骤详见“实验八 专题图制作”。本实验主要讲述保存地图。保存地图也是制作地图的前提和基础。

操作步骤：

(1)启动 SuperMap iDesktop 7C 应用程序。

(2)打开工作空间“China400. smwu”。

(3)基于数据集“Capital_P”制作标签矩阵专题图，专题图中包括省会名称、天气预报图片、天气预报名称和温度。其中，省会名称用统一风格，温度用复杂风格，以“/”分隔，如图 10-1 所示。

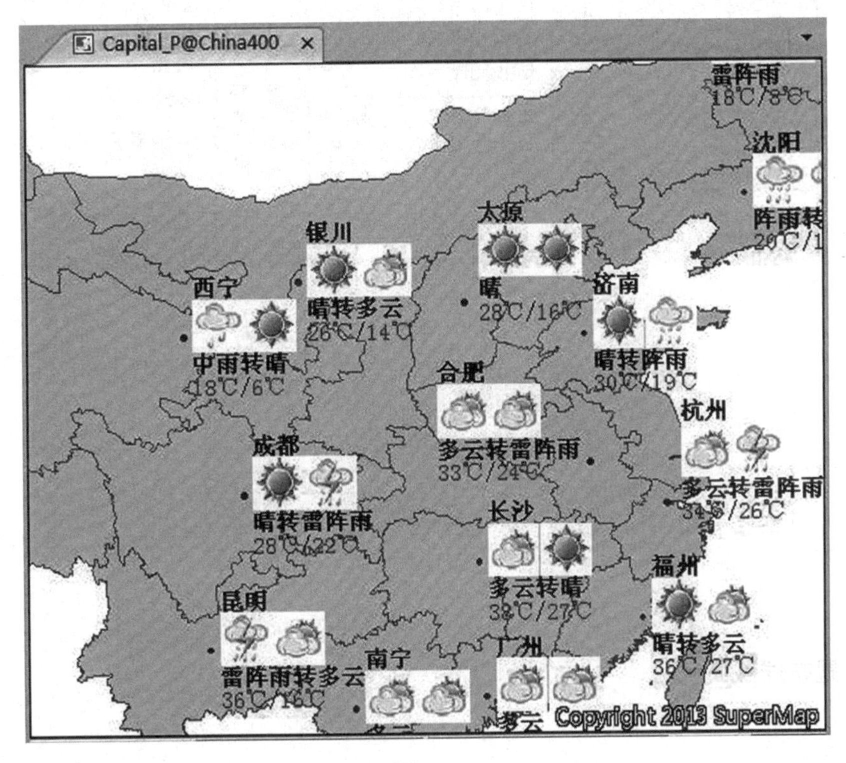

图 10-1

(4)使当前地图窗口中没有选中的对象。在地图窗口中右键点击鼠标，在弹出的右键菜单中选择“保存地图”命令，如图 10-2 所示。

①若当前地图为新增地图，则弹出“地图另存为”对话框，在对话框输入新地图的名称，点击“确定”按钮即可，如图 10-3 所示。

②若当前地图是工作空间中已有的地图，则会将对地图的修改保存到当前地图中。

地图保存后，在工作空间管理器中的地图集合节点下将增加一个新的地图节点，该节点对应刚刚保存的地图。

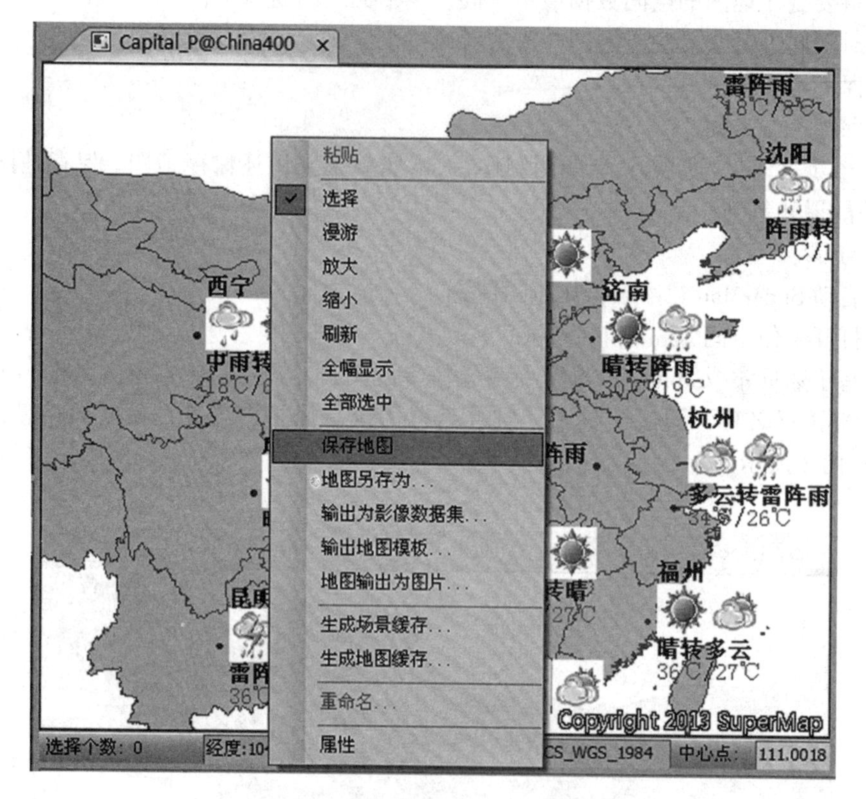

图 10-2

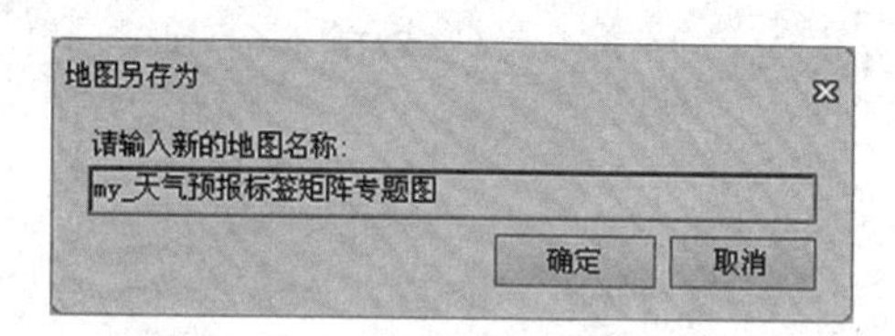

图 10-3

2. 设置布局版面

1）新建布局

SuperMap iDesktop 7C 提供了两种新建布局窗口的方式：

（1）在功能区“开始”选项卡“浏览”组单击“布局”项的下拉箭头，在弹出的菜单中选择“新建布局窗口”，如图 10-4 所示。

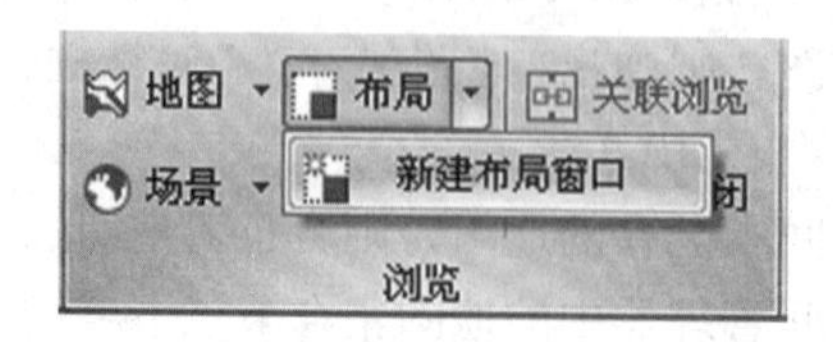

图 10-4

(2)右键点击工作空间管理器中的布局集合节点，在弹出的右键菜单中选择“新建布局窗口”(见图10-5)，即可新建一个布局窗口(见图10-6)。

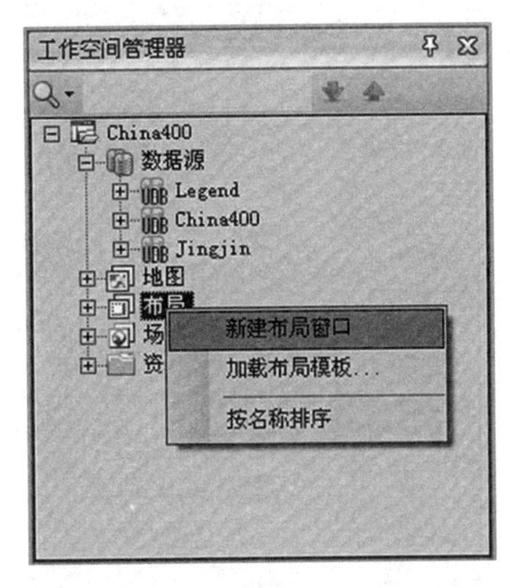

图10-5

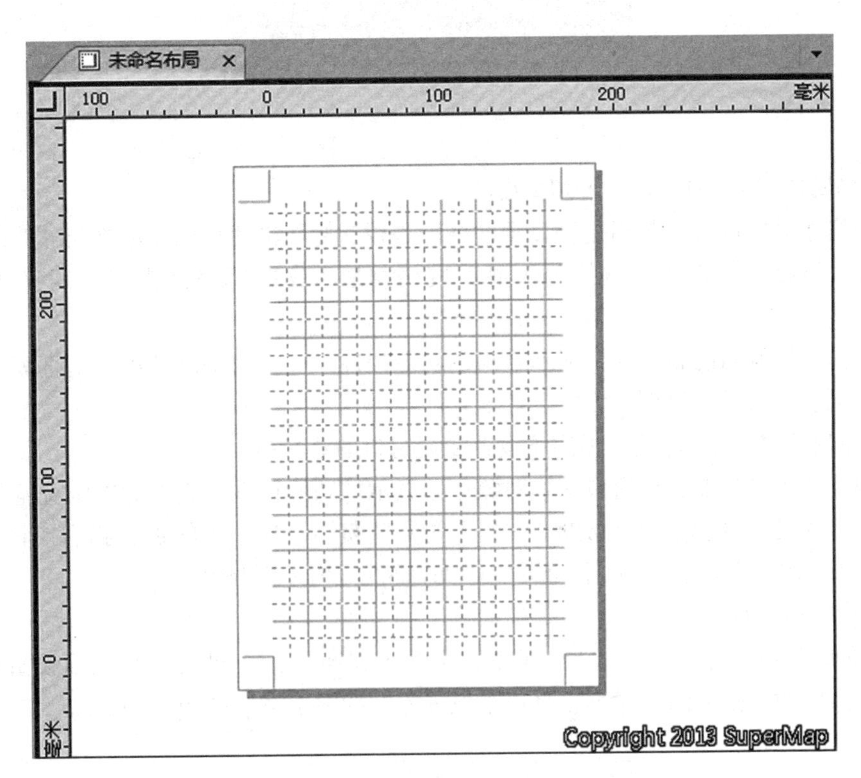

图10-6

2)设置布局参数

(1)设置布局窗口。

单击“布局”选项卡的“布局属性”功能控件，打开的“布局属性”界面中组织了在布局窗口进行的各种布局设置功能，如图 10-7 所示。

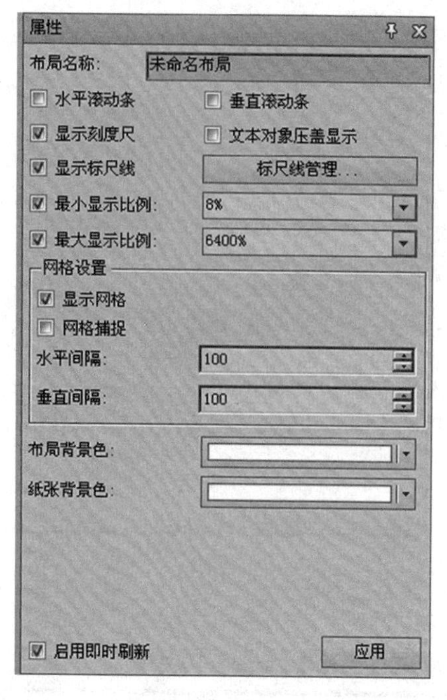

图 10-7

"布局属性"界面中包含以下相关设置：

①网格相关的设置，包括是否显示网格、是否支持网格捕捉以及网格间隔的设置等；

②标尺线相关的设置，包括是否显示网格、是否支持网格捕捉以及网格间隔的设置等；

③设置和控制当前布局窗口显示效果的功能控件，包括水平滚动条、垂直滚动条，最小显示比例、最大显示比例；

④"布局背景颜色"标签选项用于设置布局窗口的背景色。

⑤设置和控制当前布局窗口文本对象压盖显示的功能控件，文本对象压盖显示。

以上参数设置可参考联机帮助，这里不再一一赘述。对于本实例，我们仅将"网格设置"中的"显示网格"取消，"水平间隔"、"垂直间隔"均设为"60"。

(2)设置布局页面。

在"布局"选项卡的"页面设置"组中，组织了在布局窗口进行各种页面设置的功能，包括布局页面的纸张方向、大小、页边距设置等，如图 10-8、图 10-9 所示。

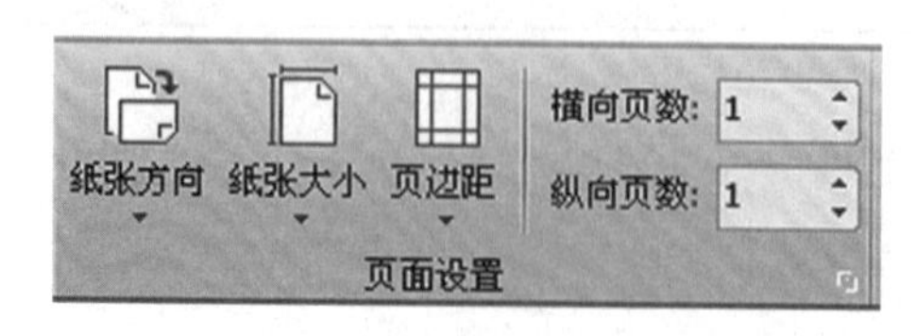

图 10-8

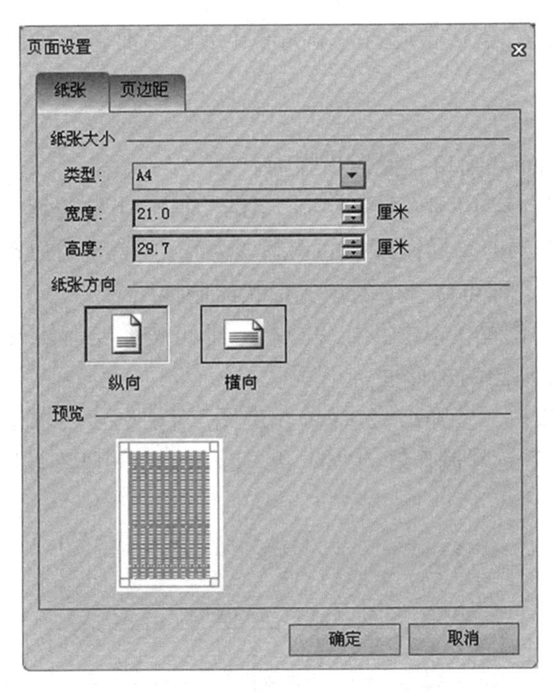

图 10-9

①“布局属性”界面中的“纸张背景色”标签选项，用于设置当前布局窗口中布局页面的纸张背景的填充颜色。在布局页面打印时，设置的纸张背景色会随着布局页面一并输出。

②“布局”选项卡中“页面设置”组的“纸张方向”按钮，用于设置当前布局窗口中布局页面的纸张方向。应用程序提供了纵向和横向两种不同页面方向供用户选择，系统默认为纵向。这里我们选择横向。

③“布局”选项卡中“页面设置”组的“纸张大小”按钮，用于设置当前布局窗口中布局页面的纸张尺寸大小。应用程序提供了大量的布局页面类型供用户直接选择，用户可以很方便地在“纸张大小”下拉菜单中，或者在“页面设置”组对话框中设置选择合适的布局纸张尺寸，同时程序支持用户自定义纸张大小。这里我们采用默认设置。

④“布局”选项卡中“页面设置”组的“页边距”按钮，用于设置当前布局窗口中页面的边距大小。用户可以很方便地在“页边距”下拉菜单中选择一种系统与定义的纸张边距，或者在“页面设置”组对话框中自定义设置页边距的大小。这里我们采用默认设置。

⑤“布局”选项卡“页面设置”组中可设置布局窗口横向或纵向的浏览页数，所显示的总页数是纵向页数×横向页数。

3）添加制图要素

地图在以纸质等非电子格式输出和物理存储时，由于受到存储介质的限制，需要以一定的大小按图幅切割输出，一般图幅大小标准是 50×40CM、50×50CM 两种规格。为了便于纸质地图的识别和保存，电子地图在按图幅方式输出时，需要增加许多辅助要素，包括地图、指北针、图名、图例、比例尺、图廓、图幅接合表、制图单位和制图日期说明等对地图信息进行说明。在这些制图要素中，地图是最重要的要素，其他要素都是用以辅助说明地图的。

SuperMap iDesktop 7C 中，布局的一个关键环节就是要将各种制图要素添加到一个设置好的布局版面上。

(1)添加地图要素。

①添加地图要素到布局窗口，操作步骤为：

a. 单击“对象操作”选项卡中“对象绘制”组的“地图”下拉按钮，在弹出的下拉菜单中选择“矩形”项，鼠标在当前布局窗口中的状态变为 (用户也可以单击下拉列表中其他类型填充形状对应的按钮，即可以选中的填充形状绘制地图)。

b. 在待绘制地图的位置，单击并拖曳鼠标，即可按照绘制矩形的方式在当前布局窗口中绘制一个用于填充地图的矩形框。

c. 矩形框绘制完成后，会弹出“选择填充地图”对话框，要求用户选择一幅地图，如图 10-10 所示。这里我们选择制作好的“my_天气预报标签矩阵专题图”。

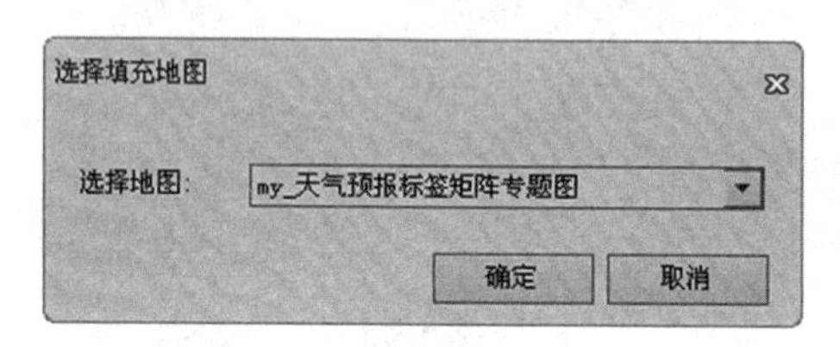

图 10-10

d. 单击“确认”按钮后，即可按矩形填充方式绘制所选地图，如图 10-11 所示。

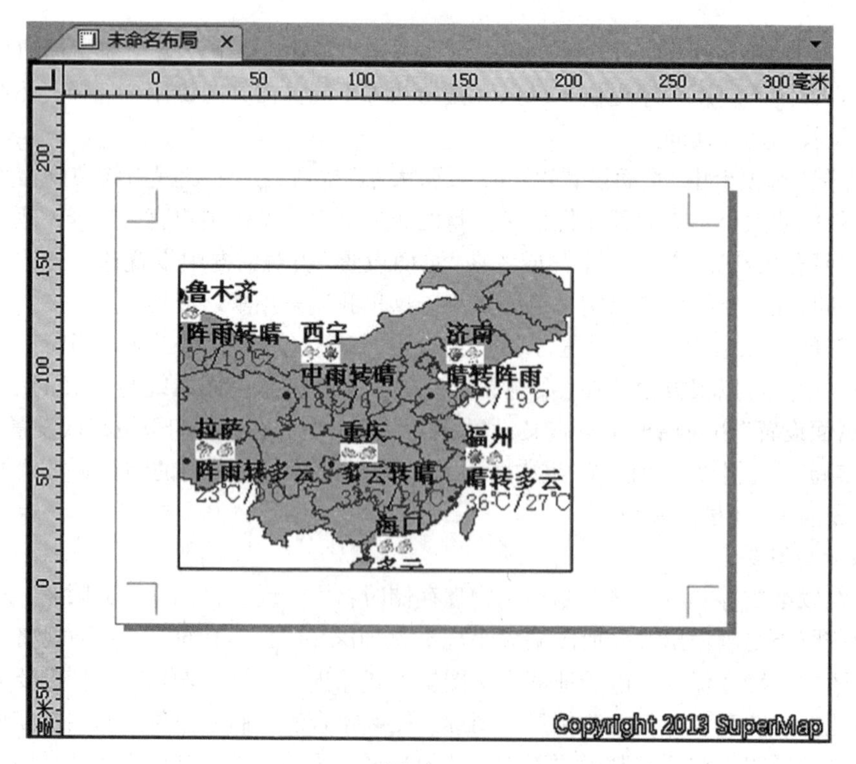

图 10-11

e. 修改地图的属性。双击待修改属性的地图对象，或者选中地图对象，单击右键，在弹出的右键菜单中选择“属性”项，即可弹出“属性”窗口，设置地图的比例尺和边框，如图 10-12 所示。

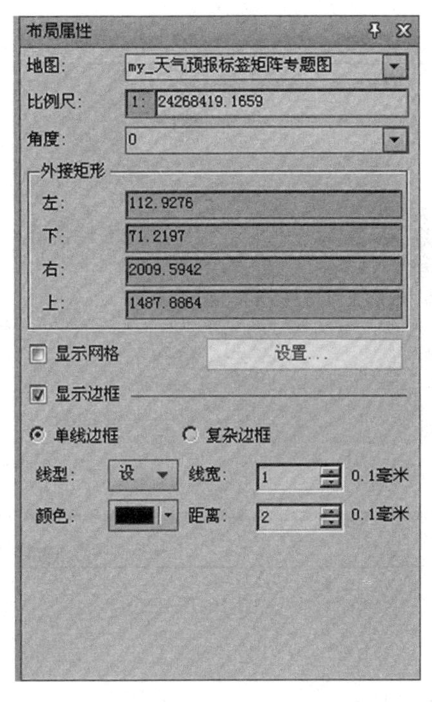

图 10-12

②调整地图要素的显示范围，操作步骤如下：

a. 选中要进行调整的地图要素；

b. 单击“布局”选项卡“地图操作”组中的“锁定地图”按钮，此时，当前被选中的地图呈锁定状态；

c. 点击“地图操作”组中的其他按钮，对地图要素进行放大、缩小、自由缩放、平移、全副显示等基本操作；

d. 重新点击 b 步骤中按下的“锁定地图”按钮，进行地图解锁操作，调整结果如图 10-13 所示。

小提示：

①锁定地图后，只可以对布局中的地图要素进行操作，而不能对布局版面以及其他的地图要素进行操作。如要对其他要素进行操作，则需要进行解锁操作。

②如要调整地图要素的数据内容以及显示风格，需要重新制作地图，在布局版面中不能进行。

(2)添加比例尺，操作步骤如下：

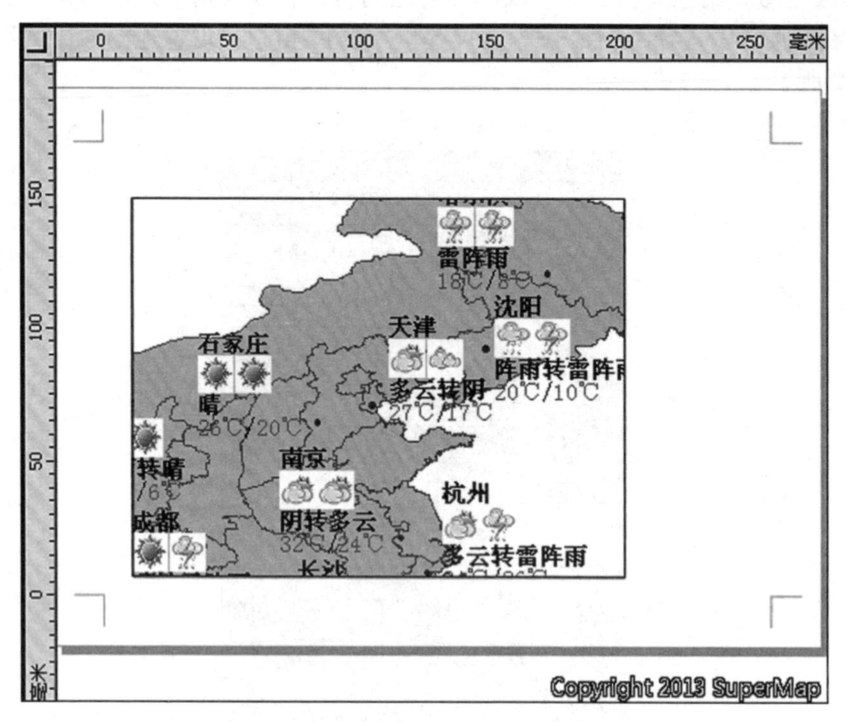

图 10-13

①选中布局窗口中的地图。

②单击“对象操作”选项卡中“对象绘制”组的“比例尺”按钮，鼠标在当前布局窗口中的状态变为 。

③在当前布局窗口中需要绘制比例尺的位置，单击并拖曳鼠标，即可基于选中地图的属性绘制该地图的比例尺。

④修改比例尺的属性：双击待修改属性的比例尺对象；或者选中比例尺对象，单击右键，在弹出的右键菜单中选择“属性”项，即可弹出“属性”窗口。与比例尺对象关联的“属性”窗口用于设置比例尺的类型、单位、小节宽度、小节个数、左分个数、字体风格等各项参数。在该“属性”窗口中的各项参数设置都会实时反映到当前布局窗口中，即实现所见即所得。参数设置如图 10-14 所示。

(3)绘制图例，操作步骤如下：

①选中布局窗口中需要绘制图例的地图。

②单击“对象操作”选项卡中“对象绘制”组的“图例”按钮，鼠标在当前布局窗口中的状态变为 。

③在当前布局窗口中需要绘制图例的位置，单击并拖曳鼠标，即可基于选中地图的属性绘制该地图的图例。

④修改图例的属性。双击待修改属性的图例对象；或者选中图例对象，单击右键，在弹出的右键菜单中选择“属性”项，即可弹出“属性”窗口。与图例对象关联的“属性”窗口用于设置图例的标题及其风格、图例列数、图例宽度与长度、填充颜色、图例边框间距等各项参数。在该“属性”窗口中的各项参数设置都会实时反映到当前布局窗口中，即实现

所见即所得。参数设置如图 10-15 所示。

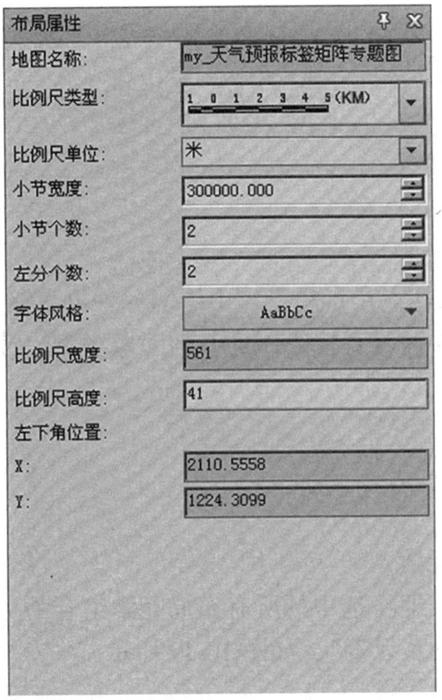

图 10-14

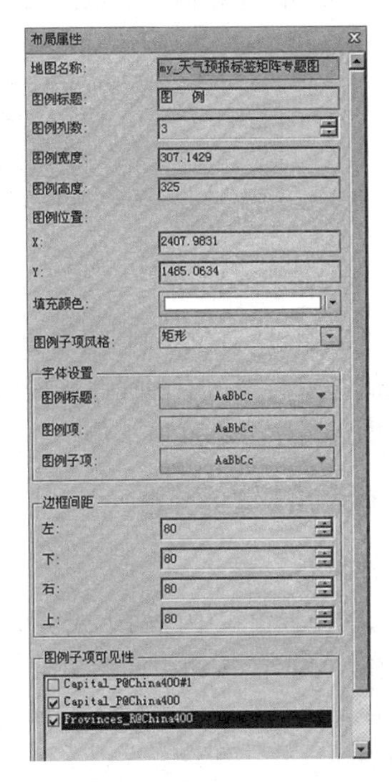

图 10-15

(4)绘制指北针，操作步骤如下：

①选中布局窗口中的需要绘制指北针的地图。

②单击"对象操作"选项卡中"对象绘制"组的"指北针"按钮，鼠标在当前布局窗口中的状态变为┼A。

③在当前布局窗口中需要绘制指北针的位置，单击并拖曳鼠标，即可基于选中地图的属性绘制该地图的指北针。

④修改指北针的属性。双击待修改属性的指北针对象；或者选中指北针对象，单击右键，在弹出的右键菜单中选择"属性"项，即可弹出"属性"窗口。与指北针对象关联的"属性"窗口用于设置指北针的样式、旋转角度、宽度、高度等各项参数。在该"属性"窗口中的各项参数设置都会实时反映到当前布局窗口中，即实现所见即所得。参数设置如图10-16所示。

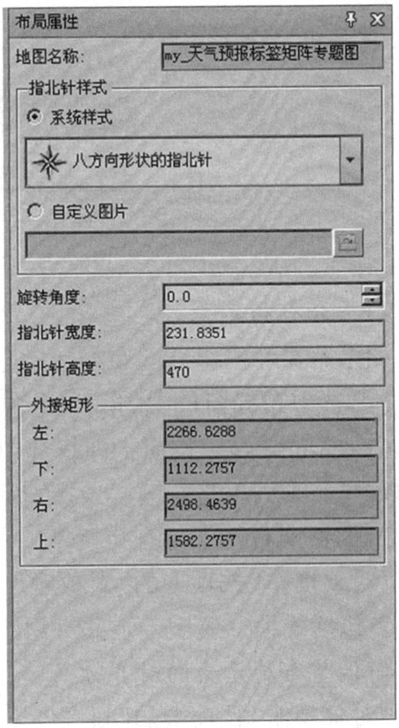

图 10-16

(5)绘制几何对象和文本。

在"对象操作"选项卡上的"对象绘制"组可用于在布局窗口中绘制点、线、面等几何对象，如

图 10-17 所示，其基本操作方式与在地图窗口中绘制几何对象类似。但是目前布局中的绘制不支持输入坐标或者输入参数的绘制方式。

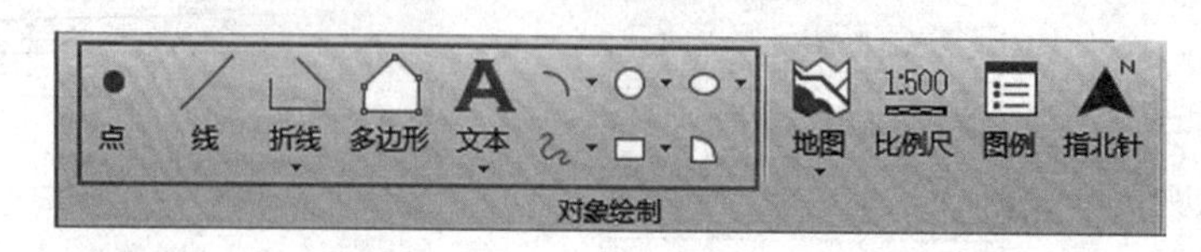

图 10-17

用户可以通过“对象绘制”组中提供的工具，在布局窗口中绘制各种可直接创建的点、线、面几何对象类型，应用程序共提供了 20 种可直接绘制的几何对象类型。读者可以参考联机帮助进行学习，这里不再一一赘述。

3. 调整布局元素的分布

1) 组合布局元素

(1) 选中布局窗口中的两个或多个布局元素。

(2) 单击“组合”按钮，如图 10-18 所示，即将选中的所有布局元素组合为一个布局对象。也可在布局窗口单击右键，选择“组合分布元素”，如图 10-19 所示。

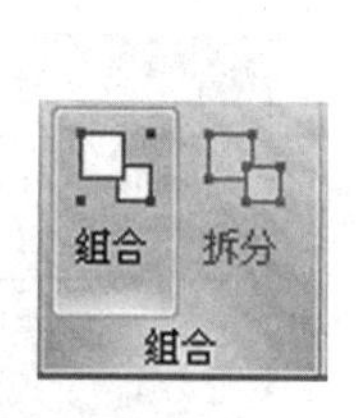

图 10-18

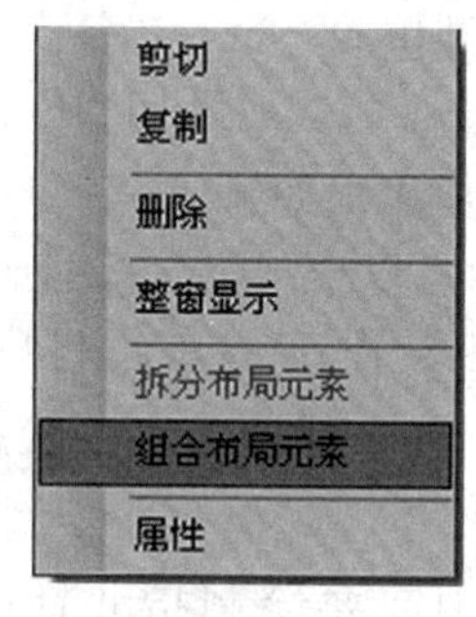

图 10-19

2) 拆分布局元素

如果需要对已组合的布局元素分别进行属性修改，可以进行拆分布局元素。

(1) 选中布局窗口中的一个组合布局对象。

(2) 单击“拆分”按钮，即将选中的组合布局元素拆分为单个布局元素。或选择已经组合的布局元素，单击右键，选择“拆分布局元素”。

3) 调整布局元素的叠加顺序

“对象操作”选项卡的“对象顺序”组，组织了在布局窗口中设置布局元素叠加顺序的功能，包括置顶、置底、上移一层、下移一层 4 种方式，如图 10-20 所示。

4) 调整布局元素的对齐方式

“对象操作”选项卡的“对齐”组，组织了在布局窗口进行布局元素对齐排列的设置功能，如图 10-21 所示。

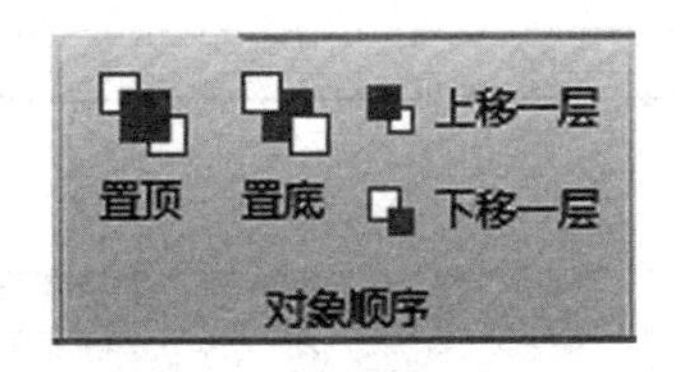

图 10-20

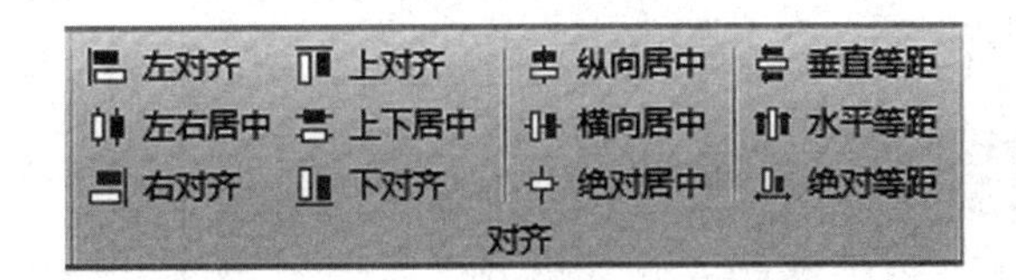

图 10-21

5）调整布局元素的大小

“对象操作”选项卡的“大小”组，组织了将布局窗口中选中的布局元素设置相等大小、相等宽度或相等高度的功能，如图 10-22 所示。

图 10-22

4. 布局的保存与输出

1）保存布局

“保存布局”命令用来保存当前布局窗口中的布局，该操作只能将布局保存到工作空间中，只有进一步保存了工作空间，布局才能最终保存下来，当再次打开工作空间时，才能获取所保存的布局。具体操作步骤如下：

（1）使当前布局窗口中没有选中的对象；

（2）在布局窗口中右键单击鼠标，在弹出的右键菜单中选择“保存布局”命令；

（3）单击“开始”选项卡“工作空间”组中的“保存”按钮，保存工作空间。

2）布局的输出

（1）布局输出为图片。

①在当前布局窗口中，根据需要完成布局制作后，单击鼠标右键，选择“输出为图片…”选项（见图 10-23），弹出“输出为图片”对话框，将制作好的布局转换成通用的图片格式（如 JPG 文件、PNG 文件、位图文件以及 TIFF 影像数据等格式）进行输出。

②用户可在该对话框中对输出图片的属性进行设置，包括输出的图片的名称、图片类

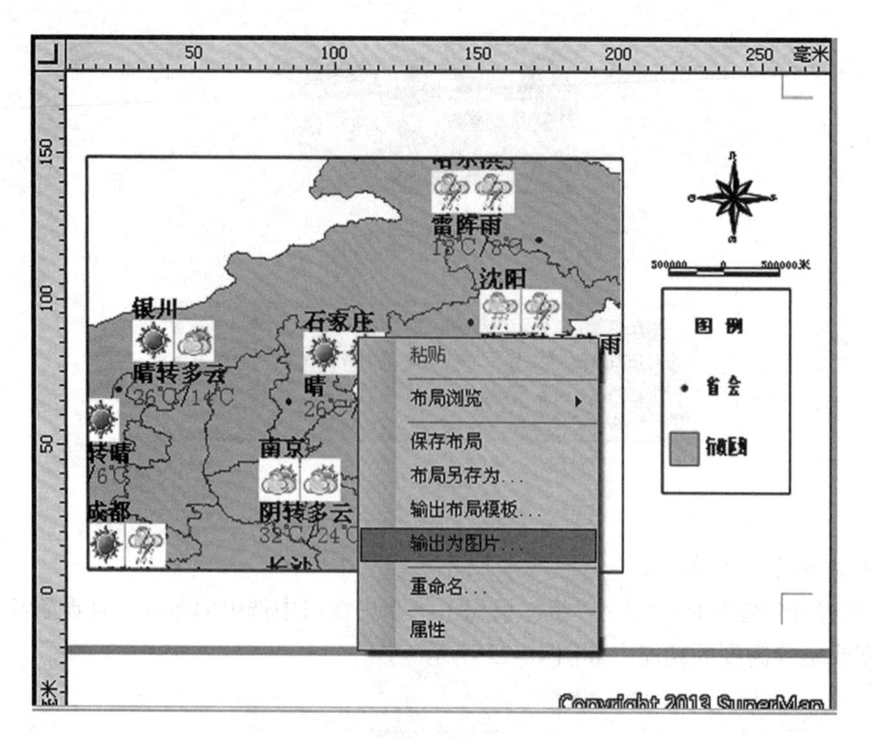

图 10-23

型、保存路径、DPI 以及是否分页输出等，如图 10-24 所示。

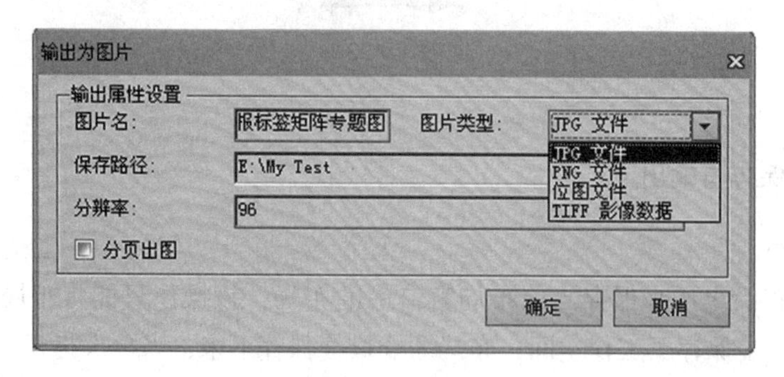

图 10-24

图 10-25

③设置完成后，点击“输出为图片”对话框中的“确定”按钮即可。

(2)打印布局。

通过“布局”选项卡中“文件操作”组的“打印”下拉按钮，可预览并打印当前布局窗口中布局页面中显示的所有内容，如图 10-25 所示。

①打印，操作步骤如下：

a. 单击“打印”下拉菜单中“打印...”项，弹出“打印”对话框，在该对话框中选择打印机并对其进行设置，如图 10-26

所示。

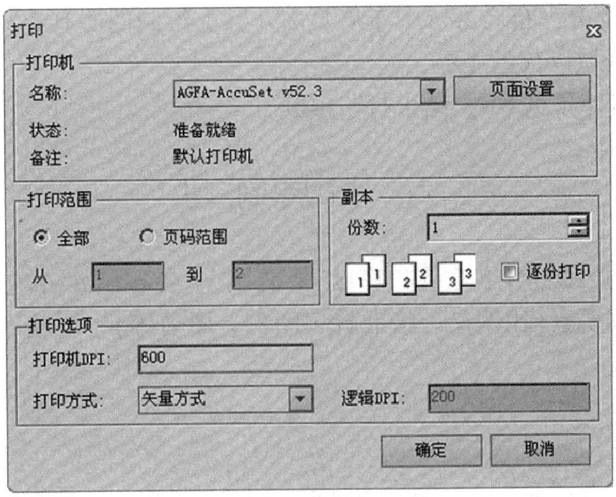

图 10-26

b. 单击“打印”对话框中的“页面设置”按钮，弹出“打印页面设置”对话框，如图 10-27 所示。在“打印页面设置”对话框中，可根据需要选择合适的纸张大小、纸张方向、页边距、采用当前页面设置等参数。

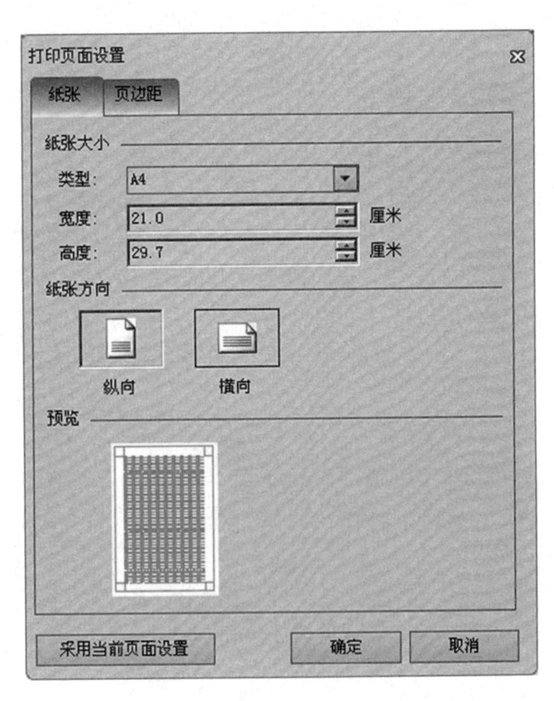

图 10-27

c. 单击“确定”按钮，完成操作。

②打印预览，操作步骤如下：

a. 单击“打印”下拉按钮，在弹出的下拉菜单中单击“打印预览”项，即可预览布局打印的内容。

b. 打印预览的部分为布局窗口中布局页面及其上绘制的所有布局元素，预览的过程中已布局页面所在区域以灰色显示。

c. 再次单击“打印预览”项，结束打印预览。

六、拓展练习

利用制作完成的“2000年各省人口密度”专题图、“各省年龄结构人口数”统计专题图创建布局，添加布局要素(比例尺、指北针、图例、图名等)，调整布局版面，进行布局保存和图片输出。

实验十一 网络分析

一、实验目的

(1)了解网络分析的应用背景。
(2)学习如何构建网络数据集。
(3)学习如何使用网络分析功能。

二、实验背景

1. 网络分析概述

网络系统是指由许多相互连接的弧段构成的网状系统。现实世界充斥着各种不同的网络系统，诸如交通、物流、通信、管线设备等，它们共同构成了社会的重要基础设施。网络数据模型是通过对现实生活中各种网络系统进行抽象提取而形成的一种数学模型，它是对现实世界中网络系统的抽象表达。网络分析就是在网络模型的基础上进行的一系列分析。目前，SuperMap iDesktop 7C 的网络应用主要集中于地理学及其相关研究领域中的网络，或更具体的城市交通网络。SuperMap iDesktop 7C 使用弧段、节点、转向表、阻力值等网络分析模型要素代表道路、交叉点、交通规则等现实世界中的事物，并针对现实工作的要求，建立相应的分析模型，运用相应的分析功能(最短路径、最近设施等)来解决实际问题，这就是网络分析的背景和意义。

用户可以迅速直观地构造整个网络，并建立与网络元素相关的属性表，可以随时对网络元素及其属性进行编辑和更新，且可以使用诸如最佳路径等分析功能。目前，网络分析在电子导航、交通旅游以及电力、通信的管网、管线的布局设计中发挥了重要的作用。

2. 网络模型

SuperMap iDesktop 7C 中的网络模型共分为两种，即交通网络模型和公共设施网络模型。

(1)交通网络模型：交通网络是没有方向的网络，常用的有道路交通网。交通网络分析多用于路径搜索和定位。虽然这种网络是非定向的网络，流向不完全由系统控制，但是网络中流动的资源可以决定其流向。例如，行人在高速公路上开车行驶，可以选择转弯的方向、停车时间以及行驶的方向等。但是也有一定的限制，如单行线、不允许掉头等，这取决于网络属性。

(2)设施网络模型：公共设施网络是具有方向的网络，常用的网络有天然气管道、河道等。这种网络是一种定向网络，其流向由网络中的源和汇决定，网络中的流动介质(水流、电流等)自身不能决定流向。例如，确定一点到另一个点的上游路径，以确定河流中的污染源；或者水网中某处管道破裂后，需要及时关闭哪些线路的阀门。

3. 基本概念

(1)网络。网络是由一组相互关联弧段、节点和它们的属性所组成的模型。网络用于表达现实世界中的道路、管线等。

(2)节点。节点是网络中弧段相连接的地方。节点可以表示现实中的道路交叉口、河流交汇点等点要素。节点和弧段各自对应一个属性表，它们的邻接关系通过属性表的字段来关联。

(3)弧段。弧段就是网络中的一条边，它通过节点和其他的弧段相连接。弧段可用于表示现实世界运输网络中的高速路、铁路、电网中的传输线和水文网络中的河流等。弧段之间的相互联系是具有拓扑结构的。

(4)网络阻力。现实生活中，从起点出发，经过一系列的道路和路口抵达目的地，必然会产生一定的花费。这个花费可以用距离、时间、货币等度量。在网络模型中，把通过节点或弧段的花费抽象成网络阻力，并将该信息存储在属性字段中，称为阻力字段。

(5)中心点。中心点是网络中具有接受或提供资源能力，且位于节点处的离散设备。设施是指地理信息系统所需的物质、资源、信息、管理和文化环境等。例如学校里有教育资源，学生必须到校学习；零售仓储点，储存了零售点所需要的货物，每天需要向各个零售点配送发货。中心点实质上也是网络上的节点。

(6)障碍边和障碍点。城市中的交通堵塞问题随处可见，交通拥堵是没有规律可循、随机且动态变化的过程。为了实时地反映交通网络的现状，需要让交通堵塞的弧段具有暂时禁止通行的特性，同时在交通恢复正常后，弧段属性也能实时恢复正常。障碍边、障碍点概念的提出可以很好地解决上述问题。障碍边、障碍点引入的好处是障碍设置与否与现有的网络环境参数无关，具有相对独立的特性。

(7)转向表。转向是从一个弧段经过中间节点抵达邻接弧段的过程。转弯耗费是完成转弯所需要的花费。转向表用来存储转弯耗费值。转向表必须列出每个十字路口所有可能的转弯，一般有起始弧段字段(FromEdgeID)、终止弧段字段(ToEdgeID)、节点标识字段(NodeID)和转弯耗费字段(TurnCost)四个字段，这些字段与弧段、节点中的字段相关联，表中的每条记录表示一种通过路口的方式所需要的弧段耗费。转弯耗费通常是有方向性的，转弯的负耗费值一般为禁止转弯。

4. 网络数据集

网络数据集是由节点和弧段构成的数据结构，节点和弧段之间具有相互连通的拓扑关系，节点之间具有方向性。线称为弧段或者网络边，而弧段交点以及弧段的端点称为节点(Node)。

三、实验内容

(1)熟悉网络分析的一般流程。

(2)拓扑构建网络数据集。

(3)练习几种网络分析。

四、实验数据

实验数据\空间分析\网络分析数据\网络分析.smwu

五、实验步骤

1. 网络分析工作流程

在 SuperMap iDesktop 7C 中执行任意类型网络分析的基本步骤如下：

(1)准备网络数据集。

(2)添加网络数据集。

(3)设置网络分析环境。

(4)新建一种要进行网络分析的网络分析实例，如最佳路径分析、服务区分析等；

(5)向当前地图窗口中添加网络分析对象。

(6)设置分析参数。例如，在进行服务区分析，需要设置服务半径、分析方向是否从服务站开始、服务站是否互斥、分析时是否使用转向表，以及结果参数是否保存节点信息、弧段信息等。

(7)执行分析操作，并查看分析结果以及行驶导引。

> **小提示：**
>
> 不同的网络分析需要添加的对象有所不同，如最近设施查找需要添加事件点和设施点；而服务区分析需要添加中心点。一般有两种方式实现添加：一种是以数据集的形式导入；另一种是以交互的方式添加对象。

2. 拓扑构建网络数据集

实例：利用“网络分析.SMWU”工作空间中数据源“chagnchun_1”包含的数据集“RoadNet_Line”构建网络数据集。

操作步骤：

(1)打开“网络分析.SMWU”工作空间。

(2)选择数据源“chagnchun_1”包含的数据集“RoadNet_Line”，单击功能区“数据”选项卡中“拓扑”组的“拓扑构网”按钮，弹出“构建网络数据集”对话框。

(3)在列表框内添加用来构建网络数据集的数据集“RoadNet_Line”。在打开构建网络数据集窗口后，系统会自动将工作空间管理器中选中的数据集添加到列表框内。

(4)“结果设置”中，数据源默认为“chagnchun_1”，数据集命名为“Road_Net”，“字段设置...”为默认设置，如图 11-1 所示。

(5)单击“确定”，弹出如图 11-2 所示的“构建网络数据集”对话框，完成操作。

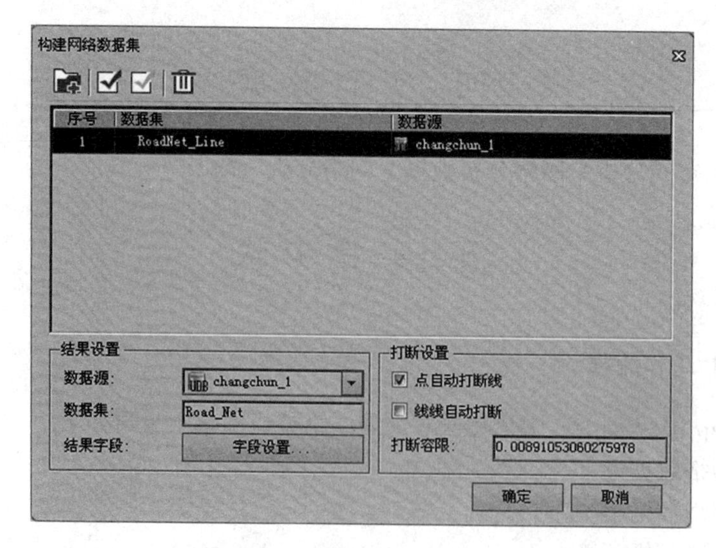

图 11-1

图 11-2

如图所示，图 11-3 为线数据集效果，图 11-4 为网络数据集效果，其中图 11-4 为调整节点大小后的效果。

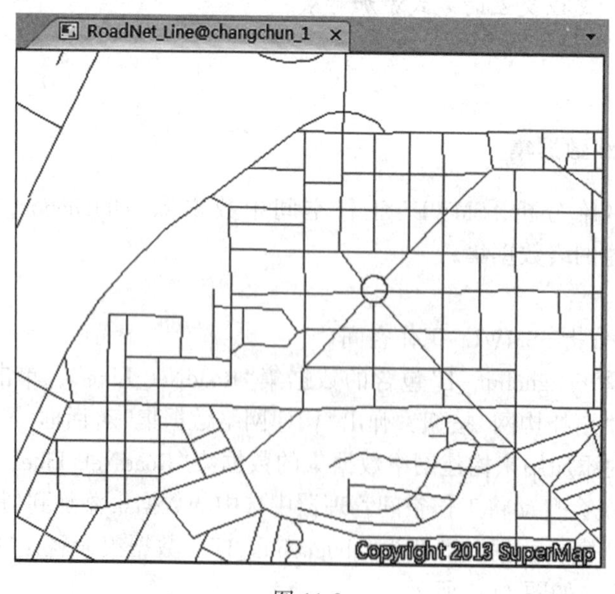

图 11-3

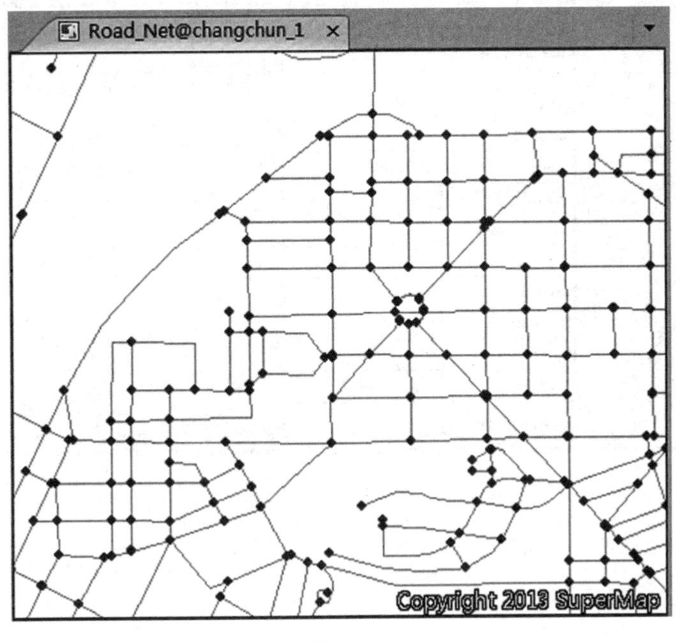

图 11-4

双击"Road_Net"图层中任意节点或弧段，可以查看相应属性信息。图 11-5 的红色弧段为选择弧段，图 11-6 为红色弧段对应的属性信息。可以看出，该弧段连接节点 3108 与节点 2874。

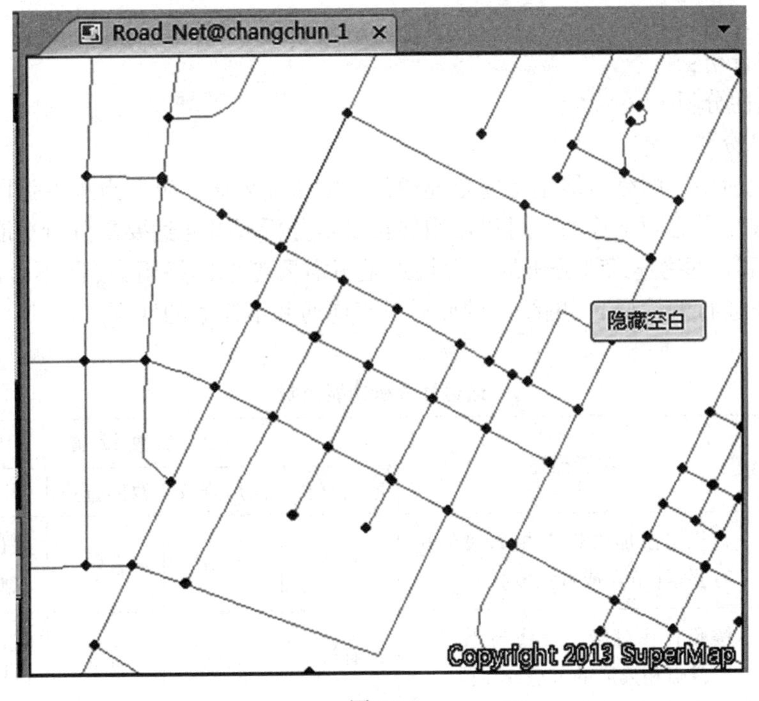

图 11-5

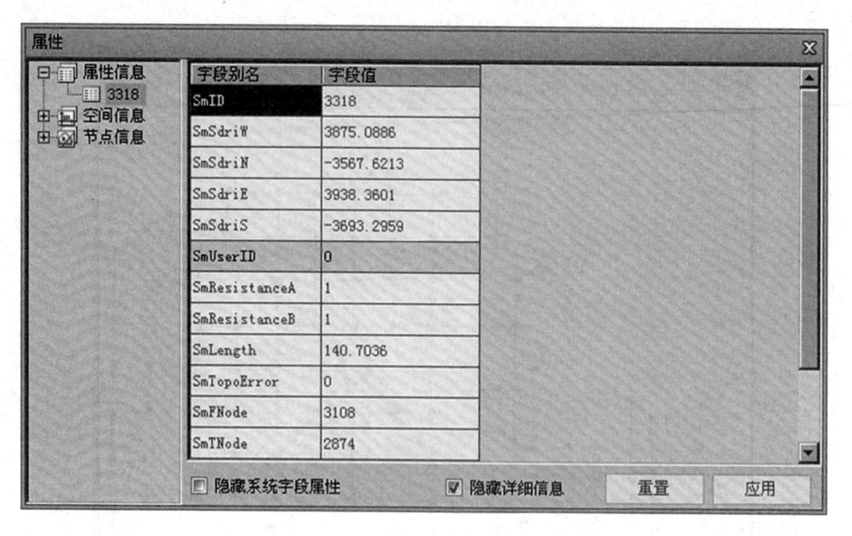

图 11-6

3. 网络分析

网络分析包括以下几种：

(1)最佳路径分析；

(2)旅行商分析；

(3)最近设施查找；

(4)服务区分析；

(5)物流配送；

(6)选址分析；

(7)追踪分析；

(8)通达性分析。

1)通达性分析

在现实生活中，网络可能不是完全连通的。如果需要确定哪些点或者弧段之间是连通的，哪些点或弧段之间不连通，可以使用邻接要素分析或者通达要素分析功能，具体说明如表 11-1 所示。网络连通性分析的最大特点是不需要考虑网络阻力(既不考虑转向权值，也不考虑禁止通行的情况)，网络上的要素只有连通和不连通的区别。

表 11-1　**通达性分析功能说明**

连通性分析	功能描述	参数设置			
		向前查找	向后查找	双向查找	查找等级
邻接要素分析	查找与添加事件点相邻接的所有要素(节点或者弧段)	有效	有效	有效	默认为 1，不可以修改
通达要素分析	按照查找等级，查找与添加的事件点相连通的节点或弧段	有效	有效	有效	默认为 2，可以设置

实例：查找与指定的事件点相邻接的节点或者弧段。

操作步骤：

(1)在当前地图窗口中打开网络图层“Road_Net”。为了便于观察，我们通过图层风格设置，将线型改为具有方向性的 Header_Arrow 线型，如图 11-7 所示。

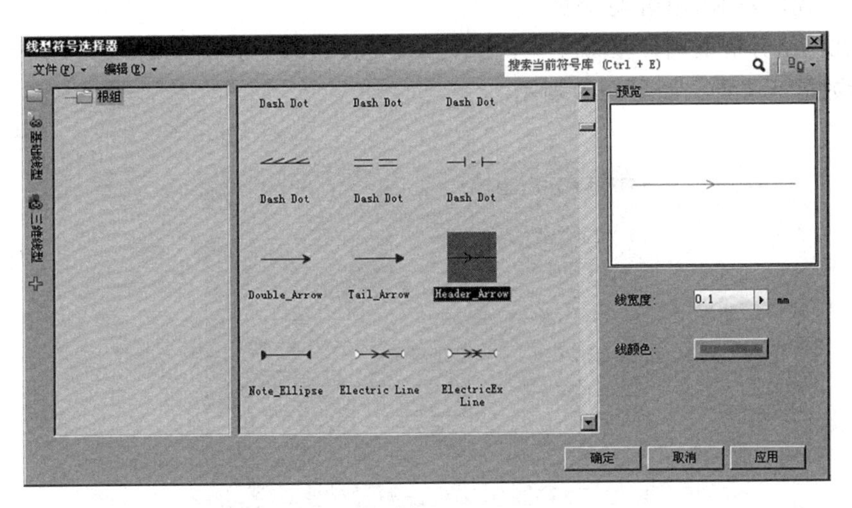

图 11-7

(2)设置网络分析环境。在“分析”选项卡的“网络分析”组中，勾选“环境设置”复选框，弹出“环境设置”浮动窗口，如图 11-8 所示。可以利用工具条依次对网络分析进行风格设置、交通规则设置、转向表设置、权值设置、追踪分析网络建模以及检查环路。具体参数设置可参考软件帮助教程，不再详细说明。

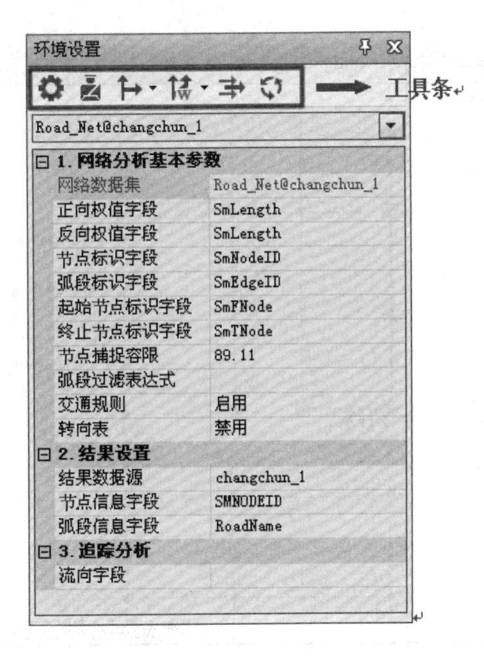

图 11-8

(3)在“分析”选项卡的“网络分析”组中，单击“网络分析”下拉按钮，在弹出的下拉菜单中选择“邻接要素分析”项，创建一个邻接要素分析的实例。

(4)在当前网络图层添加一个事件点。添加事件点有两种方式：一种是在网络数据图层单击鼠标完成事件点的添加；一种是通过导入的方式，将点数据集中的点对象导入作为站点。这里我们采用单击鼠标添加。

(5)在网络分析实例管理窗口中单击参数设置按钮，弹出“邻接要素分析”对话框，对分析参数进行设置，如图 11-9 所示。

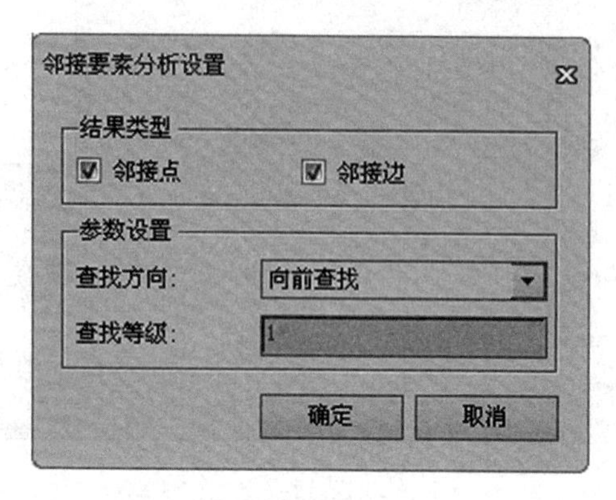

图 11-9

(6)所有参数设置完毕后，单击“分析”选项卡中“网络分析”组的“行”按钮或者单击“实例管理”窗口的执行按钮，即可按照设定的参数，执行邻接要素分析操作。

(7)执行完成后，分析结果会自动添加到当前地图，同时输出窗口中会提示：“邻接要素分析成功”。如图 11-10、图 11-11、图 11-12 所示，对同一事件点分别进行向前查找、

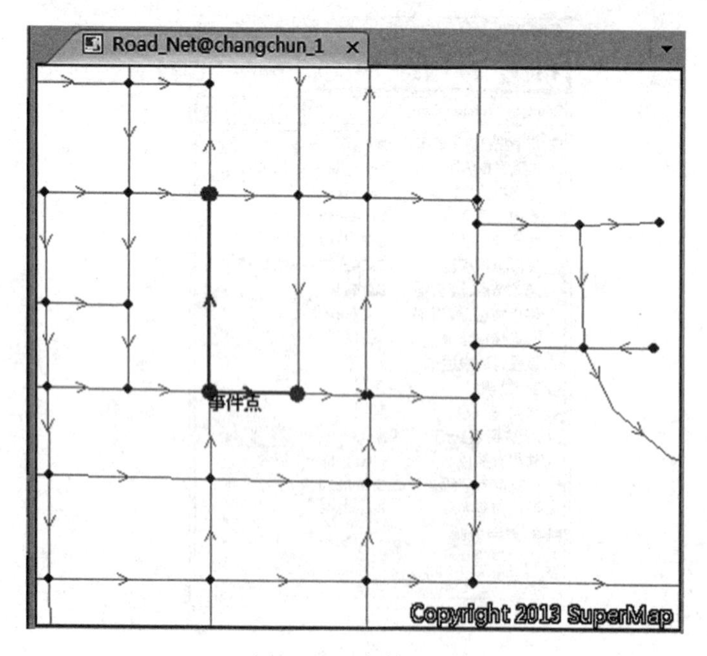

图 11-10　向前查找

向后查找和双向查找的结果。箭头代表了网络的方向，绿色点为事件点，红色的点和线为查找结果，即事件点的邻接点和邻接边。

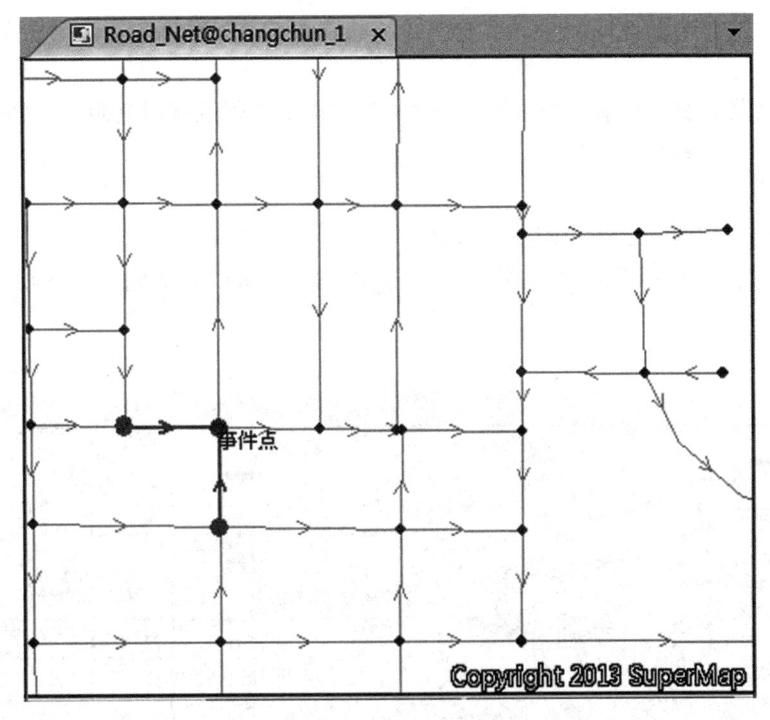

图 11-11　向后查找

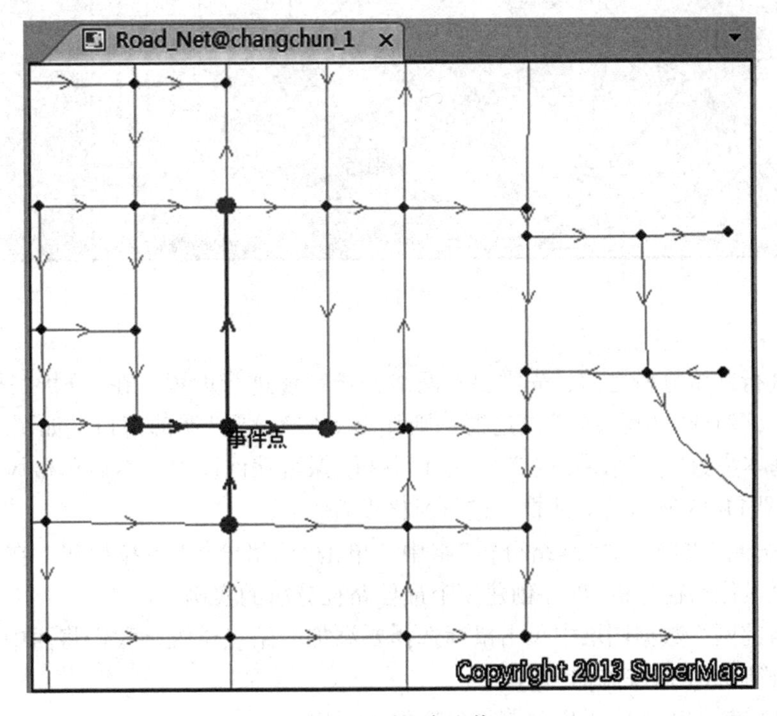

图 11-12　双向查找

2)最佳路径分析

最佳路径是指网络中两点之间阻力最小的路径。如果是对多个节点进行最佳路径分析，必须按照节点的选择顺序依次访问。阻力最小有多种含义，如基于单因素考虑的时间最短、费用最低、路况最佳、收费站最少等，或者基于多因素综合考虑的路况最好且收费站最少等。

实例：某路段发生车祸，查询事故地点(西中华小学附近路段)到附近医院(省地矿局职工医院)的最佳路径。

操作步骤：

(1)打开“网络分析.SMWU”工作空间。

(2)双击打开“长春市区图”，将网络数据集“Road_Net”添加到当前图层，如图11-13所示。

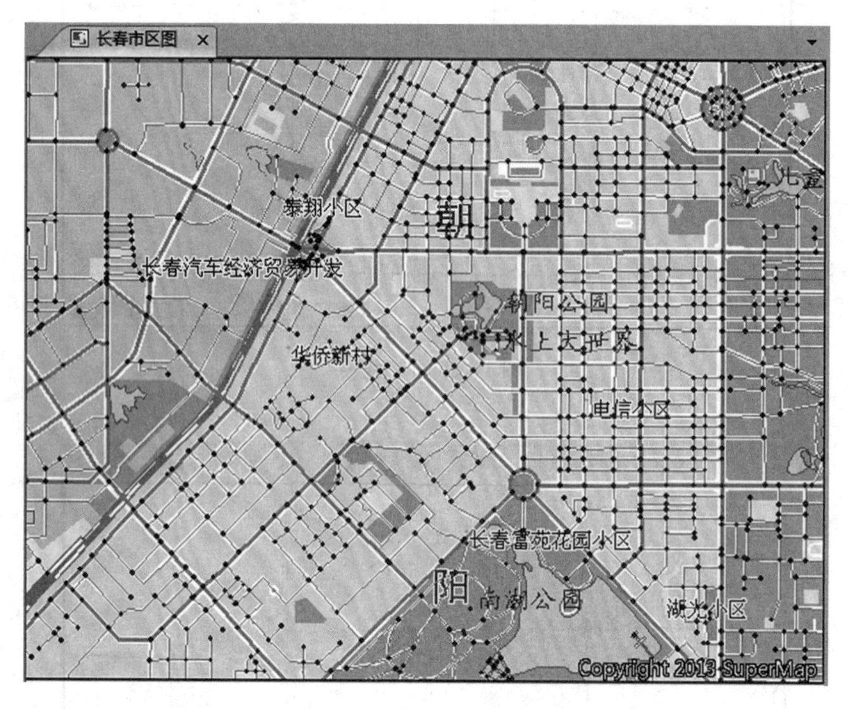

图 11-13

(3)在进行网络分析之前，先需要对网络分析环境进行设置。在“分析”选项卡的“网络分析”组中，勾选“环境设置”复选框，则弹出“环境设置”浮动窗口，如图11-14所示。“网络分析基本参数”、“结果设置”、“追踪分析”保留默认设置，然后单击风格设置按钮 ，弹出如图11-15所示的对话框，进行风格设置。

(4)在“分析”选项卡的“网络分析”组中，单击“网络分析”下拉按钮，在弹出的下拉菜单中选择“最佳路径分析”项，创建一个最佳路径分析的实例。

(5)在当前网络数据图层中单击鼠标选择要添加的站点位置。我们将西中华小学附近节点与省地矿局职工医院添加为站点。

(6)同样的添加方式，可以为路径分析设置障碍点。

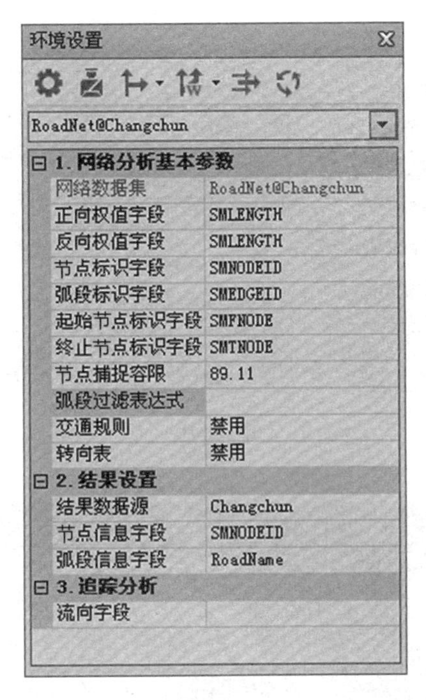

图 11-14

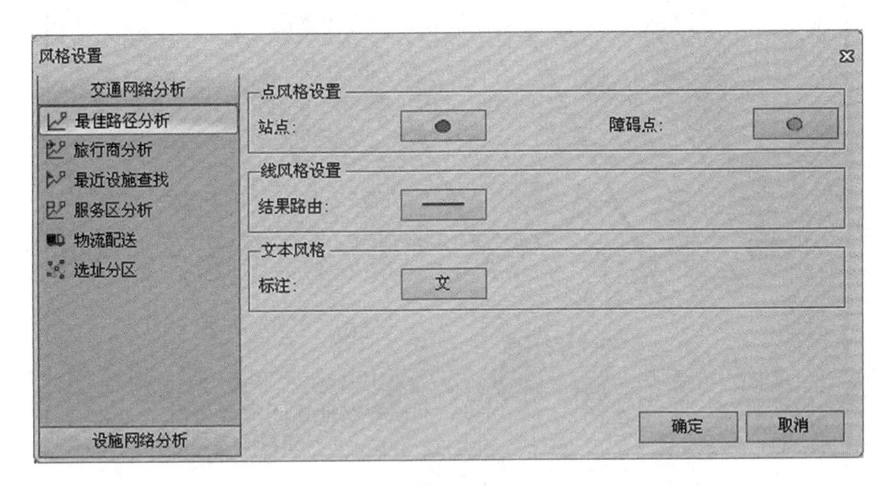

图 11-15

(7)在网络分析实例管理窗口中单击参数设置按钮，弹出“最佳路径分析设置”对话框，对分析结果的参数进行设置，如图 11-16 所示。具体参数介绍可参考软件帮助教程。

(8)所有参数设置完毕后，单击“分析”选项卡中“网络分析”组的“执行”按钮或者单击实例管理窗口的执行按钮，按照设定的参数，执行最佳路径分析操作。执行完成后，分析结果会自动添加到当前地图展示(见图 11-17)，同时输出窗口中会提示：“最佳路径分析成功”。

(9)在“分析”选项卡的“网络分析”组中，勾选“行驶导引”复选框，查看行驶导引报

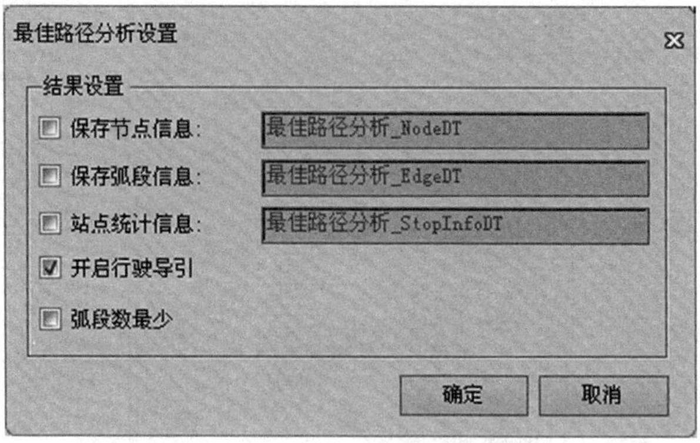

最佳路径分析设置

结果设置

☐ 保存节点信息: 最佳路径分析_NodeDT

☐ 保存弧段信息: 最佳路径分析_EdgeDT

☐ 站点统计信息: 最佳路径分析_StopInfoDT

☑ 开启行驶导引

☐ 弧段数最少

确定 取消

图 11-16

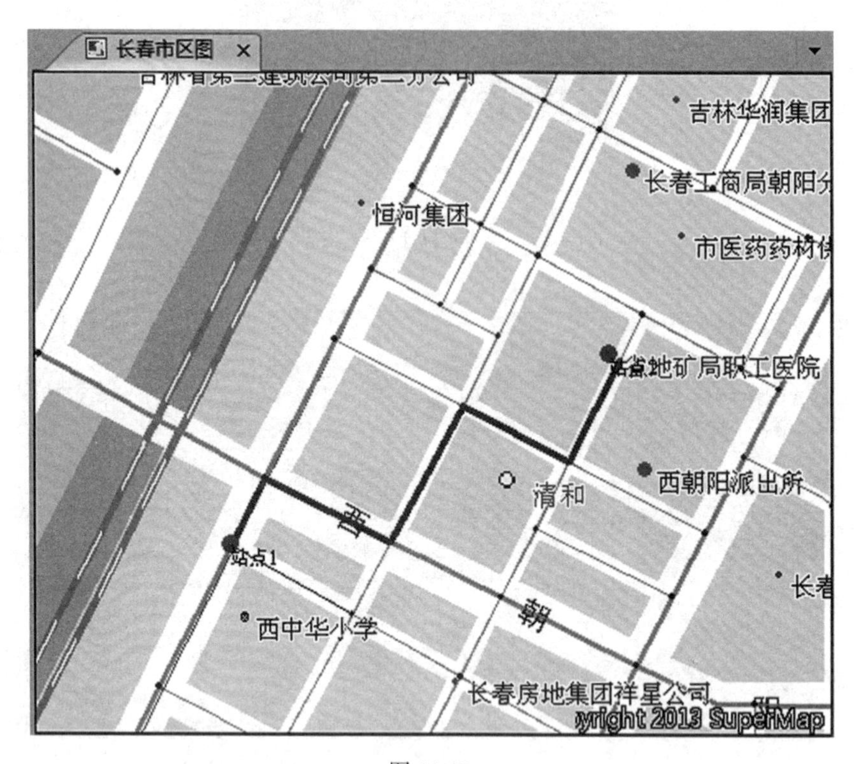

图 11-17

告，如图 11-18 所示。

3) 旅行商分析

旅行商分析是无序的路径分析。旅行商可以自己决定访问节点的顺序，目标是旅行路线阻抗总和最小(或接近最小)。其与最佳路径分析的区别就在于遍历网络所有节点的过程中对节点访问顺序的处理方式不同。最佳路径分析必须按照指定顺序对节点进行访问，而旅行商分析可以自己决定对节点的访问顺序。

实例：租房或购房者，通过旅行商分析查询从华侨新村到多个小区(景阳小区、泰翔小区、星宇西区、西安花园小区、安居小区)看房的最佳路径。

行驶导引

路径：结果路由 耗费： 定位方式：仅高亮显示

序号	导引	耗费(耗费单位)	距离(米)
1	从起始点出发	0	0
2	沿着[安达街]，行走32.6182耗费单位，右转弯进入[西朝阳路]	32.6182	32.6182
3	沿着[西朝阳路]，行走62.2999耗费单位，左转弯进入[清和街]	62.2999	62.2999
4	沿着[清和街]，行走66.4216耗费单位，右转弯进入[匿名路段]	66.4216	66.4216
5	沿着[匿名路段]，行走52.1309耗费单位，左转弯进入[匿名路段]	52.1309	52.1309
6	沿着[匿名路段]，行走49.347耗费单位	49.347	49.347
7	到达终点，终点在[匿名路段]左侧5.0592米	0	0

图 11-18

操作步骤：

(1)打开“网络分析.SMWU”工作空间。

(2)双击打开“长春市区图”，将网络数据集“Road_Net”添加到当前图层。

(3)设置网络分析环境。在“分析”选项卡的“网络分析”组中，勾选“环境设置”复选框，则弹出“环境设置”浮动窗口。这里我们采用默认设置。

(4)在“分析”选项卡的“网络分析”组中，单击“网络分析”下拉按钮，在弹出的下拉菜单中选择“旅行商分析”项，创建一个旅行商分析的实例。

(5)在当前网络数据图层中添加站点位置。这里采用导入方式，直接导入“net_1”数据源中已保存的站点数据集“Stop_TSP”，如图 11-19、图 11-20 所示。

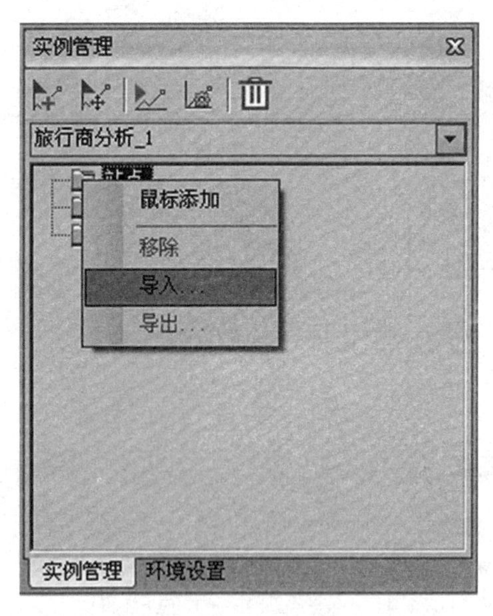

图 11-19

(6)单击“导入站点”对话框“确定”按钮，成功导入 6 个站点，如图 11-21 所示。

(7)在网络分析实例管理窗口中单击参数设置按钮，弹出“旅行商分析设置”对话框，对分析参数进行设置。这里我们仅选择“开启行驶导引”，如图 11-22 所示。

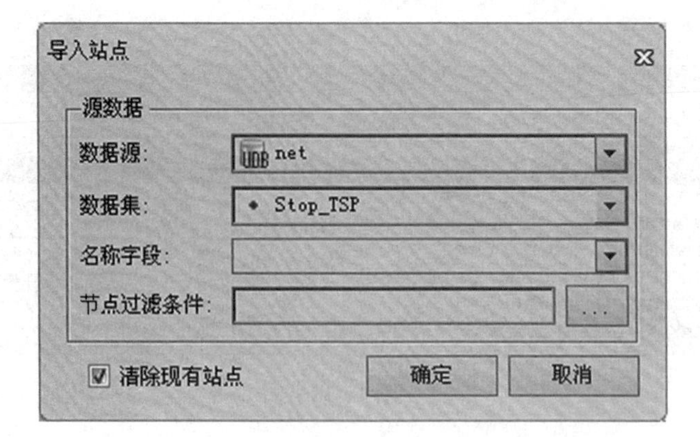

导入站点
源数据
数据源:
net
数据集:
Stop_TSP
名称字段:
节点过滤条件:
清除现有站点
确定
取消

图 11-20

长春市区图
西安花园小区
站点4
长春汽车经济贸易开发
华侨新村
站点1
Copyright 2013 SuperMap

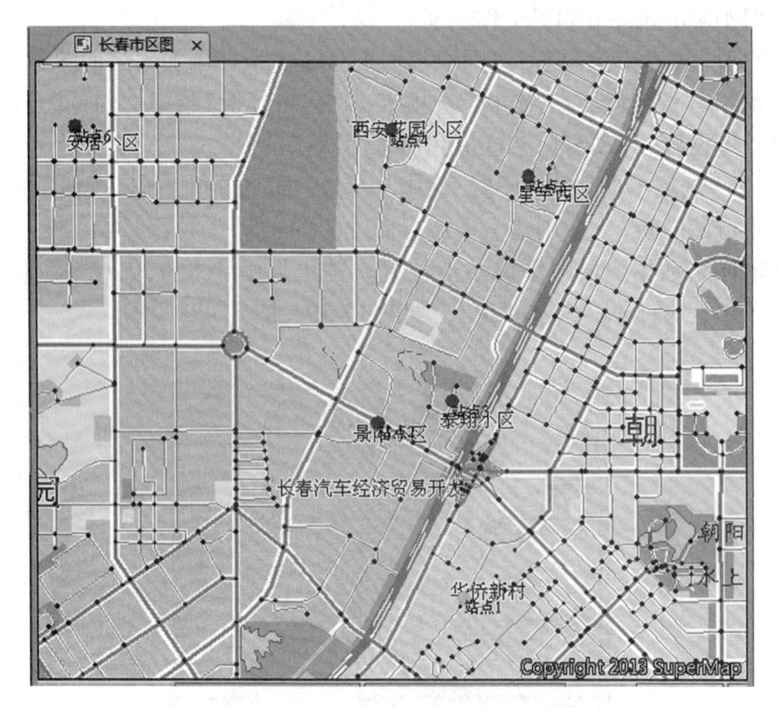

图 11-21

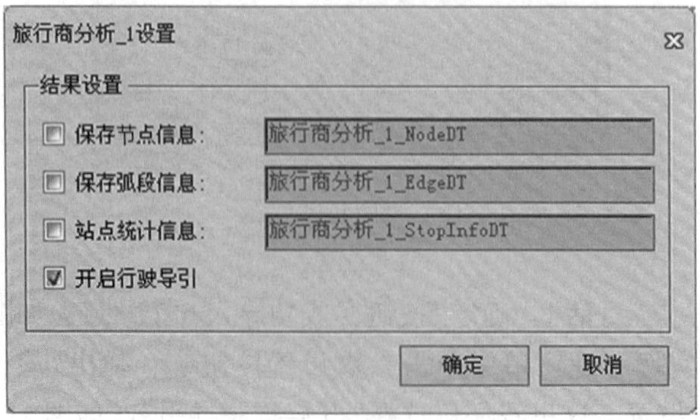

旅行商分析_1设置
结果设置
保存节点信息:
旅行商分析_1_NodeDT
保存弧段信息:
旅行商分析_1_EdgeDT
站点统计信息:
旅行商分析_1_StopInfoDT
开启行驶导引
确定
取消

图 11-22

(8)所有参数设置完毕后，单击“分析”选项卡中“网络分析”组的“执行”按钮或者单击“实例管理”窗口的执行按钮，即可按照设定的参数执行旅行商分析操作。执行完成后，分析结果会自动添加到当前地图展示(见图 11-23)，同时输出窗口中会提示“旅行商分析成功”。

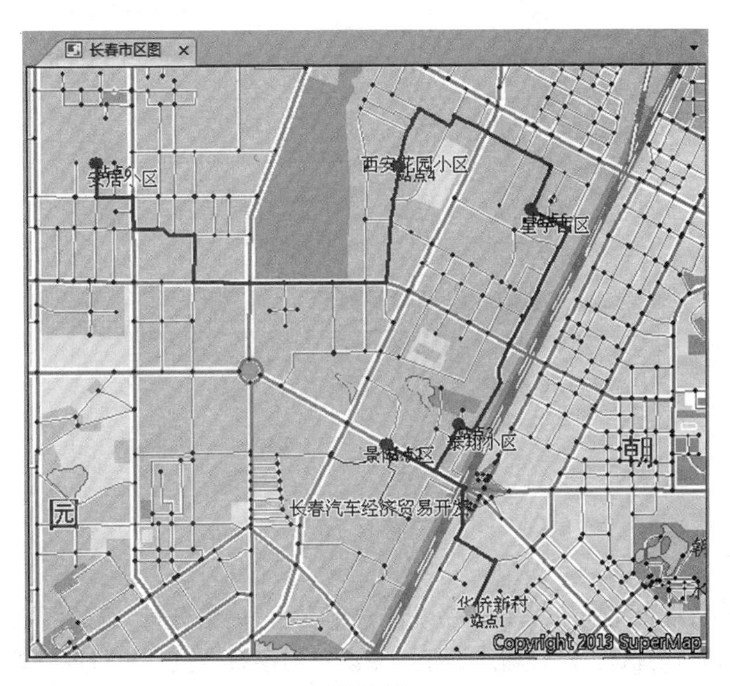

图 11-23

(9)在“分析”选项卡的“网络分析”组中，勾选“行驶导引”复选框，可查看行驶导引报告。

4)最近设施查找

最近设施分析是指在网络中给定一组事件点和一组设施点，为每个事件点查找耗费最小的一个或者多个设施点，结果显示从事件点到设施点(或从设施点到事件点)的最佳路径、耗费以及行驶方向。同时还可以设置查找阈值，即搜索范围，一旦超出该范围则不再进行查找。

实例：通过查找最近设施点，找到能最快到达事故发生地的一家医院及最佳路径。

操作步骤：

(1)打开“网络分析 . SMWU”工作空间。

(2)双击打开“长春市区图”，将网络数据集“Road_Net”添加到当前图层。

(3)设置网络分析环境。在“分析”选项卡的“网络分析”组中，勾选“环境设置”复选框，则弹出“环境设置”浮动窗口。这里我们采用默认设置。单击风格设置按钮，将“设施点”风格改为“医院”符号，“事件点”符号颜色改为红色，“结果路由”改为蓝色。

(4)在“分析”选项卡的“网络分析”组中，单击“网络分析”下拉按钮，在弹出的下拉菜单中选择“最近设施查找”项，创建实例。

(5)在当前网络数据图层中添加设施点。这里我们导入已有数据源“net_1”中的数据集“Hospital_all”，将长春市的85家医院导入。

(6)在当前网络数据图层中单击鼠标选择要添加的事件点位置。

(7)在网络分析实例管理窗口中单击参数设置按钮，弹出“最近设施查找设置”对话框，对最近设施查找分析参数进行设置，如图11-24所示。

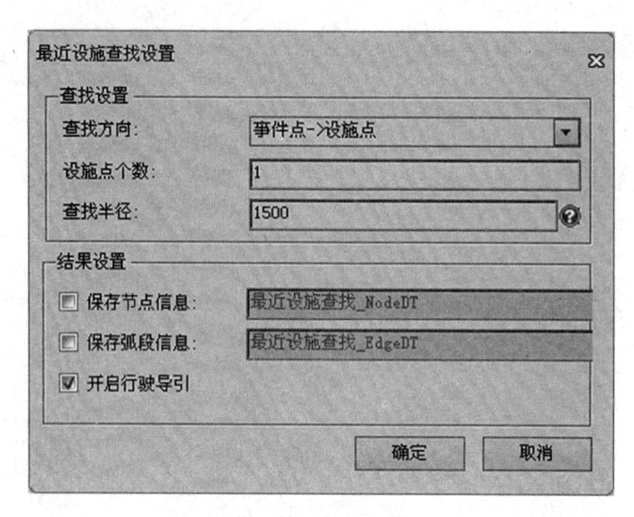

图 11-24

(8)所有参数设置完毕后，单击“分析”选项卡中“网络分析”组的“执行”按钮或者单击“实例管理”窗口的执行按钮，即可按照设定的参数，执行旅行商分析操作。执行完成后，分析结果会即时显示在地图窗口中。如图11-25所示，绿色线表明距事故点最近的、医院为普阳医院。

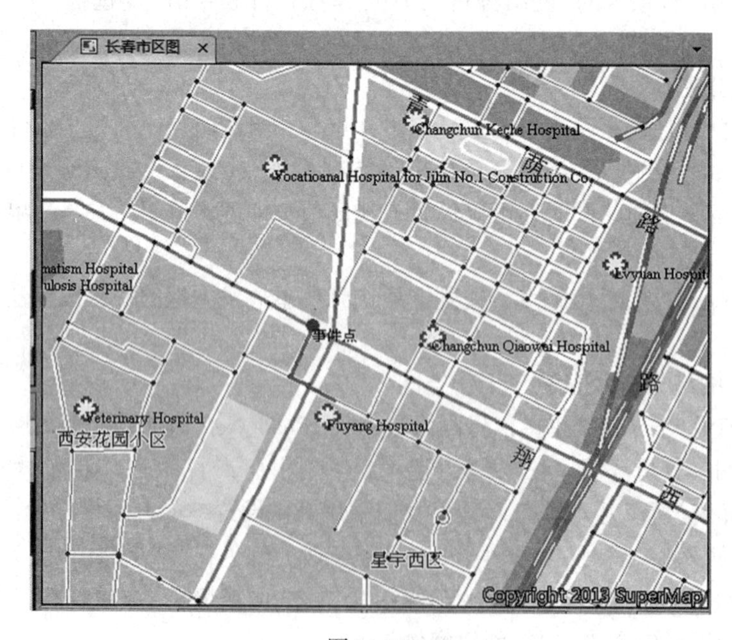

图 11-25

(9)在“分析”选项卡的“网络分析”组中，勾选“行驶导引”复选框，可查看行驶导引报告，如图 11-26 所示。

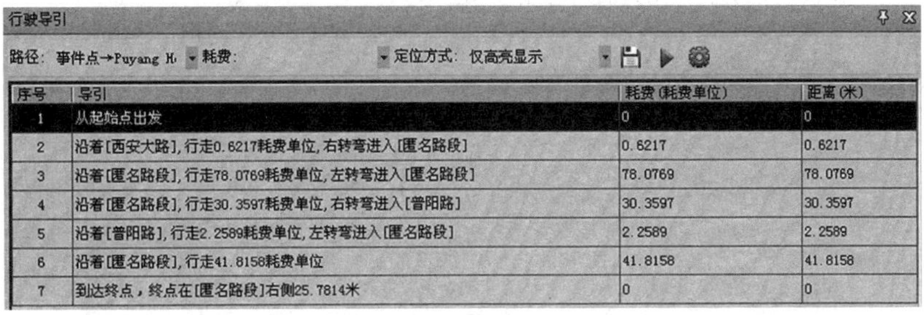

行驶导引

路径：事件点→Puyang H 耗费： 定位方式：仅高亮显示

序号	导引	耗费(耗费单位)	距离(米)
1	从起始点出发	0	0
2	沿着[西安大路]，行走0.6217耗费单位，右转弯进入[匿名路段]	0.6217	0.6217
3	沿着[匿名路段]，行走78.0769耗费单位，左转弯进入[匿名路段]	78.0769	78.0769
4	沿着[匿名路段]，行走30.3597耗费单位，右转弯进入[普阳路]	30.3597	30.3597
5	沿着[普阳路]，行走2.2589耗费单位，左转弯进入[匿名路段]	2.2589	2.2589
6	沿着[匿名路段]，行走41.8158耗费单位	41.8158	41.8158
7	到达终点，终点在[匿名路段]右侧25.7814米	0	0

图 11-26

5)服务区分析

服务区分析指在满足某种条件的前提下，查找网络上指定的服务站点能够提供服务的区域范围。

实例：选择若干学校，分析其提供的服务区范围。

操作步骤：

(1)打开“网络分析.SMWU”工作空间。

(2)双击打开“长春市区图”，将网络数据集“Road_Net”添加到当前图层。

(3)设置网络分析环境。在“分析”选项卡的“网络分析”组中，勾选“环境设置”复选框，则弹出“环境设置”浮动窗口。这里我们采用默认设置。单击风格设置按钮，将中心点设置为红色。

(4)在“分析”选项卡的“网络分析”组中，单击“网络分析”下拉按钮，在弹出的下拉菜单中选择“服务区分析”项，创建实例。

(5)在当前网络图层中添加服务站。这里我们导入数据源“net_1”中的数据集“Center_ServiceArea_School”，导入两所学校。

(6)在网络分析实例管理窗口中单击“参数设置”按钮，弹出“服务区分析设置”对话框，对分析参数进行设置，如图 11-27 所示。

(7)所有参数设置完毕后，单击“分析”选项卡中“网络分析”组的“执行”按钮或者实例管理窗口中的执行按钮，进行分析。分析结果会即时显示在地图窗口中。如图 11-28 所示，阴影区域为两所学校半径为 1000 米的服务区。

6)物流配送

物流配送分析又叫多旅行商分析，是指从网络数据集中，给定 M 个配送中心和 N 个配送目的地(M、N 为大于零的整数)，查找最经济有效的配送路径，并给出相应的运输路线。

应用程序提供了两种配送方案：总花费最小和全局平均最优。默认使用按照总花费最小的方案进行配送，可能会出现某些配送中心点配送的花费较多而其他的配送中心点的花费较小的情况，即不同配送中心之间的花费不均衡。全局平均最优方案会控制每个配送中心点的花费，使各个中心点花费相对平均，但此时总花费不一定最小。

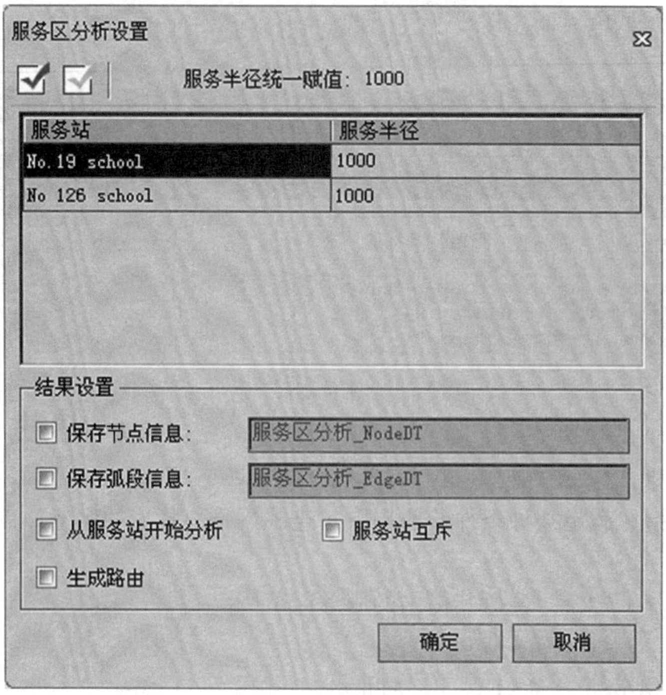

服务区分析设置
服务半径统一赋值：1000
服务站
服务半径
No.19 school
1000
No 126 school
1000
结果设置
保存节点信息：
服务区分析_NodeDT
保存弧段信息：
服务区分析_EdgeDT
从服务站开始分析
服务站互斥
生成路由
确定
取消

图 11-27

长春市区图
No 126 school
No.19 school
宽
绿
Copyright 2013 SuperMap

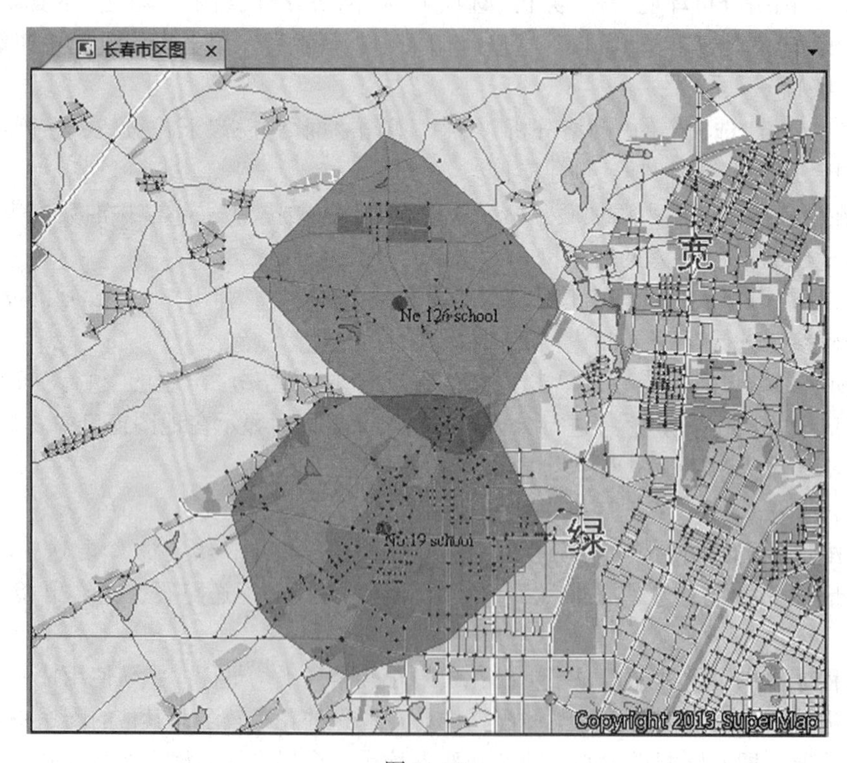

图 11-28

实例：某区域烟草销售公司有3个配送中心点，有9个分销商，现需要从各个配送中心点为所有的分销商配货，每辆送货车都需要按照最佳次序对各自的送货点送货。

操作步骤：

(1)打开“网络分析.SMWU”工作空间。

(2)双击打开数据源“Logistics_1”中的数据集“RoadNetwork”。

(3)在“分析”选项卡的“网络分析”组中，选中“环境设置”复选框，弹出“环境设置”窗口。在此窗口中设置物流配送分析的基本参数(如权值字段、节点/弧段标识字段等)、分析结果参数以及追踪分析相关的参数(仅在进行追踪分析时需要设置)。这里保留默认设置。

(4)新建物流配送分析的实例。在“分析”选项卡的“网络分析”组中，单击“网络分析”下拉按钮，在弹出的下拉菜单中选择“物流配送”项。成功创建后，会自动弹出实例管理窗口。

(5)在当前网络图层中添加配送中心点。这里我们导入数据源“Logistics_1”中的数据集“TransportCompany”，如图11-29所示。

图11-29

(6)添加配送目的地。这里我们导入数据源“Logistics_1”中的数据集“ReceivePoints”。如图11-30所示。

图11-30

(7)在物流配送实例管理窗口(见图11-31)中，单击参数设置按钮，弹出“物流配

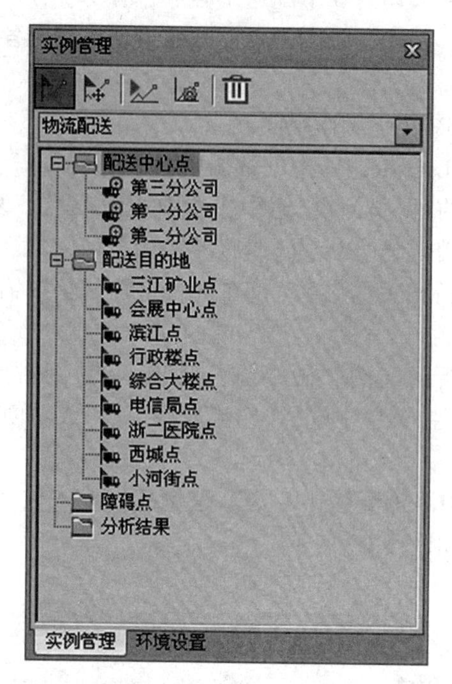

图 11-31

送设置”对话框(见图 11-32)。在此对话框设置物流配送参数以及配送结果信息。

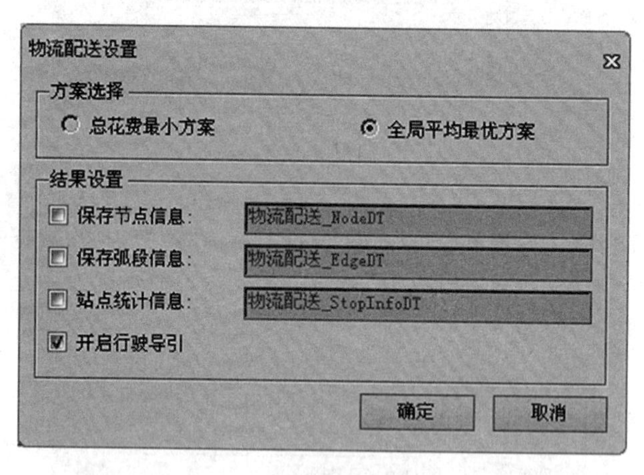

图 11-32

(8)所有参数设置完毕后，在“网络分析”组中单击“执行”按钮或者在实例管理窗口中单击执行按钮，进行操作。分析结果会即时显示在地图窗口中，如图 11-33 所示。分析结果可以保存为数据集，以便在其他地方使用。

(9)在“分析”选项卡的“网络分析”组中，勾选“行驶导引”复选框，可查看行驶导引报告。

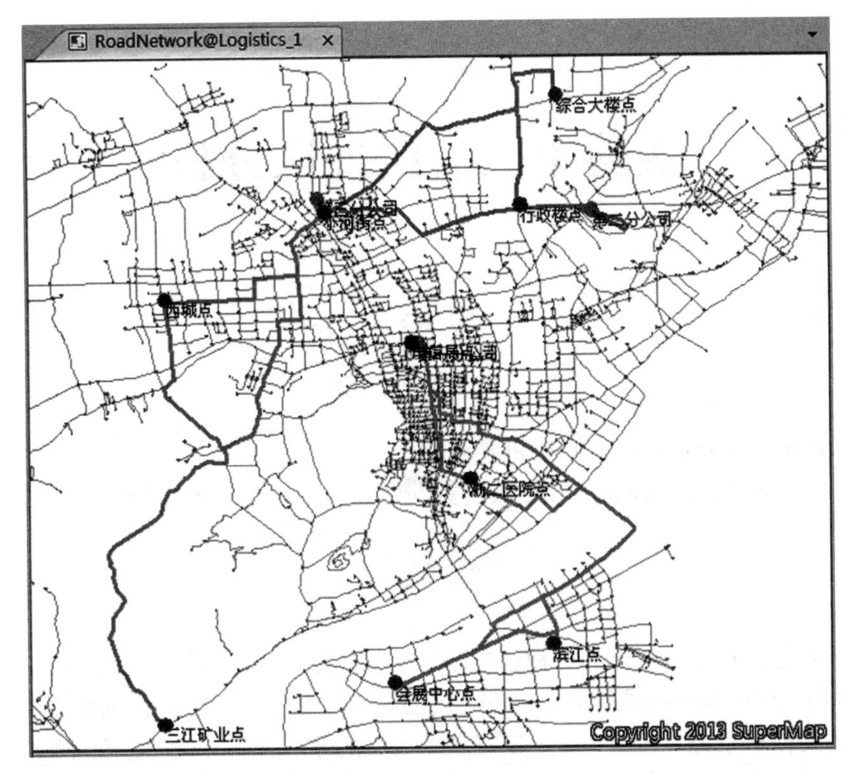

图 11-33

六、拓展练习

（一）将矢量化得到的唐山市区道路线数据集进行拓扑构建网络数据集，并且以唐山市区影像图作为地图，进行最佳路径分析，找出某小区到附近超市的最佳路径；

（二）选择若干医院，分析其提供的服务区半径。

实验十二　缓冲区分析

一、实验目的

(1)了解缓冲区的含义。

(2)了解缓冲区分析的基本原理和方法。

(3)掌握 SuperMap iDesktop 7C 中矢量数据(点、线、面)缓冲区分析的方法。

二、实验背景

缓冲区就是地理空间目标的一种影响范围或服务范围，在指定距离之内的区域称为缓冲区。缓冲区分析(Buffer)是 GIS 的基本空间操作功能之一，是指根据指定的距离，在点、线、面几何对象周围自动建立一定宽度的区域的分析方法。例如，在环境治理时，常在污染的河流周围划出一定宽度的范围表示受到污染的区域；又如在飞机场，常根据健康需要在周围划分出一定范围的区域作为非居住区；等等。

用户可以使用应用程序中的“缓冲区”按钮或者“多重缓冲区”按钮，对一个或者多个几何对象生成指定距离的缓冲区。

缓冲区分析支持对点数据集、线数据集、面数据集生成缓冲区，不仅可以整个数据集的所有对象生成缓冲区，也可以只对选中的对象生成缓冲区。

三、实验内容

(1)练习生成单缓冲区的一般操作流程。

(2)根据已采集的道路中心线，生成一定宽度的道路面。

(3)练习生成多重缓冲区的操作流程。

(4)根据配置好的中国地图，制作有颜色渐变效果的国境线。

四、实验数据

实验数据 \ 空间分析 \ 网络分析数据 \ 缓冲区分析 . smwu

实验数据 \ 空间分析 \ 网络分析数据 \ 道路面 . udb

实验数据 \ 空间分析 \ 网络分析数据 \ 道路面 . udd

实验数据 \ 空间分析 \ 网络分析数据 \ 国境线 . udb

实验数据 \ 空间分析 \ 网络分析数据 \ 国境线 . udd

五、实验步骤

1. 生成单缓冲区

1) 生成单缓冲区的具体操作

(1) 在“分析”选项卡上的“矢量分析”组中，单击“缓冲区”按钮，在弹出的下拉菜单中选择“缓冲区”项，弹出“生成缓冲区”对话框，如图 12-1 所示。

(2) 选择需要生成缓冲区的数据类型。

(3) 设置缓冲数据。

(4) 设置缓冲类型。若缓冲类型的不同，则需要设置的参数也不大相同。

(5) 设置缓冲单位。

(6) 选择缓冲距离的指定方式。

(7) 设置结果选项。需要对生成缓冲区后是否合并、是否保留原对象字段属性、是否添加到当前地图窗口以及半圆弧线段数值大小等项进行设置。

(8) 设置结果数据。

(9) 设置好以上参数后，点击“确定”按钮，执行生成缓冲区的操作。

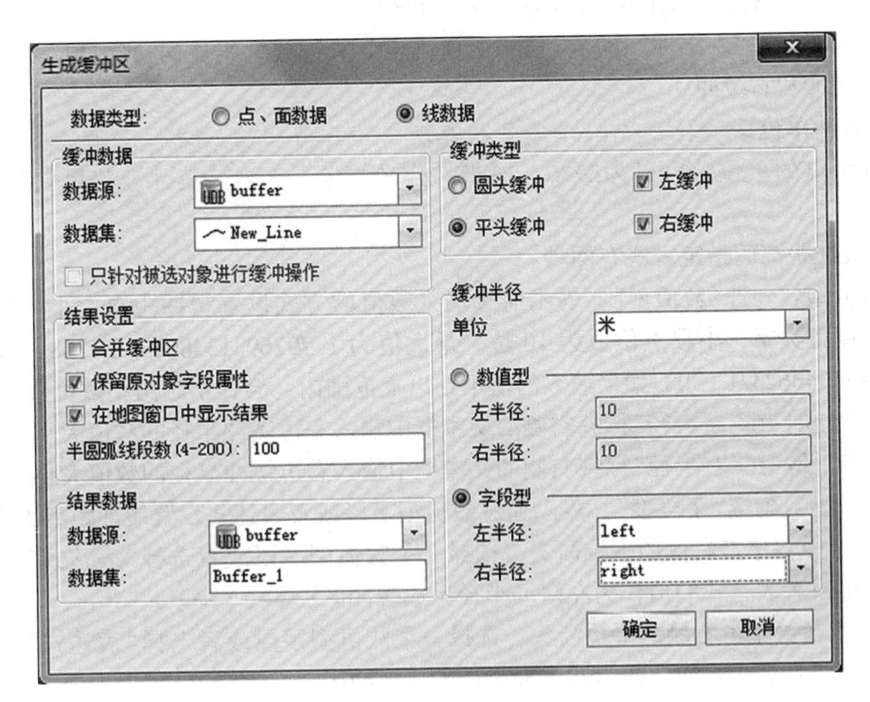

图 12-1

“生成缓冲区”对话框各参数设置说明如下：

(1) 数据类型。

可以对点/面数据集或者线数据集生成缓冲区。对线数据生成缓冲区时需要设置缓冲类型，可以是圆头缓冲或者平头缓冲，而对点/面数据生成缓冲区时则不需要。所以，在对线数据生成缓冲区时，“生成缓冲区”对话框中会多出一些选项。这里以对线数据生成缓冲区为例，对“生成缓冲区”对话框中的参数予以说明。

(2)缓冲数据。

- 数据源：选择要生成缓冲区的数据集所在的数据源。
- 数据集：选择要生成缓冲区的数据集。系统根据生成缓冲区的数据类型，自动过滤选中的数据源下的数据集，只显示该数据源下的线数据集。如果是对点/面数据生成缓冲区，则只会显示相应的数据源下面的点或者面数据集。
- 只针对被选中对象进行缓冲操作：在选中某一数据集中的对象情况下，“只针对被选中对象进行缓冲操作”前面的复选框可用。勾选该项，表示只对选中的对象生成缓冲区，同时不能设置数据源和数据集；取消勾选该项，则表示对该数据集下的所有对象进行生成缓冲区的操作，可以更改生成缓冲区的数据源和数据集。

(3)缓冲类型。

- 圆头缓冲：在线的两边按照缓冲距离绘制平行线，并在线的端点处以缓冲距离为半径绘制半圆，连接生成缓冲区域。默认缓冲类型为圆头缓冲。
- 平头缓冲：生成缓冲区时，以线数据的相邻节点间的线段为一个矩形边，以左半径或者右半径为矩形的另外一边，生成形状为矩形的缓冲区域。
- 左缓冲：对线数据的左边区域生成缓冲区。
- 右缓冲：对线数据的右边区域生成缓冲区。

只有同时勾选“左缓冲”和“右缓冲”两项，才会对线数据生成两边缓冲区。默认为同时生成左缓冲和右缓冲。

(4)缓冲单位。

缓冲距离的单位，可以为毫米、厘米、分米、米、千米、英寸、英尺、英里、度、码等。

(5)缓冲距离的指定方式有两种：

①数值型：勾选“数值型”，表示通过输入数值的方式设置缓冲距离大小。输入的数值为双精度型数字，小数点位数为 10 位。最大值为 1. 79769313486232E+308，最小值为 -1. 79769313486232E+308。如果输入的值不在以上范围内，会提示超出小数位数。

- 左半径：在“左半径”标签右侧的文本框中输入左边缓冲半径的数值大小。
- 右半径：在“右半径”标签右侧的文本框中输入右边缓冲半径的数值大小。

②字段型：勾选“字段型”，表示通过数值型字段或者表达式设置缓冲距离大小。

- 左半径：单击右侧的下拉箭头，选择一个数值型字段或者选择“表达式”，以数值型字段的值或者表达式的值作为左缓冲半径生成缓冲区。
- 右半径：单击右侧的下拉箭头，选择一个数值型字段或者选择“表达式”，以数值型字段的值或者表达式的值作为右缓冲半径生成缓冲区。

(6)结果设置。

- 合并缓冲区：勾选该项，表示对多个对象的缓冲区进行合并运算。取消勾选该项，表示保留生成的缓冲区结果，不进行合并操作。
- 保留原对象字段属性：勾选该项，则表示生成的每一个缓冲区会保留相应的原对象的非系统属性字段信息。取消勾选该项将会丢失原对象的非系统字段属性信息。默认为勾选该项。注意：当勾选“合并缓冲区”时，该项不可用。

• 在地图窗口中显示结果：勾选该项，表示在生成缓冲区后，会将其生成的结果添加到当前地图窗口中。取消勾选该项，则不会自动将结果添加到当前地图窗口中。默认为勾选该项。

• 半圆弧线段数(4~200)：用于设置生成的缓冲区边界的平滑度。数值越大，圆弧/弧段均分数目越多，缓冲区边界越平滑。取值范围为4~200，默认的数值为100。

(7)结果数据。

• 数据源：选择生成的缓冲区结果要保存的数据源。

• 数据集：输入生成的缓冲区结果要保存的数据集名称。如果输入的数据集名称已经存在，则会提示数据集名称非法，需要重新输入。

2)单缓冲区操作实例

实例：根据已采集的道路中心线，生成一定宽度的道路面。

操作步骤：

(1)"缓冲区分析 . smwu"工作空间。

(2)新建数据源"道路面-结果 . udb"用来保存缓冲区分析结果。

(3)在"分析"选项卡上的"矢量分析"组中，单击"缓冲区"按钮，在弹出的下拉菜单中选择"缓冲区"项，弹出"生成缓冲区"对话框，如图 12-2 所示。

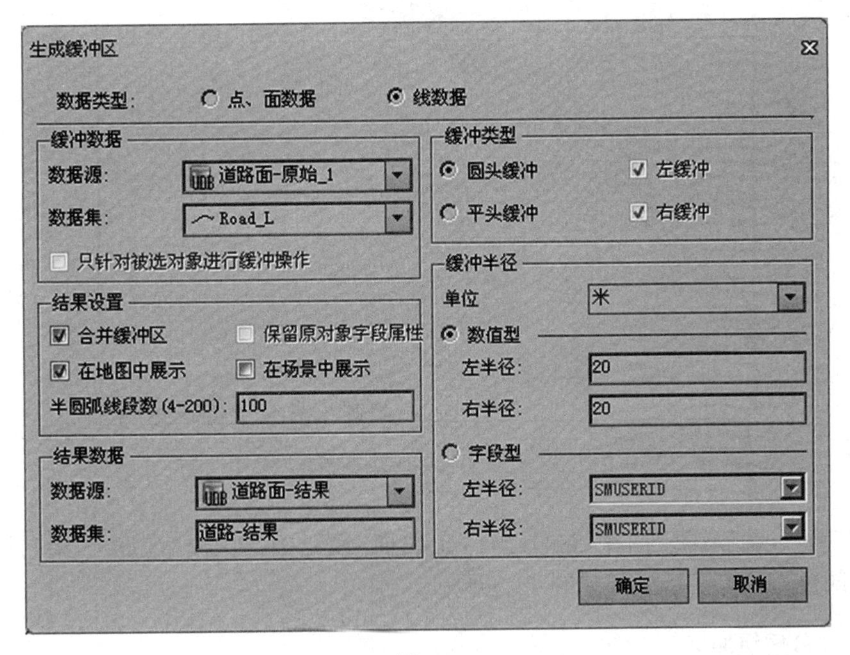

图 12-2

(4)选择需要生成缓冲区的数据类型为"线数据"。

(5)设置缓冲数据。数据源选择"道路面-原始"，数据集选择"Road L"。

(6)设置缓冲类型为"圆头"。

(7)设置缓冲单位为"米"。

(8)选择缓冲距离的指定方式为"数值型"，道路宽度设为 40 米，将左右半径设置为"20"。

(9)在结果设置中勾选“合并缓冲区”，保证缓冲区连续。

(10)设置结果数据。数据源选择“道路面-结果”，数据集命名为“道路-结果”。

(11)单击“确定”按钮，执行生成缓冲区的操作，如图 12-3 所示，生成的缓冲区效果如图 12-4 所示。

图 12-3

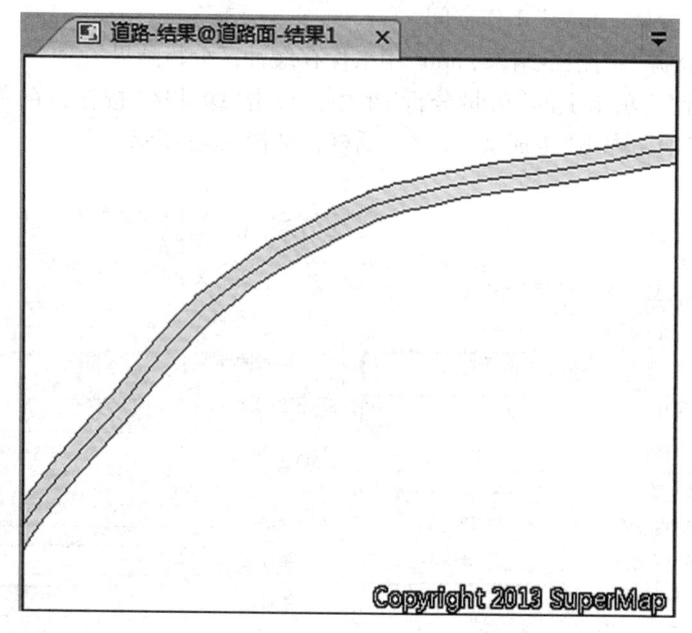

图 12-4

将“道路-结果”加载到工作空间已有“道路面”图层中，更改“道路-结果”图层风格，设置前景颜色为“黄色”，效果如图 12-5 所示。

2. 生成多重缓冲区

1)生成多重缓冲区的具体操作

(1)在“分析”选项卡上的“矢量分析”组中，单击“缓冲区”按钮，在弹出的下拉菜单中选择“多重缓冲区”项，弹出“生成多重缓冲区”对话框，如图 12-6 所示。

(2)设置缓冲数据。

(3)在对话框右侧的缓冲半径列表中，设置多重缓冲区的缓冲半径。

(4)单击“单位”标签右侧的下拉按钮，设置缓冲半径的单位。

(5)设置多重缓冲区的缓冲类型。

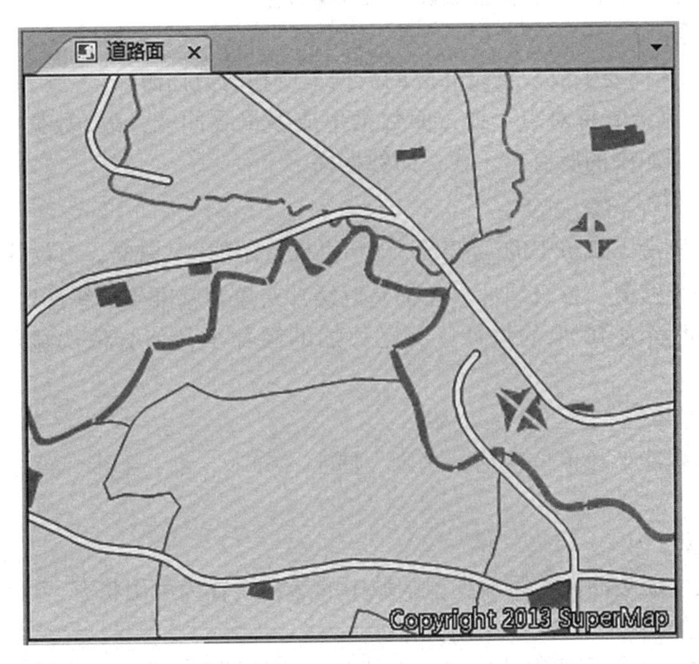

图 12-5

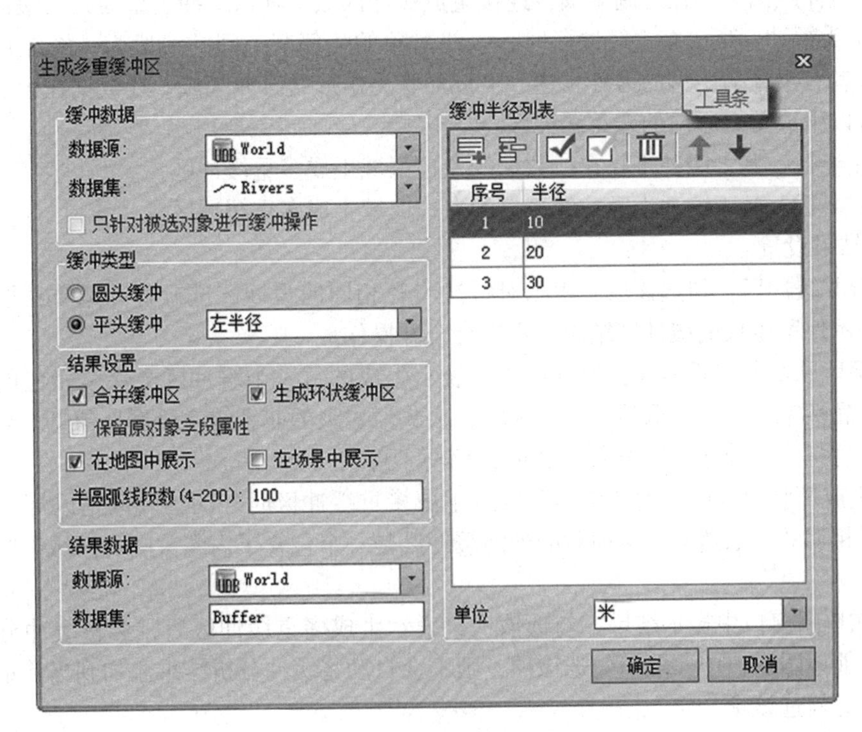

图 12-6

(6)设置结果选项。

(7)设置结果数据。

(8)设置完以上参数后，单击“确定”按钮，执行生成多重缓冲区的操作。

“生成多重缓冲区”对话框各参数设置说明如下：

(1)缓冲数据。

• 数据源：选择要生成多重缓冲区的数据集所在的数据源。

• 数据集：系统支持对点、线、面数据生成多重缓冲区，故“数据集”下拉列表中，显示出所选择数据源中的所有点、线、面数据集。

(2)缓冲区半径列表。

批量添加：单击工具条中的按钮，弹出“批量添加”对话框，可设置具有一定递增/递减规则的缓冲半径值，各级缓冲半径都是以缓冲对象为基准生成缓冲区。系统默认为创建 10~30 米的间隔为 10 米的缓冲区。已添加的缓冲半径值会依次显示在缓冲半径列表中。

(3)缓冲半径单位。

可供选择的缓冲半径单位包括：毫米、厘米、分米、米、千米、英寸、英尺、英里、度、码等。

(4)缓冲类型。

若对线对象生成缓冲区，缓冲类型区域中的参数设置为可用状态，可设置对线对象生成多重缓冲区的类型。

• 圆头缓冲：生成多重缓冲区时，在线的两边按照缓冲距离绘制平行线，并在线的端点处以缓冲距离为半径绘制半圆，连接生成缓冲区域。默认缓冲类型为圆头缓冲。

• 平头缓冲：生成多重缓冲区时，以线对象的相邻节点间的线段为一个矩形边，以左半径或者右半径为矩形的另外一边，生成形状为矩形的缓冲区域。线数据在生成平头缓冲时，可以生成单个方向的多重缓冲区。

• 左半径：基于缓冲半径在线数据的左边区域生成多重缓冲区。

• 右半径：基于缓冲半径在线数据的右边区域生成多重缓冲区。

(5)结果设置。

• 合并缓冲区：勾选该项，表示对缓冲半径相同的缓冲区进行合并运算；取消勾选该项，表示保留生成的缓冲区结果，不进行合并操作。

• 保留原对象字段属性：勾选该项，表示生成的每一个缓冲区会保留相应的原对象的非系统属性字段信息。取消勾选该项将会丢失原对象的非系统字段属性信息。默认为勾选该项。注意：当勾选“合并缓冲区”时，该项不可用。

• 生成环状缓冲区：勾选该项，表示生成多重缓冲区时外圈缓冲区是以环状区域与内圈数据相邻的；取消勾选该项后的外围缓冲区是一个包含了内圈数据的区域。默认为勾选该项。

• 在地图窗口中显示结果：勾选该项，表示生成多重缓冲区后，会将缓冲分析结果添加到当前地图窗口中；取消勾选该项，则不会自动将缓冲分析结果添加到当前地图窗口中。默认为勾选该项。

• 半圆弧线段数(4~200)：用于设置生成的缓冲区边界的平滑度。数值越大，圆弧/弧段均分数目越多，缓冲区边界越平滑。取值范围为 4~200，默认的数值为 100。

(6)结果数据。

• 数据源：选择生成的多重缓冲区结果要保存的数据源。

• 数据集：输入生成的多重缓冲区结果要保存的数据集名称。如果输入的数据集名称已经存在，则会提示数据集名称非法，需要重新输入。

2) 多重缓冲区操作实例

实例：已有配置好的中国地图，制作有颜色渐变效果的国境线。

操作步骤：

(1)新建数据集“国境线-结果”数据源，用来存放结果数据。

(2)双击打开“国境线-原始”数据源中的“国境 L”数据集，选择国境线，如图 12-7 所示。

国境L@国境线-原始_1
Copyright 2013 SuperMap

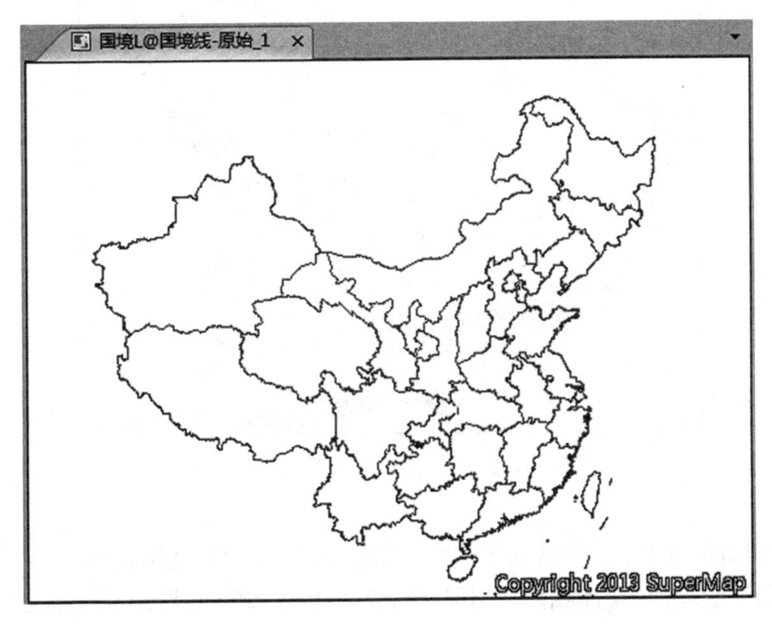

图 12-7

(3)在“分析”选项卡上的“矢量分析”组中，单击“缓冲区”按钮，在弹出的下拉菜单中选择“多重缓冲区”项，弹出“生成多重缓冲区”对话框。

(4)缓冲数据默认勾选“只针对被选对象进行缓冲操作”。

(5)单击工具条中的 按钮，弹出“批量添加”对话框，参数设置如图 12-8 所示。

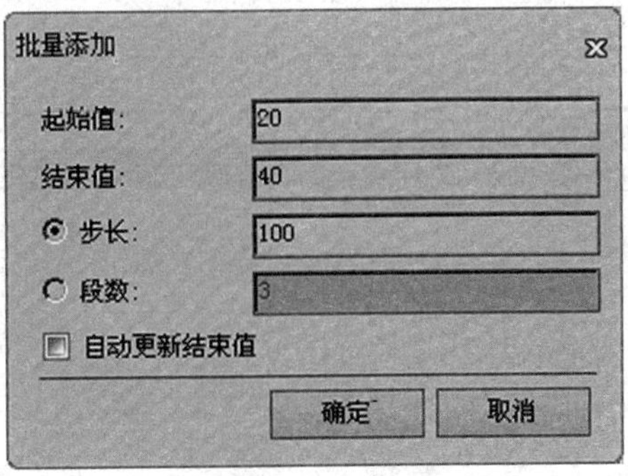

批量添加
起始值:
20
结束值:
40
步长:
100
段数:
3
自动更新结束值
确定
取消

图 12-8

（6）单击“单位”标签右侧的下拉按钮，设置缓冲半径的单位为“千米”。

（7）设置多重缓冲区的缓冲类型为“圆头缓冲”。

（8）设置结果数据。数据源为“国境线-结果”，数据集命名为“国境-结果”。

（9）设置完以上参数后，单击“确定”按钮，执行生成多重缓冲区的操作，效果如图12-9所示。

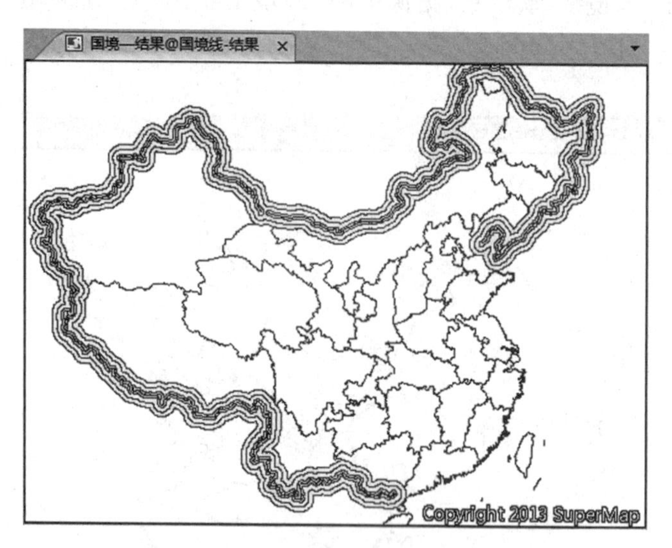

图 12-9

（10）打开地图“国境线”，将新生成的“国境-结果”拖曳到地图窗口。

（11）在图层管理器中右键单击“国境-结果”，选择“制作专题图”，表达式选择“国境-结果.SmID”，颜色方案选择一个单一渐变颜色，如图12-10所示。

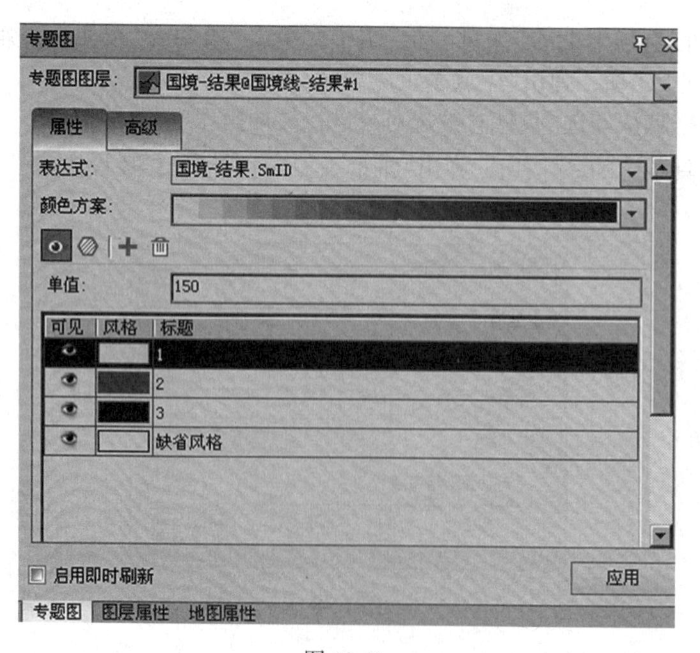

图 12-10

（12）单击“风格”按钮，点击“线型选择”，打开“线型符号选择器”对话框，选择“Null”无边界填充，单击“确定”，从而令边界线自然过渡。

（13）单击“应用”。

（14）将行政区划图拖曳到图层管理器最顶层，从而遮盖内部渐变的国境线部分，效果如图 12-11 所示。

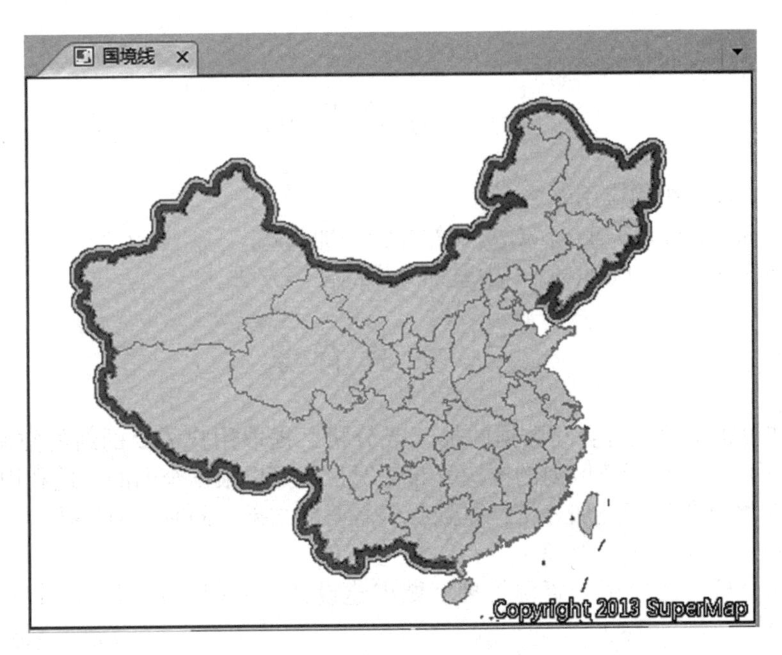

图 12-11

> **小提示：**
> ①缓冲区半径的设置可以填写具体数值，也可以来源于数据集中的字段值；
> ②在经纬度坐标系中，缓冲半径单位是度；
> ③平头缓冲区才可以设置缓冲边的类型（左右对称，左右不等）。

六、拓展练习

参照上述缓冲区相关步骤，利用配置好的唐山市地图，制作有颜色渐变效果的境界线。

实验十三　叠加分析

一、实验目的

（1）了解叠加分析的应用领域。

（2）了解 SuperMap iDesktop 7C 支持的几种叠加模式。

（3）掌握 SuperMap iDesktop 7C 中叠加分析的使用方法。

二、实验背景

（1）叠加分析是通过对空间数据的加工或分析，提取用户需要的新的空间几何信息。比如，需要了解某一个行政区内的土壤分布情况，就可以根据全国的土地利用图和行政区规划图这两个数据集进行叠加分析，得到我们需要的结果。同时，通过叠加分析，还可以对数据的各种属性信息进行处理。

（2）叠加分析广泛应用于资源管理、城市建设评估、国土管理、农林牧业、统计等领域。

（3）空间叠加分析涉及逻辑交、逻辑并、逻辑差、逻辑或的运算。

（4）叠加分析涉及三个数据集：

①源数据集：除合并运算和对称差运算必须是面数据集外，其他运算可以是点、线、面、CAD 数据集或路由数据集；

②叠加数据集：必须为面数据集；

③叠加结果数据集：用于保存叠加分析得到的结果数据。

三、实验内容

（1）利用 SuperMap iDesktop 7C 的裁剪功能，裁剪得到“刘庄村”的土地利用数据。

（2）利用 SuperMap iDesktop 7C 的擦除功能，通过擦除运算得到“刘庄村”以外的其他各县的土地利用数据。

（3）利用 SuperMap iDesktop 7C 的合并功能，通过合并运算得到每个村包含的行政区划信息的土地利用数据。

（4）利用 SuperMap iDesktop 7C 的求交功能，通过求交运算得到包含行政区划信息的“刘庄村”的土地利用数据。

四、实验数据

实验数据 \ 空间分析 \ 叠加分析数据 \ 叠加分析 . smwu

五、实验步骤

1. 叠加分析具体操作

(1)在“分析”选项卡上的“矢量分析”组中，单击“叠加分析”按钮，弹出“叠加分析”对话框，如图 13-1 所示。

(2)在左侧类表框中选择需要的叠加方式。

(3)选择数据源，即要进行叠加分析的被操作数据集。

(4)选择叠加数据，即叠加操作数据集。

(5)选择结果数据集要保存的数据源，并为结果数据集命名。

(6)点击“字段设置”按钮，设置结果数据集中需要保存的源数据集中的字段信息。

(7)设置容限值。

(8)点击“确定”按钮，开始叠加分析。

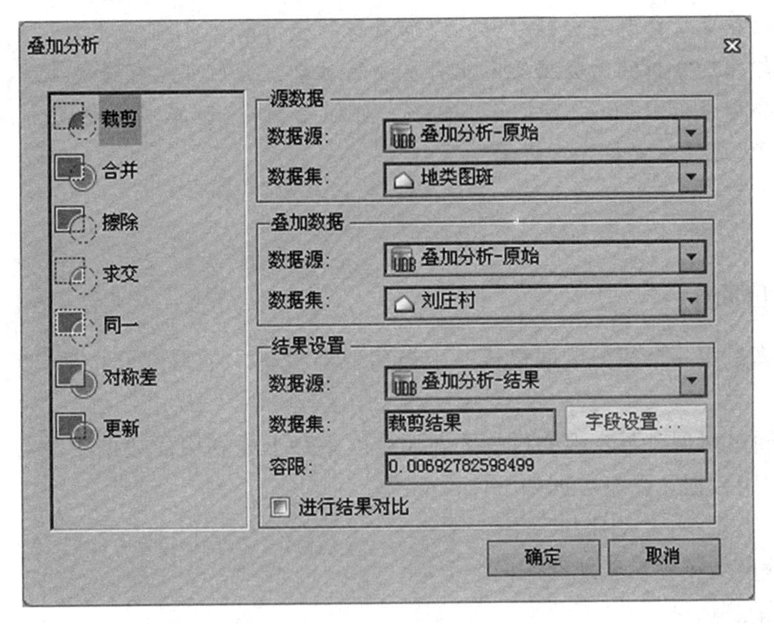

图 13-1

“叠加分析”对话框各参数设置说明如下：

(1)源数据。

- 数据源：列出了当期工作空间下所有的数据源，选择被操作的数据集所在的数据源。
- 数据集：列出了所选数据源下所有的点、线、面或者 CAD 数据集，选择被操作的数据集。

(2)叠加数据。

- 数据源：列出了当前工作空间下所有的数据源，选择操作的数据集所在的数据源。

● 数据集：列出了所选数据源下所有的面数据集，选择操作的数据集。

(3)结果数据。

● 数据源：列出了当前工作空间下的所有数据源，选择结果数据集所要保存的数据源。

● 数据集：为结果数据集命名，默认为 NewDT。

(4)设置。

● 容限值：叠加操作后，若两个节点之间的距离小于此值，则将这两个节点合并，该值的默认值为源数据集的节点容限默认值(该值在数据集属性对话框的矢量数据集选项卡的数据集容限下的节点容限中设置)。

● 设置是否进行结果对比：勾选“进行结果对比”复选框，可将被叠加数据集、叠加数据集及结果数据集同时显示在一个新的地图窗口中，便于用户进行结果的比较。

小提示：

①在叠加分析的各个运算中，第二个数据集都必须为面数据集，参与运算的两个数据集中的相交对象都要进行分解，以形成新的子对象。

②参与叠加分析的面数据集不能有重叠的对象，否则可能有错误结果。

③在叠加分析中“合并、求交、同一、对称差”四个运算支持字段设置，“裁剪、擦除、更新”运算不支持字段设置。

2. 裁剪(Clip)

裁剪运算是用一个裁剪数据集从一个被剪取数据集中抽取部分特征(点、线、面)集合的运算。

实例：通过对现有某乡镇的行政区划面数据集和土地利用面数据集裁剪，得到“刘庄村”的土地利用数据。已有数据如下：

(1)裁剪数据集：“刘庄村”面数据集；

(2)被裁剪数据集：土地利用面数据集。

操作步骤：

(1)打开“叠加分析 . smwu”工作空间。

(2)新建数据源“叠加分析-结果 . udb”用来保存叠加分析结果。

(3)在“分析”选项卡上的“矢量分析”组中，单击“叠加分析””按钮，弹出“叠加分析”对话框，在弹出的对话框中选择“裁剪”项。

(4)设置源数据。选择被裁剪数据集所在的数据源“叠加分析-原始”及被裁剪的数据集“地类图斑”。

(5)设置叠加数据。选择裁剪数据集所在的数据源“叠加分析-原始”及裁剪数据集“刘庄村”。

(6)设置结果。选择存储结果数据集的数据源“叠加分析-结果”，指定结果数据集的名称“裁剪结果”，如图 13-2 所示。

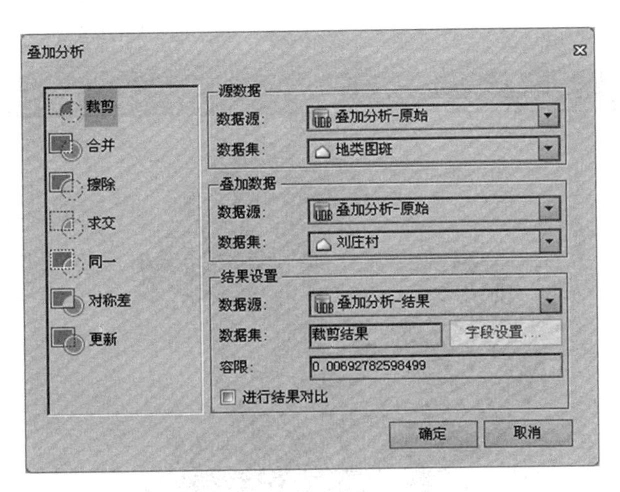

图 13-2

(7)单击“确定”按钮，弹出如图 13-3 所示的“叠加分析”数据处理对话框，完成裁剪操作。

(8)在“开始”选项卡上的“工作空间”组中，单击“保存”按钮，将“裁剪结果”保存为地图。裁剪前后效果对比如图 13-4、图 13-5、图 13-6 所示。

图 13-3

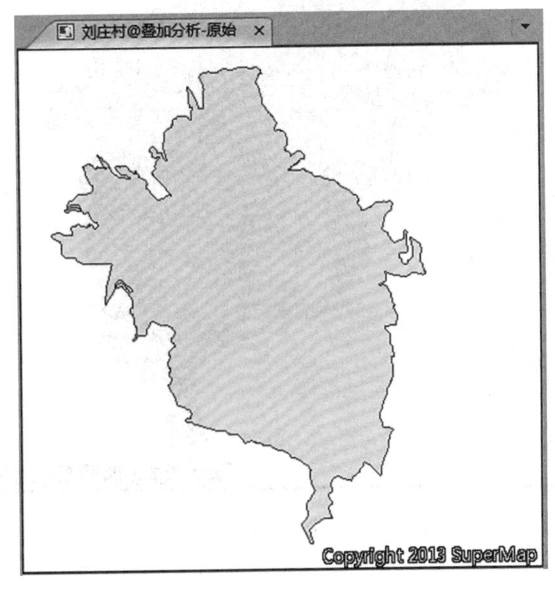

图 13-4

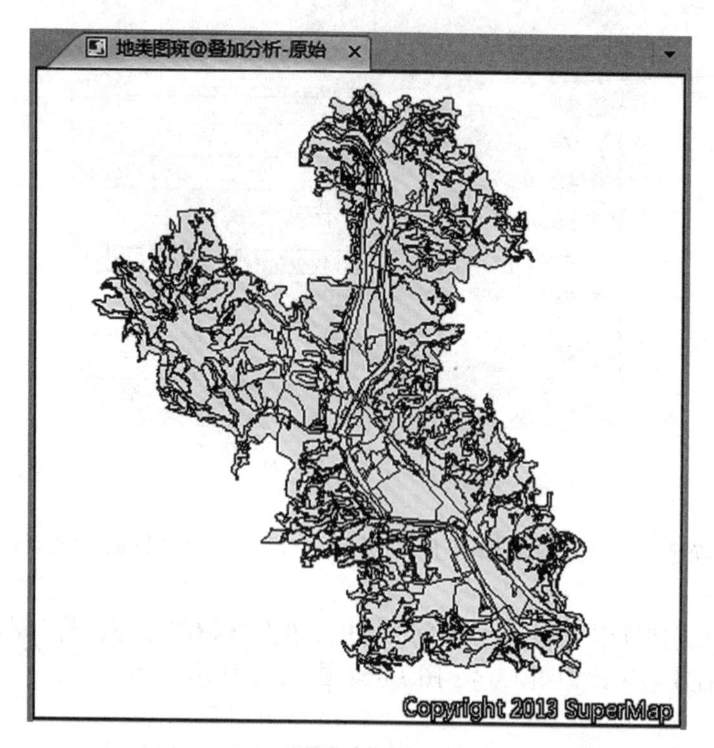
地类图斑@叠加分析-原始
Copyright 2013 SuperMap

图 13-5

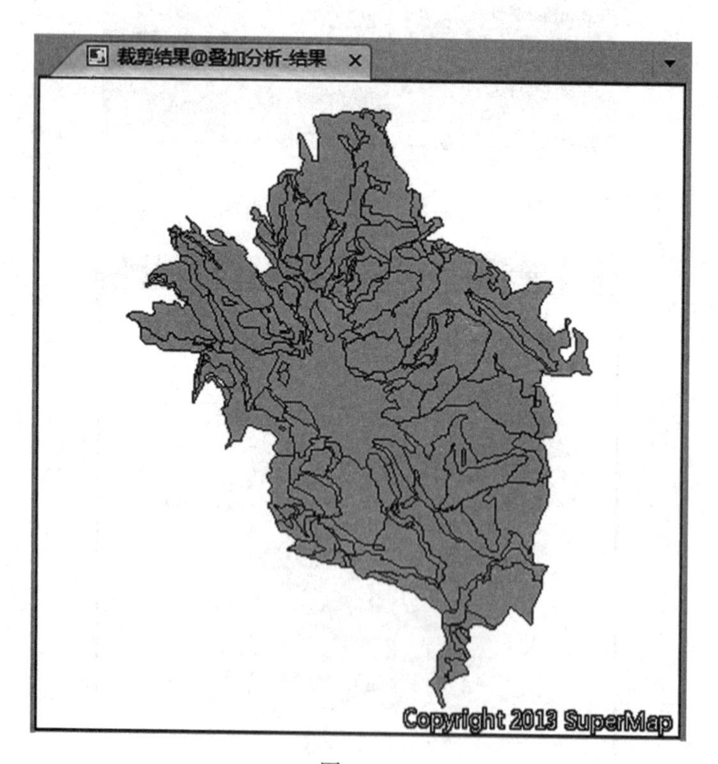
裁剪结果@叠加分析-结果
Copyright 2013 SuperMap

图 13-6

由图 13-6 可以看出，“裁剪结果”效果图并不是很直观，我们可以使用专题图模板优化土地利用数据的显示效果。具体步骤如下：

(1)将土地利用图层的单值专题图保存成模板文件。右键单击“单值专题图”，选择“输出专题图模板”(见图 13-7)，将模板文件保存为“地类图斑.xml”，单击“保存”(见图 13-8)。

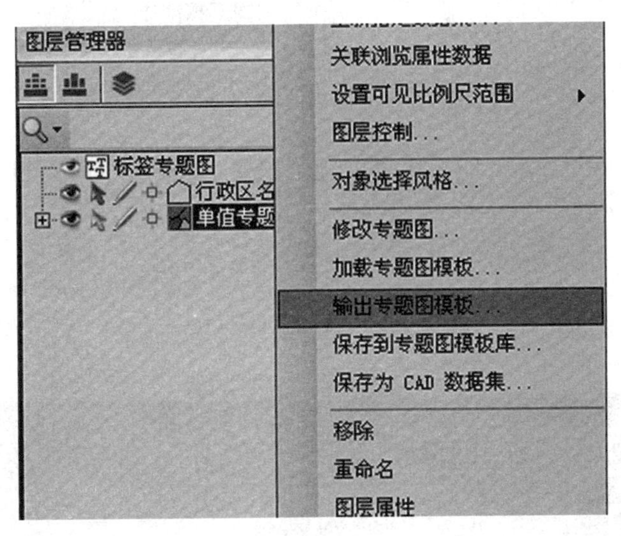

图 13-7

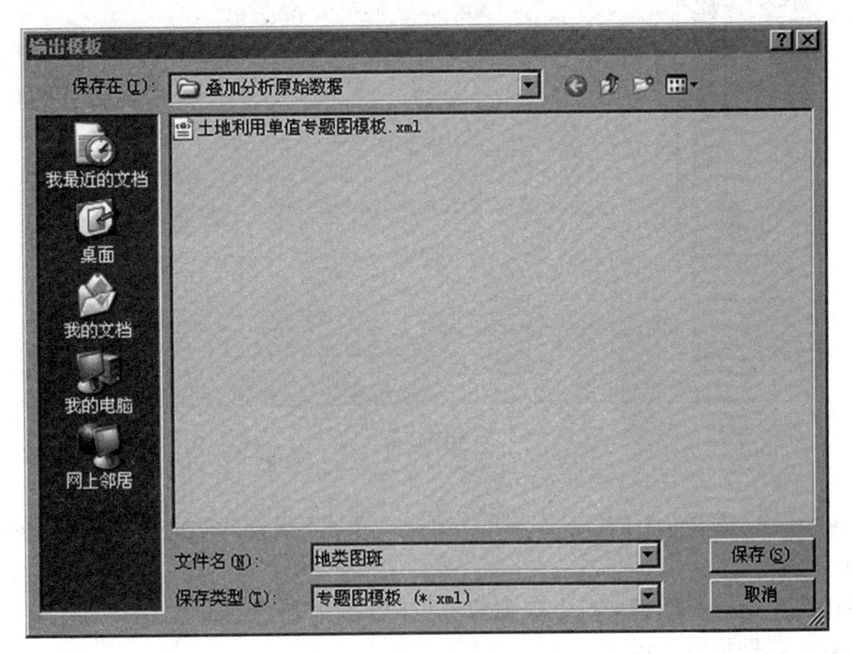

图 13-8

(2)打开叠加运算获得的土地利用结果数据，右击图层选择“加载专题图模板”(见图 13-9)，在打开的对话框中选择“地类图斑.xml”，加载保存的专题图模板文件(见图13-10)。

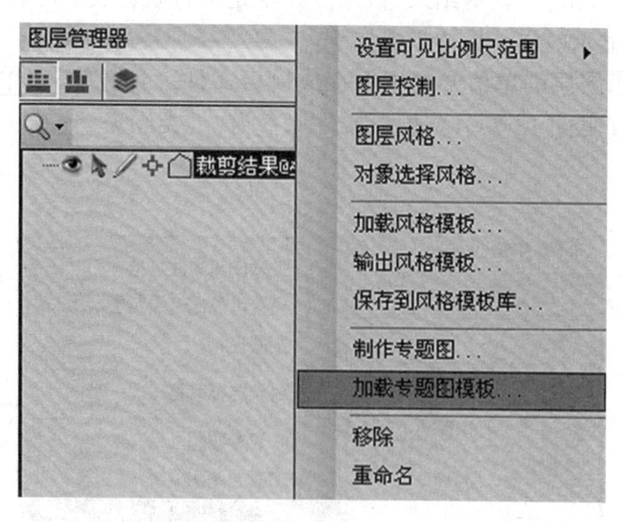

图 13-9

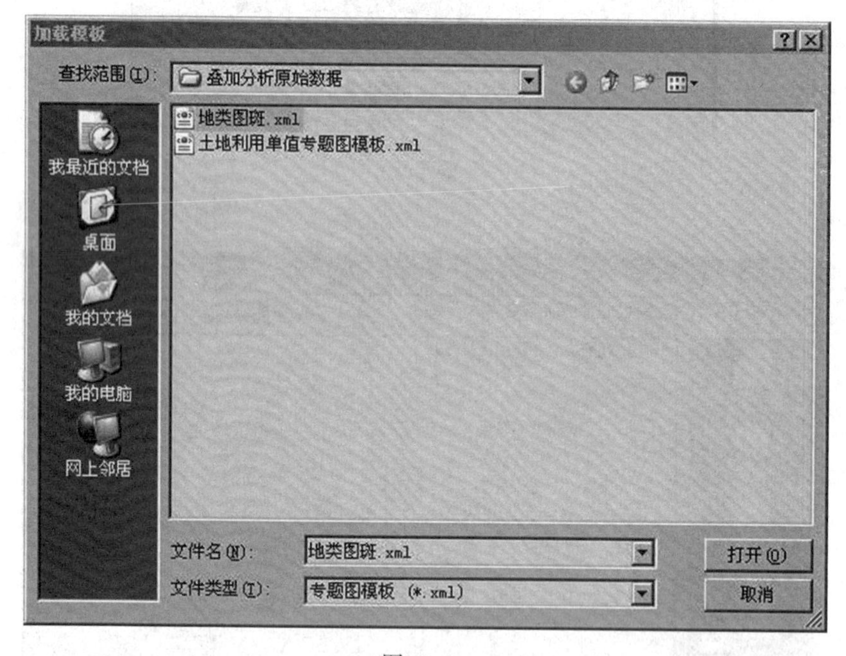

图 13-10

(3)在“开始”选项卡上的“工作空间”组中，单击“保存”按钮，将结果保存为地图，如图 13-11 所示。

属性结果：结果属性表来自于被裁剪数据集(土地利用数据集)的属性表，其属性表结构与被裁剪数据集结构相同。

我们可以分别右击“地类图斑”和“裁剪结果”，选择“关联浏览属性数据”，比较两者属性表结构，发现两者相同。

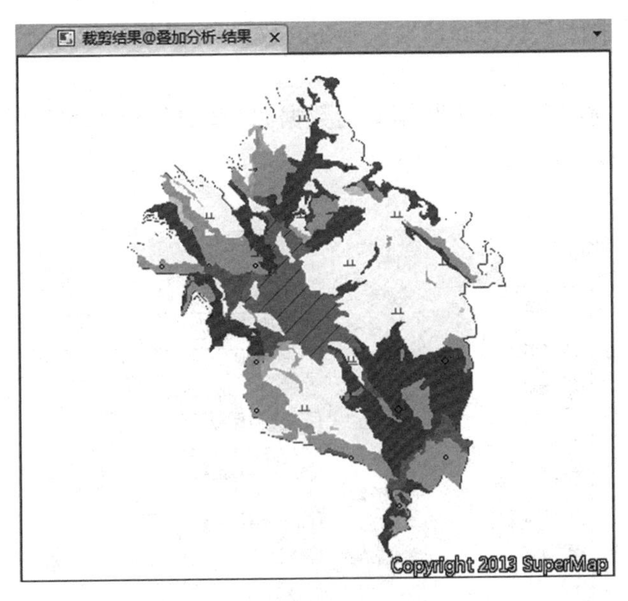

图 13-11

小提示：

叠加分析中的裁剪运算和地图裁剪的对比：

①叠加分析中的裁剪功能是针对两个数据集之间的裁剪，而且只能裁剪矢量数据集；

②地图裁剪主要是用一个对象或者几个选中对象进行裁剪，或者是通过绘制多边形进行裁剪，可以裁剪矢量或者栅格数据集。

3. 擦除(Erase)

擦除运算是用来擦除掉被擦除数据集中与擦除数据集中多边形相重叠部分(点、线、面)的操作，与 Clip 裁剪运算相反。

实例：通过对现有某乡镇的行政区划面数据集和土地利用面数据集的擦除运算，得到"刘庄村"以外的其他各县的土地利用数据。已有数据如下：

(1)擦除数据集："刘庄村"面数据集；

(2)被擦除数据集：土地利用面数据集。

操作步骤：

(1)打开"叠加分析 . smwu"工作空间。

(2)新建数据源"叠加分析-结果 . udb"用来保存叠加分析结果。

(3)在"分析"选项卡上的"矢量分析"组中，单击"叠加分析"按钮，弹出"叠加分析"对话框，在弹出的对话框中选择"擦除"项。

(4)设置源数据。选择被擦除数据集所在的数据源"叠加分析-原始"及被擦除的数据集"地类图斑"。

(5)设置叠加数据。选择擦除数据集所在的数据源“叠加分析-原始”及裁剪数据集“刘庄村”。

(6)设置结果。选择存储结果数据集的数据源“叠加分析-结果”，指定结果数据集的名称“擦除结果”，如图 13-12 所示。

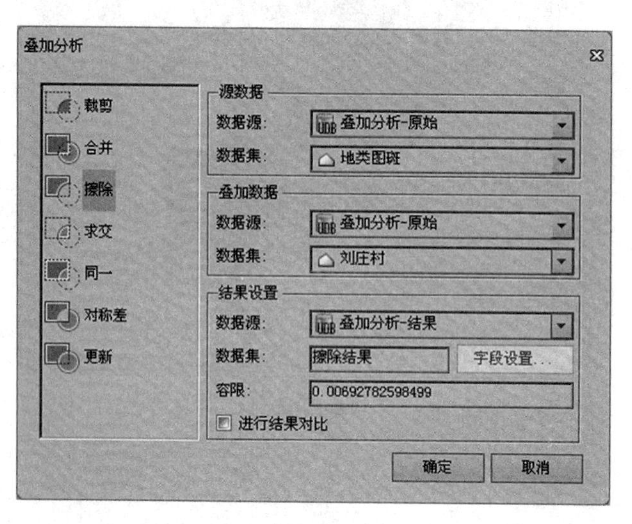

图 13-12

(7)单击“确定”按钮，完成擦除操作。

(8)在“开始”选项卡上的“工作空间”组中，单击“保存”按钮，将“擦除结果”保存为地图。擦除前后效果对比如图 13-13、图 13-14、图 13-15 所示。

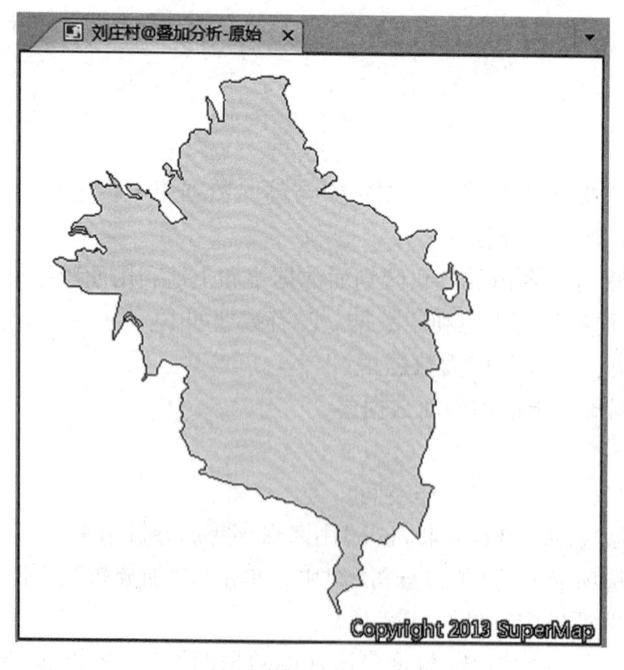

图 13-13

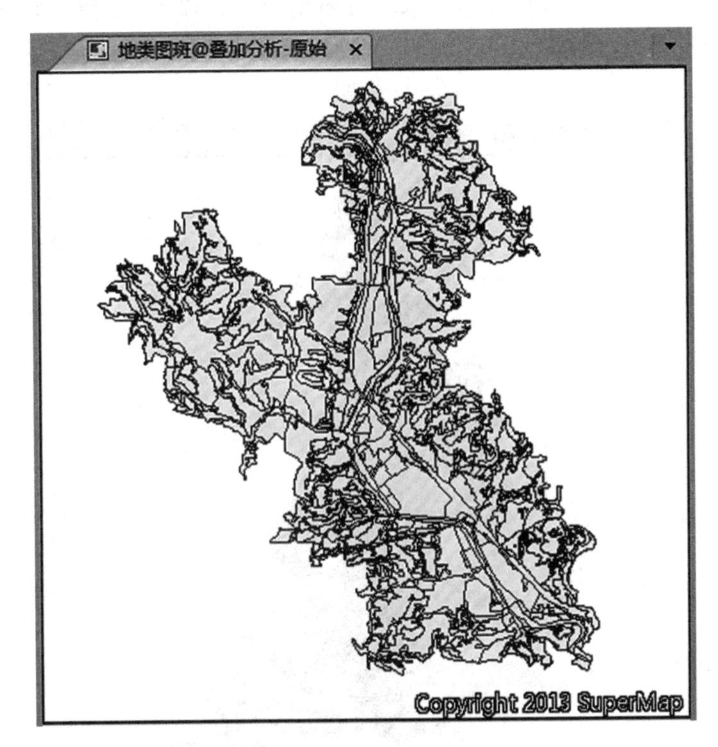
地类图斑@叠加分析-原始
Copyright 2013 SuperMap

图 13-14

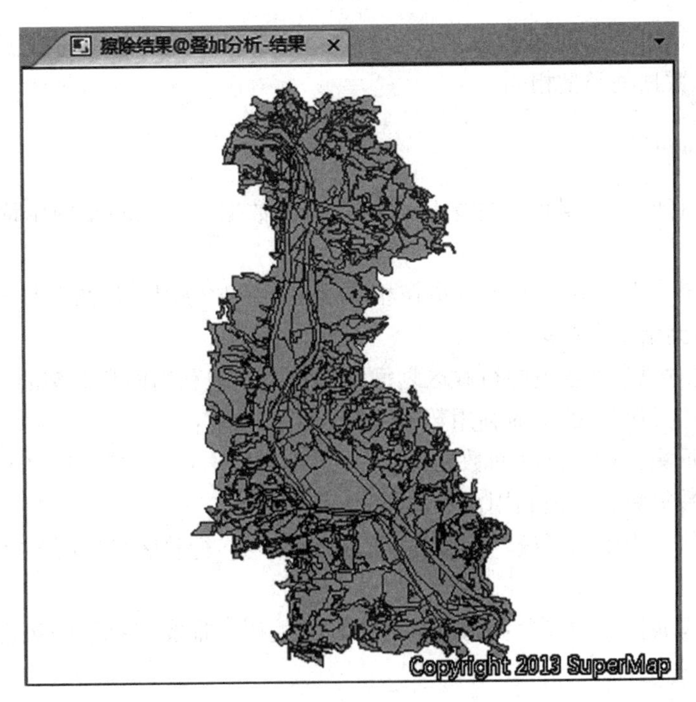
擦除结果@叠加分析-结果
Copyright 2013 SuperMap

图 13-15

同样，我们利用已有单值专题图模板进行风格渲染，提高显示效果。单击“保存”按钮，将结果保存为地图，如图 13-16 所示。

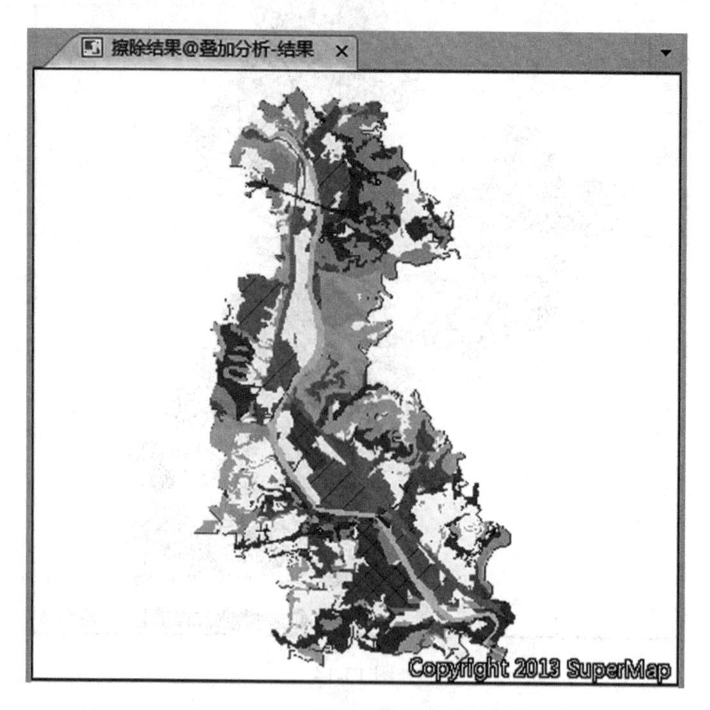

图 13-16

属性结果：输出结果的属性表来自于被擦除数据集(土地利用面数据集)的属性表，其类型与被擦除数据集类型相同。

4. 合并(Union)

合并运算是将两个数据集求并集后输出为一个数据集，只限于两个面数据集之间的合并。

进行 Union 运算后，两个面数据集在相交处多边形被分割，且两个数据集的几何和属性信息都被输出到结果数据集中。

实例：通过对现有某乡镇的行政区划面数据集和土地利用面数据集的合并运算，得到每个村包含行政区划信息的土地利用数据。已有数据如下：

(1)合并数据集：行政区划面数据集；

(2)被合并数据集：土地利用面数据集；

(3)行政区属性表中的可编辑字段为：行政区代码、行政区名称两个字段，如图13-17所示；

(4)地类图斑属性表中包含：图斑编号、地类编码、地类名称、图斑面积四个可编辑字段，如图 13-18 所示。

操作步骤：

(1)打开“叠加分析 . smwu”工作空间。

行政区@叠加分析-原始

编号	PERIMETER	SMGEOMETRYSIZE	行政区代码	行政区名称
1	5178.9065	24648	140522106002	刘庄村
2	3242.1926	22344	140522106001	上峪村
3	2790.4219	18392	140522106003	与泉村
4	3733.7815	26632	140522106004	上孔村
5	1426.2903	21512	140522106005	东孔村
6	693.4926	18488	140522106006	林西村
7	314.4792	2856	140522106007	李庄村

图 13-17

地类图斑@叠加分析-原始

编号	IZE	图斑编号	地类编码	地类名称	图斑面积
1		0076	203	村庄	305080.86
2		0104	203	村庄	318546.59
3		0037	013	旱地	260812.13
4		0070	031	有林地	267823.72
5		0015	203	村庄	276219.44
6		0055	031	有林地	227002.93
7		0006	013	旱地	258613.33
8		0124	043	其他草地	227288.47
9		0014	127	裸地	203781.88
10		0070	203	村庄	202756.52

图 13-18

(2)新建数据源“叠加分析-结果 . udb”用来保存叠加分析结果。

(3)在“分析”选项卡上的“矢量分析”组中，单击“叠加分析”按钮，弹出“叠加分析”对话框，在弹出的对话框中选择“合并”项。

(4)设置源数据。选择进行合并的源数据集“行政区”及其所在的数据源“叠加分析-原始”。

(5)设置叠加数据。选择与源数据集进行合并的数据集“地类图斑”及其所在的数据源“叠加分析-原始”。

(6)设置结果。选择存储结果数据集的数据源“叠加分析-结果”，指定结果数据集的名称“合并结果”，如图 13-19 所示。

(7)设置结果数据集的字段。单击“字段设置”按钮，从源数据集及叠加数据集中选择字段作为结果数据集的字段信息，这里我们将字段全选，如图 13-20 所示。单击“确定”按钮，表示将选择的字段信息保存的结果数据集中。

(8)单击“确定”按钮，完成合并操作。

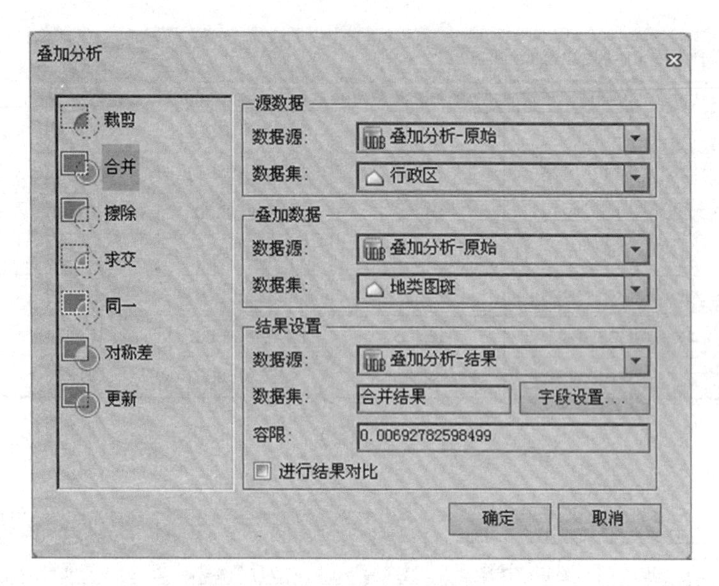

图 13-19

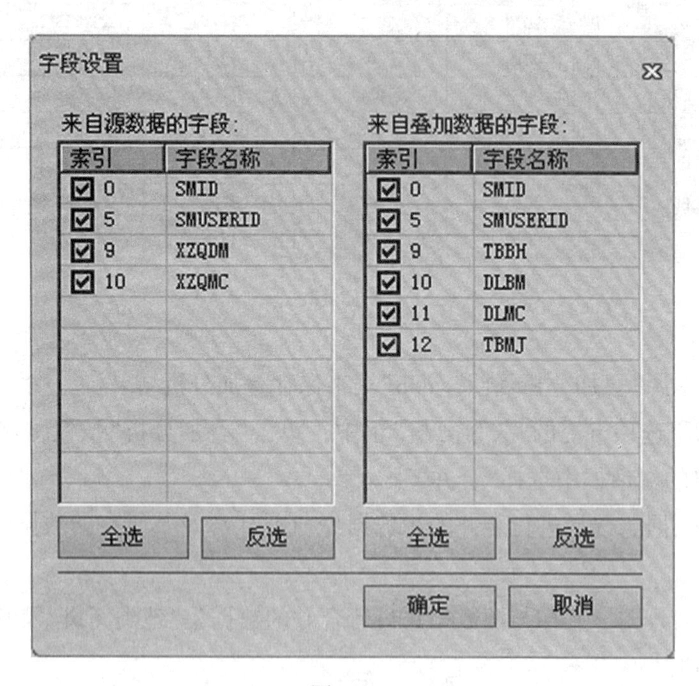

图 13-20

(9)在“开始”选项卡上的“工作空间”组中，单击“保存”按钮，将“合并结果”保存为地图。合并前后效果对比如图 13-21、图 13-22、图 13-23 所示。

同样，我们利用已有单值专题图模板进行风格渲染，提高显示效果。单击“保存”按钮，将结果保存为地图，效果如图 13-24 所示。

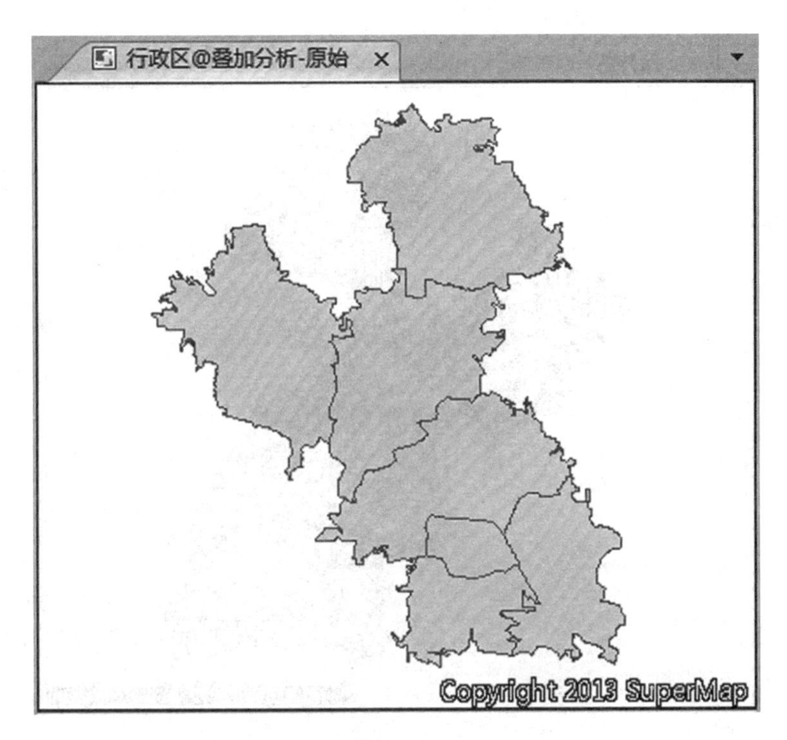
行政区@叠加分析-原始
Copyright 2013 SuperMap

图 13-21

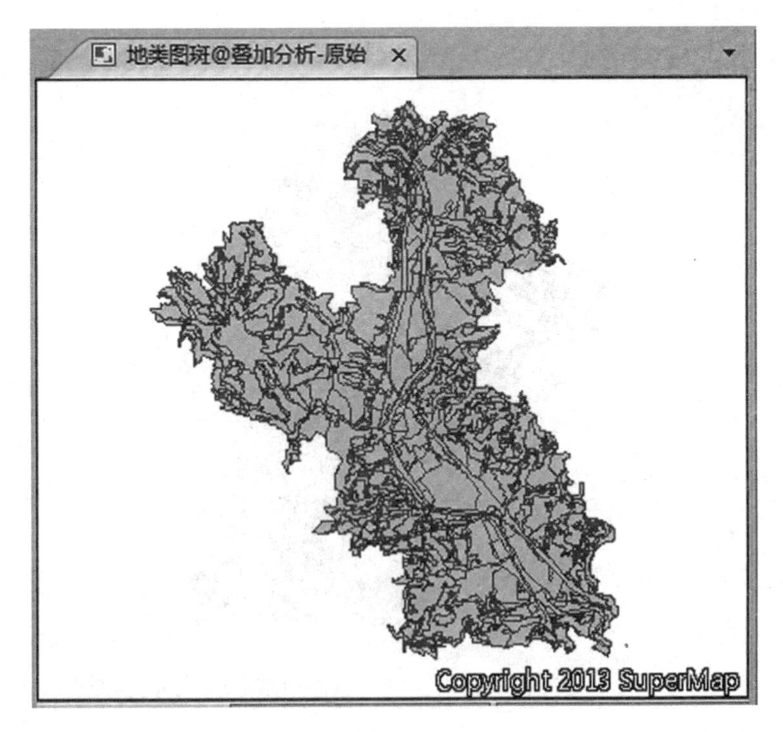
地类图斑@叠加分析-原始
Copyright 2013 SuperMap

图 13-22

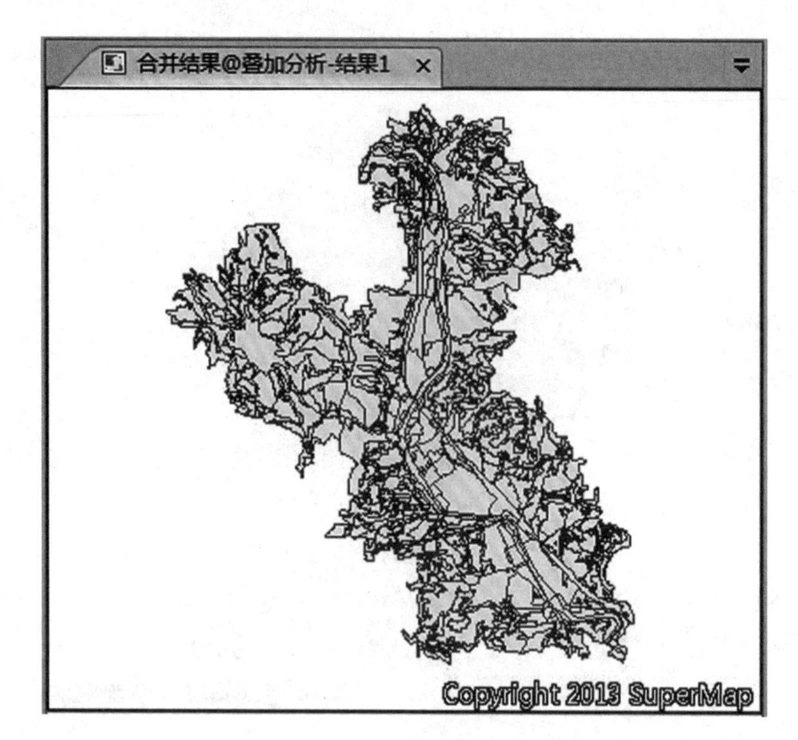
合并结果@叠加分析-结果1
Copyright 2013 SuperMap

图 13-23

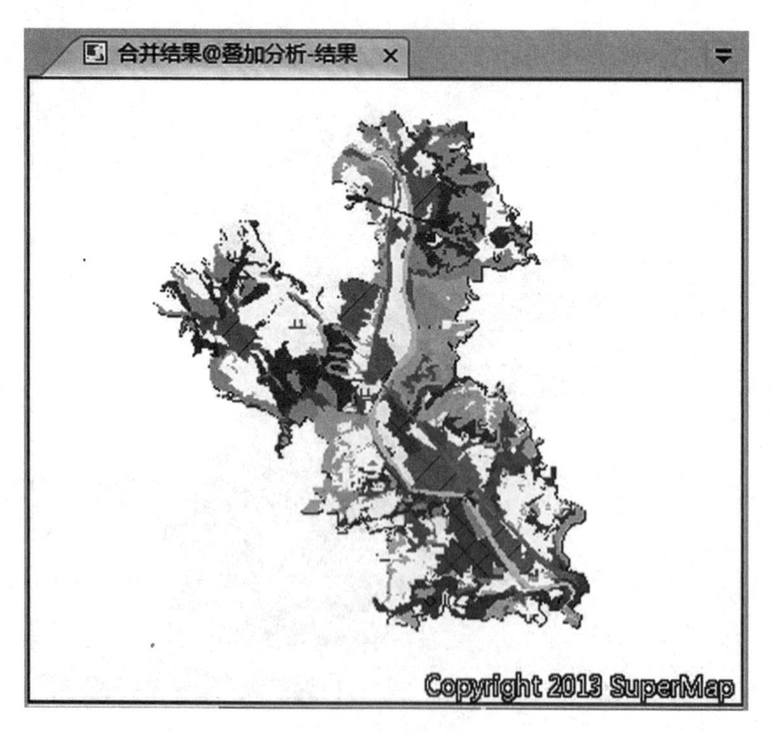
合并结果@叠加分析-结果
Copyright 2013 SuperMap

图 13-24

属性结果：合并运算的输出结果的属性表来自于两个输入数据集属性表，在进行合并运算的时候，用户可以根据自己的需要在 *A*、*B* 的属性表中选择需要保留的属性字段。如果全选了两个属性表字段，结果属性表包含行政区代码、行政区名称、图斑编号、地类编码、地类名称、图斑面积 6 个字段，如图 13-25 所示。

编号	SmID_1	SmUserID_1	行政区代码	行政区名称	SmID_2	SmUserID_2	图斑编号	地类编码	地类名称	图斑面积
1	7	305	140522106007	李庄村	973	0	0013	204	采矿用地	474.44
2	7	305	140522106007	李庄村	939	0	0039	204	采矿用地	792.65
3	7	305	140522106007	李庄村	890	0	0030	114	坑塘水面	1275.72
4	7	305	140522106007	李庄村	883	0	0047	204	采矿用地	1313.09
5	7	305	140522106007	李庄村	882	0	0011	031	有林地	1313.34
6	7	305	140522106007	李庄村	875	0	0031	122	设施农用地	1388.23
7	7	305	140522106007	李庄村	821	0	0029	031	有林地	1901.75

图 13-25

5. 求交(Intersect)

求交运算是求两个数据集的交集的操作。两个数据集中相交的部分将被输出到结果数据集中，其余部分将被删除。

实例：通过对现有某乡镇的行政区划面数据集和土地利用面数据集的求交运算，得到包含行政区划信息的“刘庄村”的土地利用数据。已有数据如下：

(1)待求交数据集(源数据集)：土地利用面数据集；

(2)交数据集(叠加数据集)：“刘庄村”行政区划面数据集。

操作步骤：

(1)打开“叠加分析 . smwu”工作空间。

(2)新建数据源“叠加分析-结果 . udb”，用来保存叠加分析结果。

(3)在“分析”选项卡上的“矢量分析”组中，单击“叠加分析”按钮，弹出“叠加分析”对话框，在弹出的对话框中选择“求交”项。

(4)设置源数据。选择待求交数据集所在的数据源“叠加分析-原始”及待求交的数据集“地类图斑”。

(5)设置叠加数据。选择求交数据集所在的数据源“叠加分析-原始”及求交数据集“刘庄村”。

(6)设置结果。选择存储结果数据集的数据源“叠加分析-结果”，指定结果数据集的名称“求交结果”，如图 13-26 所示。

(7)设置结果数据集的字段。单击“字段设置”按钮，从源数据集及叠加数据集中选择字段作为结果数据集的字段信息，这里我们将源数据字段全选，叠加数据字段选择后两个，如图 13-27 所示。单击“确定”按钮，表示将选择的字段信息保存的结果数据集中。

(8)在“开始”选项卡上的“工作空间”组中，单击“保存”按钮，将“求交结果”保存为

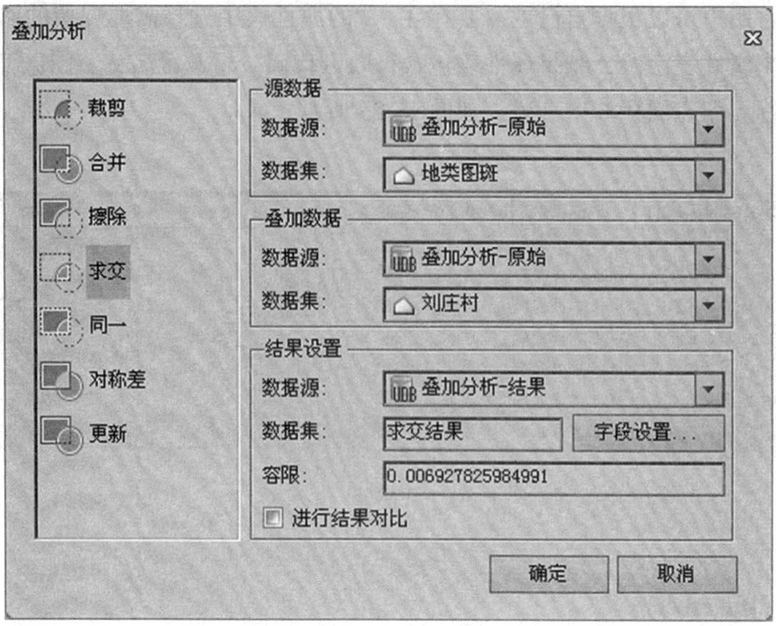

图 13-26

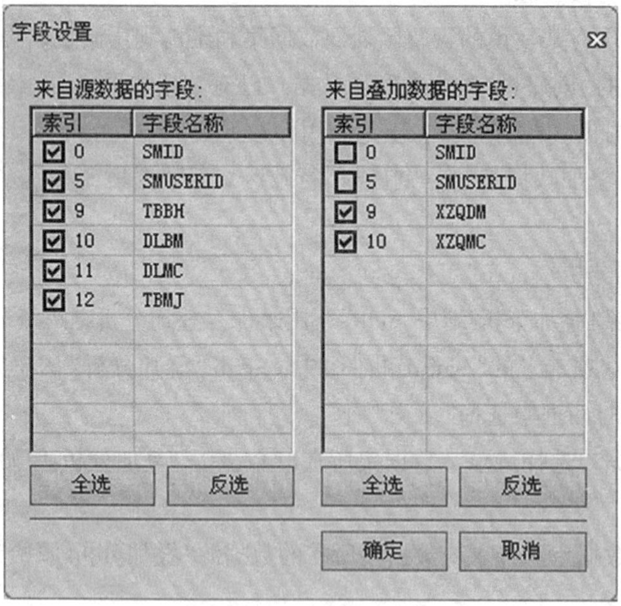

图 13-27

地图。求交前后效果对比如图 13-28、图 13-29、图 13-30 所示。

同样，我们利用已有单值专题图模板进行风格渲染，提高显示效果。单击“保存”按钮，将结果保存为地图，效果如图 13-31 所示。

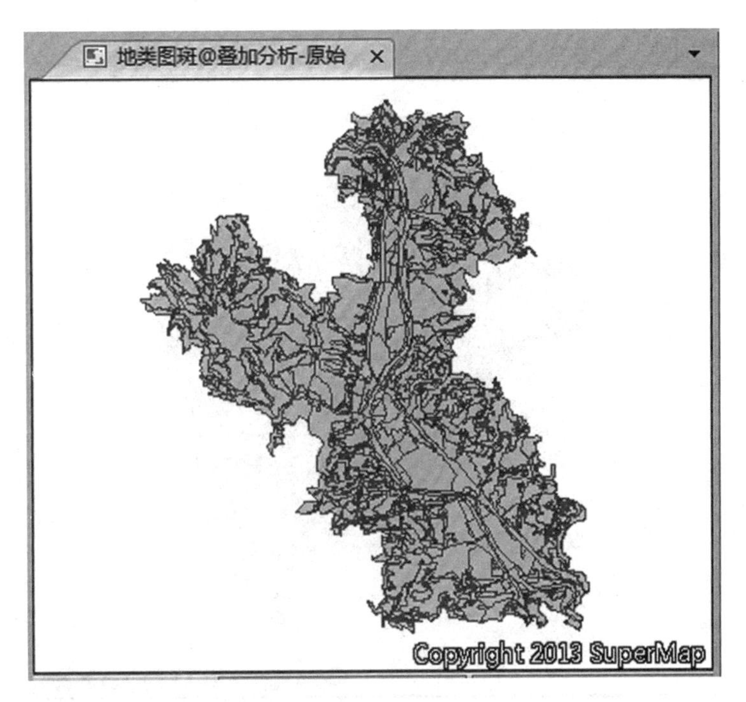
地类图斑@叠加分析-原始
Copyright 2013 SuperMap

图 13-28

刘庄村@叠加分析-原始
Copyright 2013 SuperMap

图 13-29

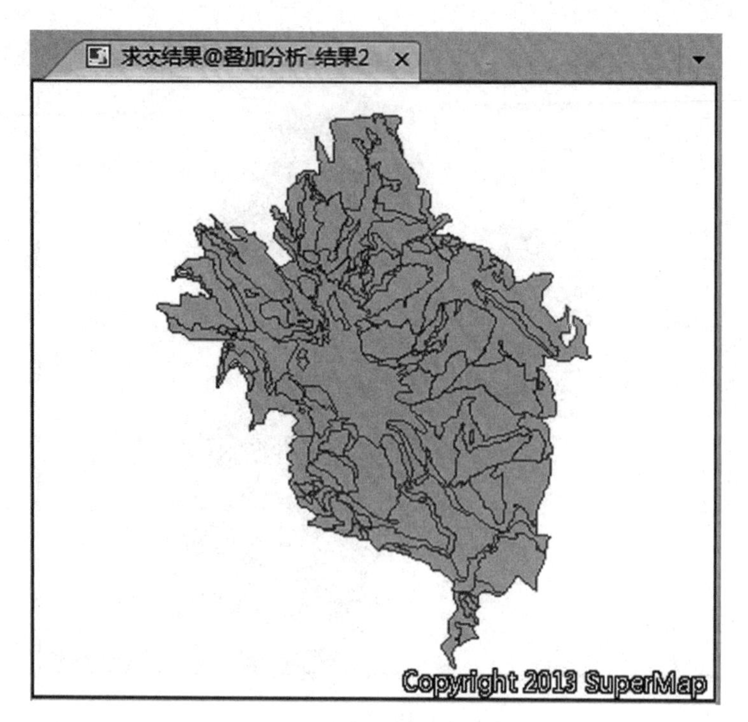
求交结果@叠加分析-结果2
Copyright 2013 SuperMap

图 13-30

求交结果@叠加分析-结果1
Copyright 2013 SuperMap

图 13-31

属性结果：求交结果数据集属性表除了包括自身的属性字段外，还包括待求交数据集和交数据集的所有属性字段，用户可以根据自己的需要从 *A*、*B* 数据集属性表中选择自己需要保留的字段。这里，我们在字段设置时保留了 8 个属性字段，如图 13-32 所示。对比裁剪结果属性表，属性字段为 4 个，如图 13-33 所示。

编号	GeometrySize	DLBM	DLMC	SMID_1	SMUSERID_1	TBBH	TBMJ	XZQDM	XZQMC
1	248	114	坑塘水面	989	0	0052	238.91	140522106002	刘庄村
2	248	033	其他林地	982	0	0013	303.67	140522106002	刘庄村
3	104	114	坑塘水面	969	0	0093	504.38	140522106002	刘庄村
4	344	122	设施农用地	947	0	0111	710.7	140522106002	刘庄村
5	376	122	设施农用地	943	0	0112	770.93	140522106002	刘庄村
6	360	033	其他林地	938	0	0038	793.88	140522106002	刘庄村
7	264	114	坑塘水面	932	0	0087	892.73	140522106002	刘庄村
8	760	043	其他草地	928	0	0005	923.46	140522106002	刘庄村
9	328	114	坑塘水面	906	0	0127	1141.77	140522106002	刘庄村
10	424	013	旱地	905	0	0019	1157	140522106002	刘庄村
11	408	204	采矿用地	900	0	0103	1212.76	140522106002	刘庄村
12	696	033	其他林地	878	0	0071	1375.24	140522106002	刘庄村

图 13-32

编号	ySize	TBBH	DLBM	DLMC	TBMJ
1		0052	114	坑塘水面	238.91
2		0013	033	其他林地	303.67
3		0093	114	坑塘水面	504.38
4		0111	122	设施农用地	710.7
5		0112	122	设施农用地	770.93
6		0038	033	其他林地	793.88
7		0087	114	坑塘水面	892.73
8		0005	043	其他草地	923.46
9		0127	114	坑塘水面	1141.77
10		0019	013	旱地	1157
11		0103	204	采矿用地	1212.76
12		0071	033	其他林地	1375.24

图 13-33

小提示：

求交与裁剪的比较：

①相同点：空间几何信息相同；

②不同点：裁剪运算不对属性表做任何处理，而求交运算可以让用户选择需要保留的属性字段。

6. 对称差(Symmetric Difference)、同一(Identity)、更新(Update)

以上介绍了比较常用的几种叠加分析方法，对于对称差、同一、更新三种方法，相对使用较少，这里仅介绍相关概念和应用环境，具体操作方法与前面类似。

(1)对称差。对称差运算是两个数据集的异或运算。操作的结果是，对于每一个面对象，去掉其与另一个数据集中的几何对象相交的部分，而保留剩下的部分。

举例说明：如果两个输入图层分别代表2000年和2005年的北京市土地利用图，则进行对称差运算后输出的图层为北京市土地利用在2000年与2005年发生变化的部分。

属性结果：对称差运算的输出结果的属性表包含两个输入数据集的非系统属性字段。

(2)同一。同一运算是对两个数据集进行相交运算，保留第一数据集的所有部分，去除第二数据集中与第一个数据集没有重叠的部分。同一运算就是源数据集与叠加数据集先求交，然后求交结果再与源数据集求并的一个运算。

举例说明：源数据集为全国的坡度图(面)，叠加数据集为全国土壤图，则进行同一运算后输出的图层为包含坡度信息的全国土壤分布图，可以使用结果数据集来分析地势高低对土壤分布的影响。

属性结果：同一运算的输出结果的属性表字段除系统字段外都来自于两个输入数据集的属性字段，用户可以根据自己的需要，从源数据集和叠加数据集的属性字段中选择字段。

(3)更新。更新运算是用更新图层替换与被更新图层的重合部分，是一个先擦除后粘贴的过程。源数据集与叠加数据集的类型都必须是面数据集。结果数据集中保留了更新数据集的几何形状和属性信息。

举例说明：如果两个输入图层分别代表全国土地利用图和退耕还林分布图，则进行更新运算后输出的图层为退耕还林后的全国土地利用图。

属性结果：更新运算输出结果的属性表如下图所示，*A*、*B* 数据集几何对象重合部分的属性值更新为 *B* 的属性值。

六、拓展练习

打开数据源“China400. udb”和“Jingjin. udb”(软件自带示范数据)，进行下面的操作：

(1)利用“Jingjin”数据源中的“BaseMap_R”数据集、“China400”数据源中的“Railway_L”数据集进行裁剪操作，得出河北省范围内的铁路数据；

(2)利用“Jingjin”数据源中的“BaseMap_R”数据集、“China400”数据源中的“LandForm_R”数据集进行擦除操作，得到河北省范围以外的土地类型数据。

实验十四　栅 格 分 析

一、实 验 目 的

(1)了解栅格数据的结构。

(2)了解 SuperMap iDesktop 7C 栅格数据集的类型与来源。

(3)掌握常用栅格分析功能的使用。

二、实 验 背 景

1. 概述

栅格数据的数据结构不是以具体的 *X*、*Y* 坐标值来表示的，它以连续的有规则的格子来描述数据，每个格子(或叫像元)中存储了表示某种含义的数值。栅格数据在放大后都会看到马赛克现象，可以看到一个一个的格子。例如，我们经常会接触到的 bmp 图片就是一种栅格数据，该数据的每个格子中存储的是像素值，再根据颜色的映射表现出来，我们就会看到图片了。

用在 GIS 中分析的栅格数据都是表示真实的某一个地理区域的数据，因此要想用规则的连续的格子来描述数据，每个格子的大小的设置是很重要的。我们将每个格子的大小称之为空间分辨率，即一个格子在地面所代表的实际面积大小。例如，空间分辨率设置的是 100 米，而实际的地理区域的面积是 100 平方公里，那么这个栅格数据就会有 1000 行×1000 列，即 1 亿个格子。

用在 GIS 中分析的栅格数据主要 DEM 数据、GRID 数据和遥感影像数据。DEM 数据每个格子的值代表地表的高程信息；GRID 数据中每个格子的值代表土壤类型、温度等信息。

2. 栅格分析基础

1)栅格数据结构

(1)使用大小相同紧密相邻的网格阵列来表示地物模型；

(2)每个像元都有给定的属性值来表示地理实体或现实世界的某种现象。

2)栅格数据集的类型

(1)影像和数字图片：主要用于配准或作为数字化的底图；

(2)模型数据：SuperMap iDesktop 7C 栅格分析的主要数据类型。

3) SuperMap iDesktop 7C 中使用的栅格数据来源

(1)导入数据集：数字航空像片、卫星影像、数字图片以及扫描的图片；

(2)离散点插值：通过样点数据进行内插得到；

(3)栅格分析结果：使用 SuperMap iDesktop 7C 栅格分析的某些功能得到的分析结果，如坡度图、山体阴影图等。

三、实验内容

(1)设置分析环境。

(2)练习差值分析中的距离反比权重插值功能。

(3)练习表面分析中的提取等值线功能。

(4)练习表面分析中三维晕渲图、正射三维影像、坡度分析、坡向分析功能。

四、实验数据

实验数据\空间分析\栅格分析数据\栅格分析.smwu

五、实验步骤

1. 设置分析环境

在进行栅格分析之前，需要明确栅格分析的环境设置情况。分析环境包括结果数据集的地理范围、裁剪范围、默认输出分辨率等。

单击"栅格分析"组的弹出组对话框(见图 14-1)，可以弹出"栅格分析环境设置"对话框，对栅格分析相关的参数进行设置。

图 14-1

操作步骤：

(1)在"分析"选项卡的"栅格分析"组中，单击弹出组对话框按钮，进入"栅格分析环境设置"对话框，如图 14-2 所示。

(2)在"结果数据地理范围"项中，选择一种设置方式，设置结果数据的地理范围。

(3)在"裁剪范围"项中，选择裁剪数据所在的数据源以及数据集。

(4)在"默认输出分辨率"项中，选择一种设置方式，设置默认的结果数据集的分辨率

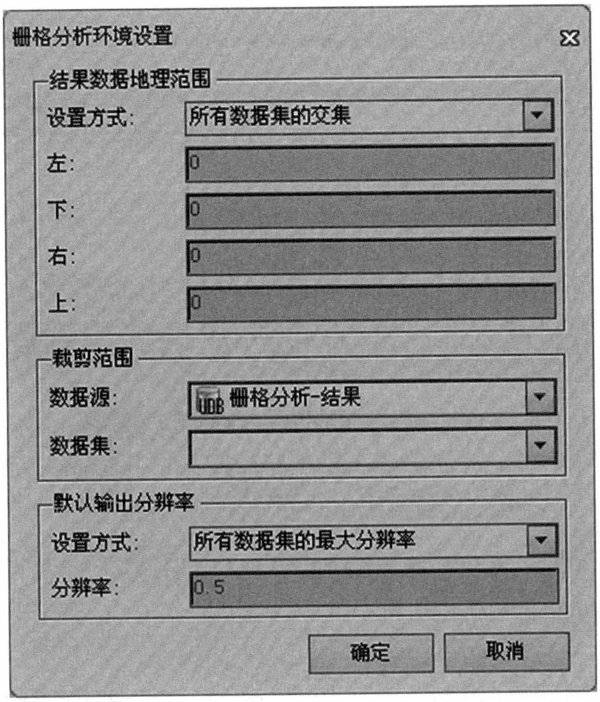

图 14-2

大小。

(5)单击“确定”按钮，完成结果数据集分辨率的设置。

2. 插值分析——距离反比权重插值

插值是利用已知的样点去预测或者估计未知样点的数值。内插是通过已知点的数据推求同一区域未知点的数据。外推是通过已知区域，推求其他区域的数据。无论是内插的方法还是外推的方法，都是插值过程常用的插值思想。SuperMap iDesktop 7C 中提供三种插值方法，用于模拟或者创建一个表面，分别是：距离反比权重法(IDW)、克吕金插值方法(Kriging)、径向基函数插值法(RBF)。选用何种方法进行内插，通常取决于样点数据的分布和要创建表面的类型。无论选择哪种插值方法，已知点的数据越多，分布越广，插值结果将越接近实际情况。

这里我们重点介绍距离反比权重差值法，对于其他几种差值方法，读者可查阅有关资料进行学习。

距离反比权重插值基于插值区域内部样本点的相似性，计算邻近区域样点的属性值的加权平均值来估算出单元格的值，进而插值得到一个表面。用于插值的源数据集中必须有个数值型字段，作为插值字段。且距离反比权重插值法是一种比较精确的插值方法，适用呈均匀分布且密集程度能够反映局部差异的样点数据集。

距离反比权重插值的操作步骤如下：

(1)打开“栅格分析 . smwu”工作空间。

(2)新建数据源“栅格分析-结果”，用来存储分析结果。

(3)双击打开数据集“AWS”，添加到当前图层，浏览全国温度采样点数据集，如图

14-3 所示。

AWS@栅格分析-原始_1
Copyright 2013 SuperMap

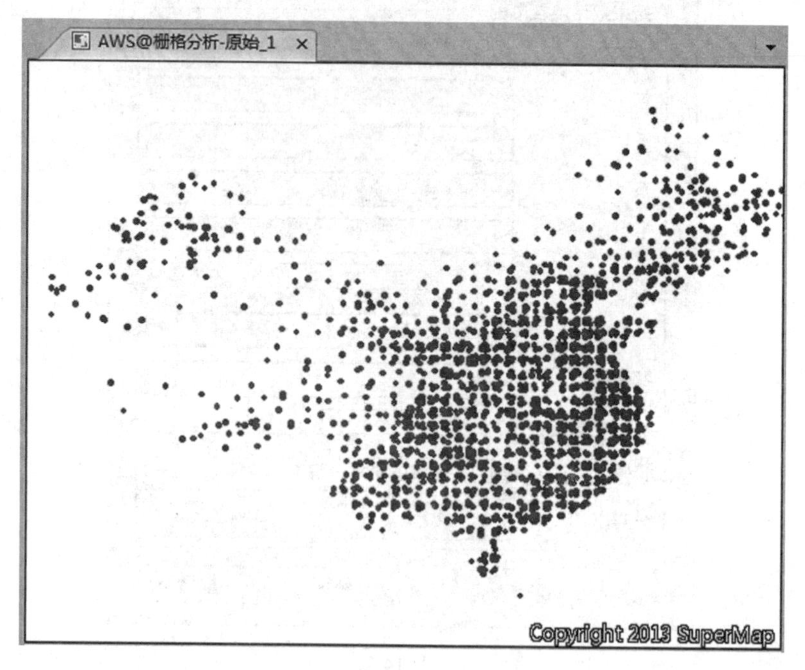

图 14-3

（4）在“分析”选项卡上的“栅格分析”组中，单击“插值分析”按钮，进入栅格插值分析向导。

（5）在“栅格插值分析”对话框中，选择“距离反比权重”插值方法，进入距离反比权重插值的第一步，设置插值分析的公共参数，包括源数据、插值范围和结果数据。“差值字段”选择“temperature”，结果数据集重命名为“差值结果”，其余参数为默认设置，如图 14-4 所示。

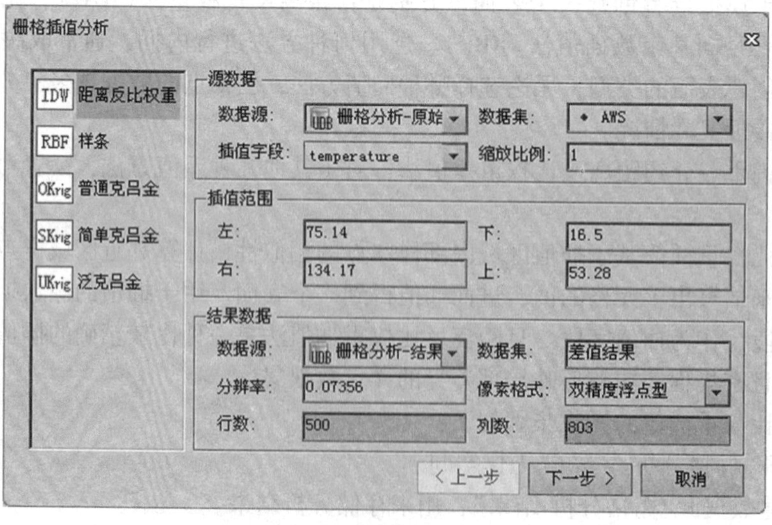

栅格插值分析
IDW 距离反比权重
RBF 样条
OKrig 普通克吕金
SKrig 简单克吕金
UKrig 泛克吕金
源数据
数据源: 栅格分析-原始
数据集: AWS
插值字段: temperature
缩放比例: 1
插值范围
左: 75.14
下: 16.5
右: 134.17
上: 53.28
结果数据
数据源: 栅格分析-结果
数据集: 差值结果
分辨率: 0.07356
像素格式: 双精度浮点型
行数: 500
列数: 803
< 上一步
下一步 >
取消

图 14-4

(6)单击“下一步”，进入插值分析的第二步。“查找方式”选择“半径查找”，“最大半径”设置为“4”，“查找点数”设置为“5”，“幂次”保留默认设置，如图 14-5 所示。

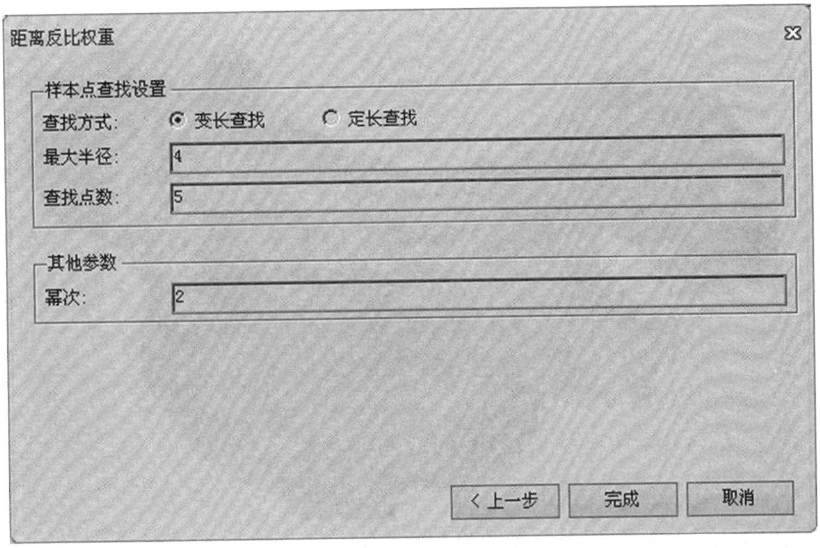

距离反比权重

样本点查找设置

查找方式: 变长查找 定长查找

最大半径: 4

查找点数: 5

其他参数

幂次: 2

< 上一步 完成 取消

图 14-5

(7)单击“完成”按钮，执行距离反比权重插值功能，如图 14-6 所示。

距离反比权重

插值计算...

正在进行IDW插值[170/500]...

取消

图 14-6

(8)双击打开“差值结果”栅格数据集查看结果，如图 14-7 所示。

3. 查询栅格值

可实时查询鼠标当前所在位置的栅格值。查询结果会显示该栅格单元所在的数据源、数据集、坐标值、行列号以及栅格值。

查询栅格值的操作步骤如下：

(1)在“分析”选项卡的“栅格分析”组中，单击“查询栅格值”按钮。

(2)在移动鼠标的过程中，在鼠标尾部出现即时消息框，实时显示鼠标所在位置的栅格值信息，包括栅格数据所在的数据源、数据集，该栅格位置的地理坐标、栅格坐标(行号和列号)以及栅格值，如图 14-8 所示。

(3)使用鼠标单击想要查询栅格值的点，则在地图窗口会高亮显示选中的点，同时在输出窗口会显示该点的地理坐标、栅格坐标以及栅格值，如图 14-9 所示。如果同时查询

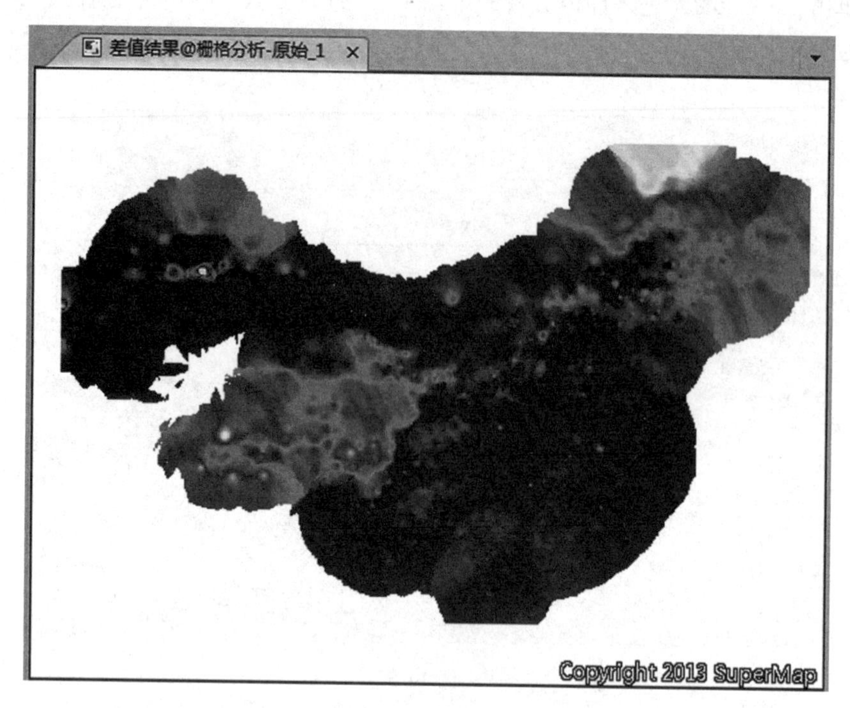

图 14-7

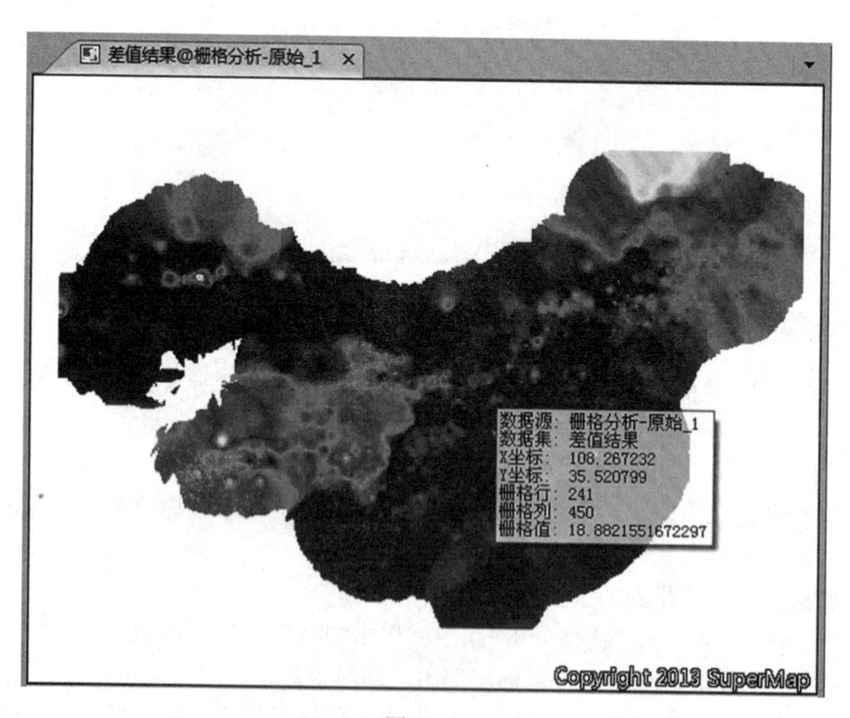

图 14-8

了多个栅格点，软件会自动给这些点编号，方便用户区分。

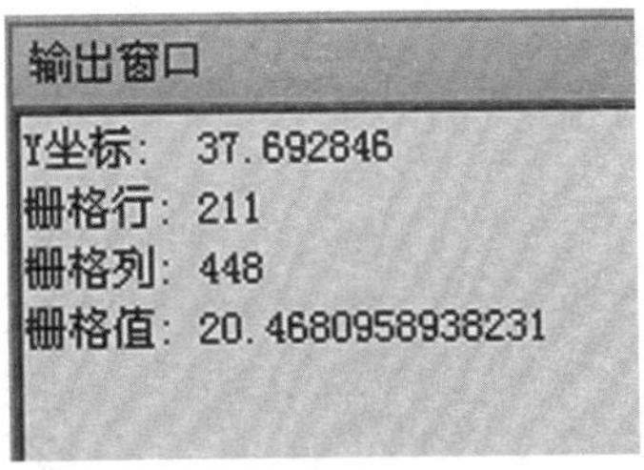

图 14-9

（4）按住 Esc 键或者单击鼠标右键可以取消查询，且按住 Esc 键可以同时清除地图窗口高亮的栅格点。

4. 表面分析——提取等值线

表面分析主要通过生成新数据集，如等值线、坡度、坡向等数据，获得更多反映原始数据集中所暗含的空间特征、空间格局等信息。

提取等值线的操作步骤如下：

（1）生成等值线：单击“分析”选项卡中“栅格分析”组的“表面分析”按钮，在弹出的下拉菜单中选择“提取所有等值线”项，进入“提取所有等值线”对话框，参数设置如图14-10所示。

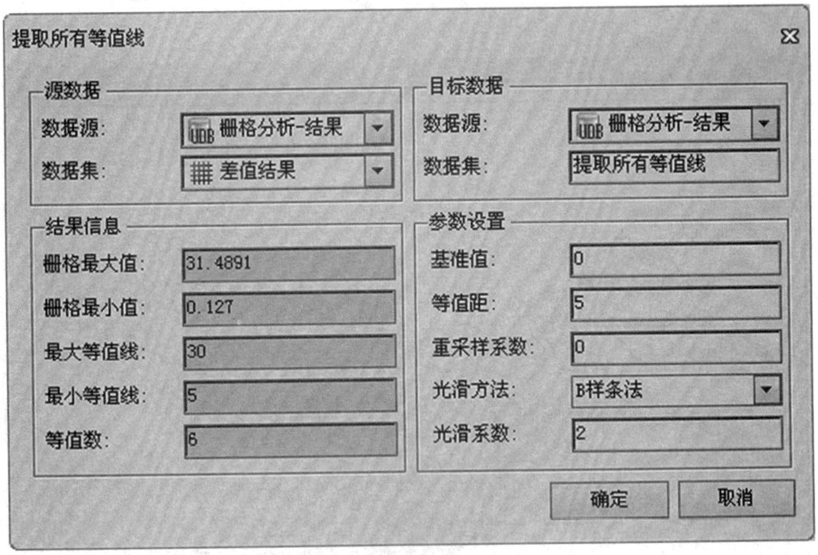

图 14-10

（2）完成提取等值线的公共参数设置，包括源数据、目标数据和参数设置中的重采样系数、光滑方法、光滑系数；完成参数中的基准值和等值距设置。单击“确定”按钮，完成等值线提取操作，如图 14-11 所示。

（3）利用等值线配置专题地图：将数据源“栅格分析-原始_1”中的面数据集“China”、

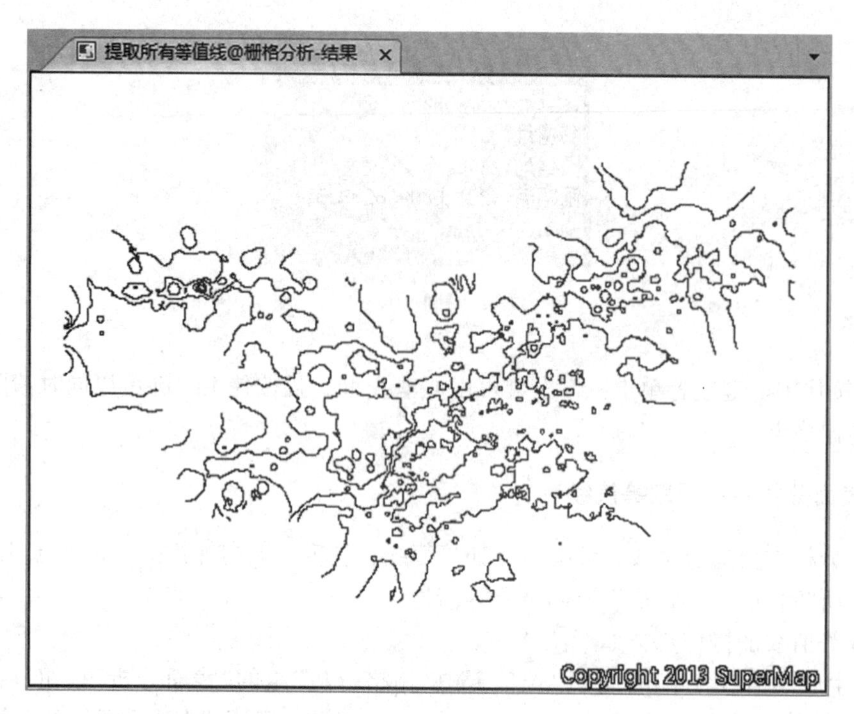

图 14-11

“Provinces_R”加入当前等值线地图窗口，调整图层顺序，如图 14-12 所示。

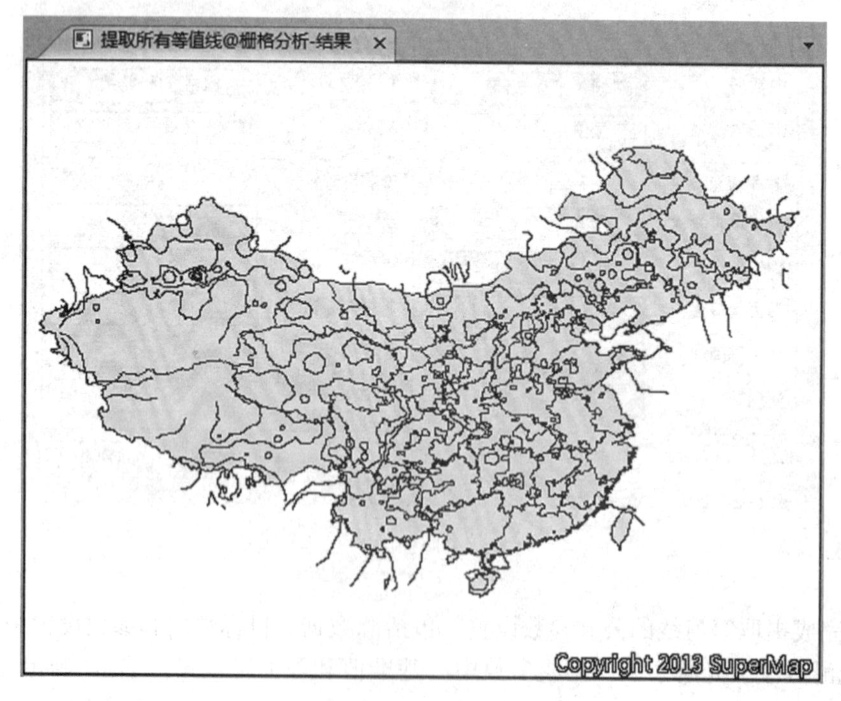

图 14-12

(4)裁剪等值线，去除“China”范围之外的部分。

①在图层管理器窗口将“Provinces_R”设置为不可显示，选择“China”面数据。

②单击“地图”选项卡中“地图裁剪”按钮，在弹出的下拉菜单中选择“选中对象区域裁剪”项，进入“地图裁剪”对话框，选择“提取所有等值线”图层，“目标数据源”选择“栅格分析-结果”，目标数据集命名为“提取所有等值线_裁剪”，如图 14-13 所示。

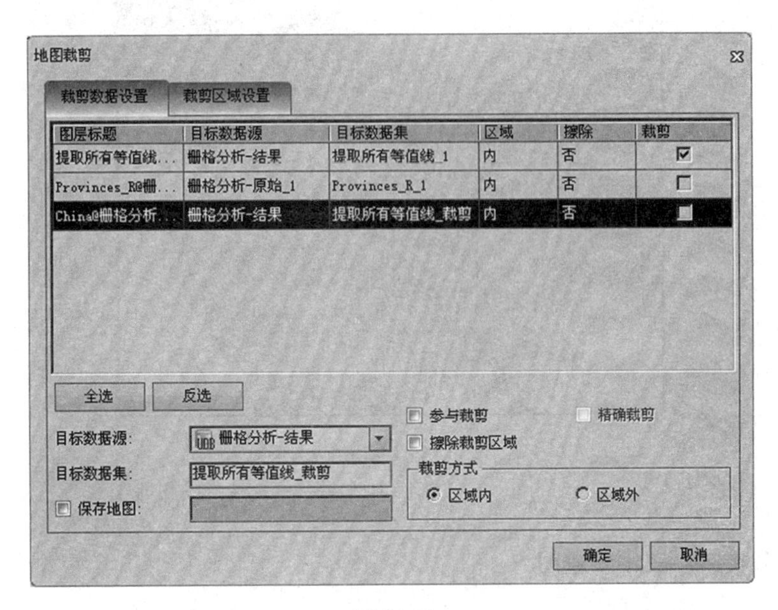

图 14-13

③单击“确定”，进行裁剪，结果如图 14-14 所示。

图 14-14

（5）通过修改风格，制作标签专题图，并对“Provinces_R”进行单值专题图渲染，效果如图 14-15 所示。

图 14-15

5. 表面分析——三维晕渲图

“三维晕渲图”功能是指通过为栅格表面中的每个像元确定照明度，来获取表面的假定照明度。通过设置假定光源的位置和计算与每个像元的照明度值，即可得出假定照明度。进行分析或图形显示时，特别是使用透明度时，“三维渲染图”可大大增加栅格表面的立体显示效果。

生成三维晕渲图的操作步骤如下：

（1）双击打开数据源“栅格分析-原始_1”中“DEM”数据集。

（2）单击“分析”选项卡中“栅格分析”组的“表面分析”下拉按钮，在弹出的下拉菜单中选择“三维晕渲图”选项，弹出“三维晕渲图”对话框。

（3）对参数进行设置。“结果数据”中“数据源”选择“栅格分析-结果”，“数据集”命名为“三维晕渲图”，其余参数保留默认设置，如图 14-16 所示。

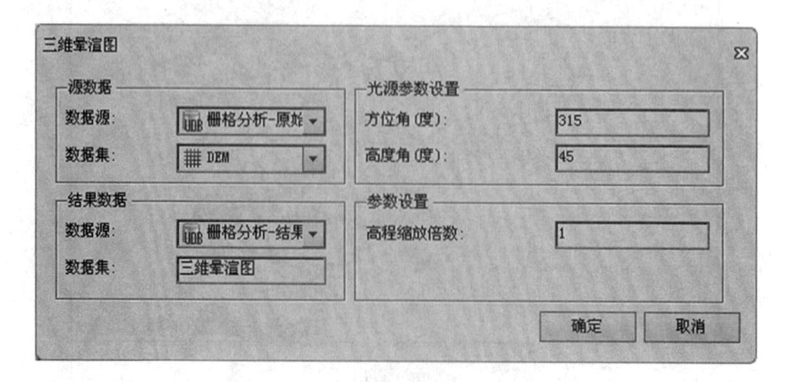

图 14-16

(4)单击“确定”按钮，执行生成晕渲图的操作，结果如图 14-17 所示。

图 14-17

(5)在图层管理器右键单击“三维晕渲图”，选择“设置颜色表”，打开“颜色表”对话框，颜色选择黑白渐变色，从而更好突出地形起伏变化，如图 14-18 所示。

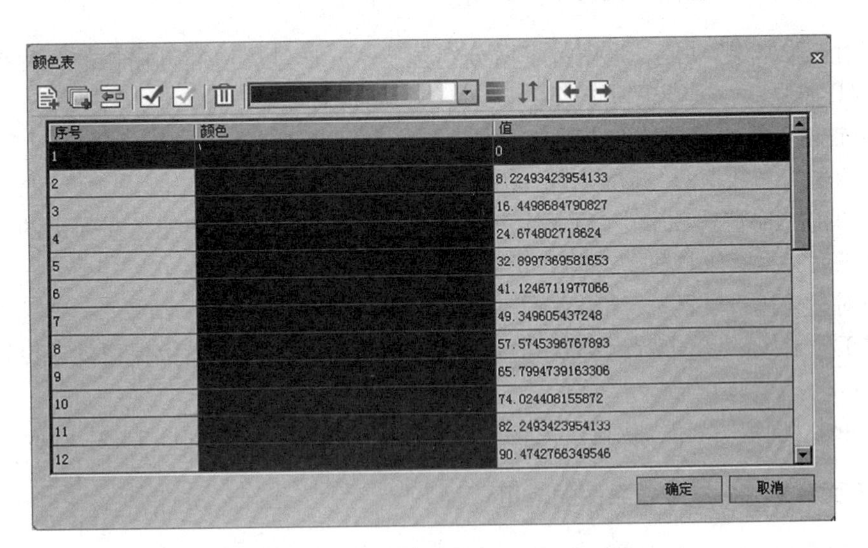

图 14-18

(6)单击“确定”完成操作，效果如图 14-19 所示。

(7)单击“开始”选项卡中“工作空间”组的“保存”下拉按钮，即可保存地图风格。

图 14-19

6. 表面分析——正射三维影像

“正射三维影像”功能，采用数字微分纠正技术，通过周边邻近栅格的高程得到当前点的合理日照强度，进行正射影像纠正，最终得到正射三维影像。

生成正射三维影像的操作步骤如下：

(1)双击打开数据源“栅格分析-原始_1”中“DEM”数据集。

(2)单击“分析”选项卡中“栅格分析”组的“表面分析”下拉按钮，在弹出的下拉菜单中选择“正射三维影像”选项，弹出“正射三维影像”对话框。

(3)对参数进行设置。“结果数据”中“数据源”选择“栅格分析-结果”，“数据集”命名为“三维正射影像”，单击“颜色表”可为其重新定义颜色。其余参数保留默认设置，如图 14-20 所示。

(4)单击“确定”按钮，执行生成正射三维影像的操作，效果如图 14-21 所示。

7. 表面分析——三维效果图的应用

三维效果图有助于更直观地了解地形起伏，且达到美观效果。

应用三维效果图的操作步骤如下：

(1)双击打开“DEM”数据集，单击“分析”选项卡中“栅格分析”组的“表面分析”按钮，在弹出的下拉菜单中选择“提取所有等值线”项，提取等高线数据。

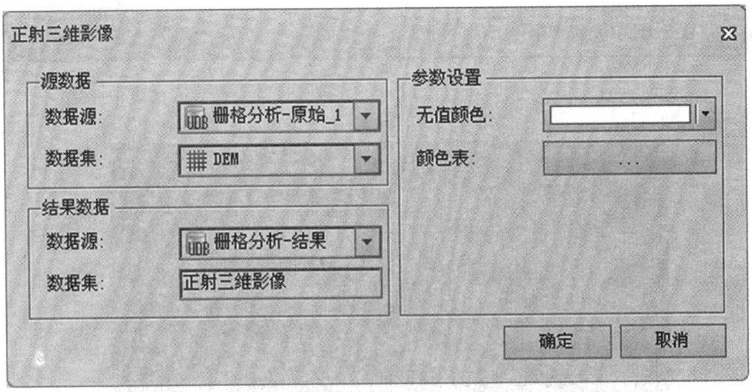

正射三维影像

源数据

数据源: 栅格分析-原始_1

数据集: DEM

结果数据

数据源: 栅格分析-结果

数据集: 正射三维影像

参数设置

无值颜色:

颜色表: ...

确定 取消

图 14-20

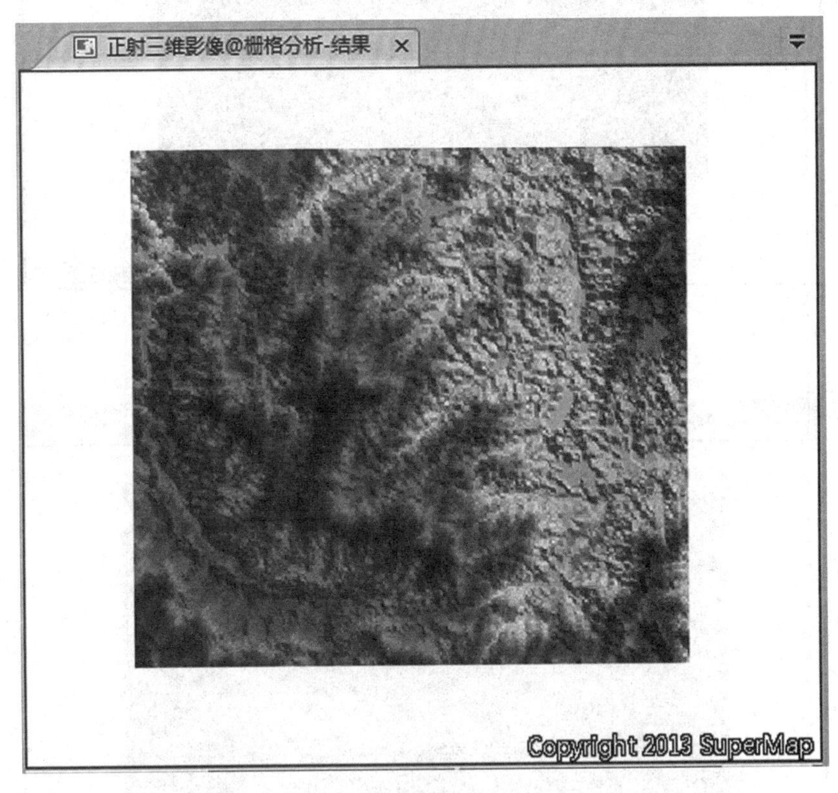

图 14-21

(2)按从下到上叠加的顺序将 DEM 数据、三维晕渲图、等高线数据添加到地图窗口中，如图 14-22 所示。

(3)对 DEM 图层设置颜色表，做范围分段专题图。

(4)对晕渲图层设置颜色表，做范围分段专题图，如图 14-23 所示。

(5)设置各图层的不透明度。分别在图层管理器中右键单击“三维晕渲图”、“DEM”，选择“图层属性”，在“图层属性”对话框中设置“透明度”值，参考值 DEM 图层为 20%，三维晕渲图层为 50%，效果如图 14-24 所示。

DEM等值线@栅格分析-结果1
Copyright 2013 SuperMap
图 14-22

DEM等值线@栅格分析-结果
Copyright 2013 SuperMap
图 14-23

图 14-24

8. 表面分析——坡度分析

坡度分析用于计算栅格数据集(通常使用 DEM 数据)中各个像元的坡度值。坡度值越大，地势越陡峭；坡度值越小，地势越平坦。

DEM 数据中的像元值即该点的高程值，通过高程值计算该点的坡度。由于计算点的坡度没有实际意义，在 SuperMap iDesktop 7C 中，坡度计算的是各像元平面的平均值，并且提供了三种坡度表现形式：度数、弧度、百分比。

坡度分析的操作步骤如下：

(1)双击打开“DEM”数据集。

(2)单击“分析”选项卡中“栅格分析”组的“表面分析”按钮，在弹出的下拉菜单中选择“坡度分析”项，弹出“坡度分析”对话框，相应参数设置如图 14-25 所示。

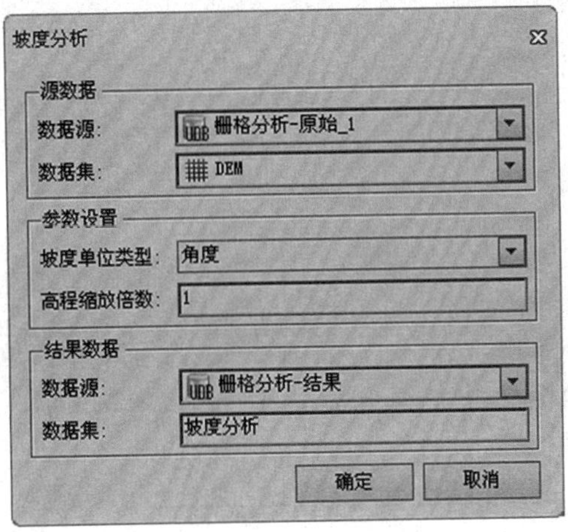

图 14-25

(3)单击“确定”按钮，执行坡度分析操作，结果如图 14-26 所示。

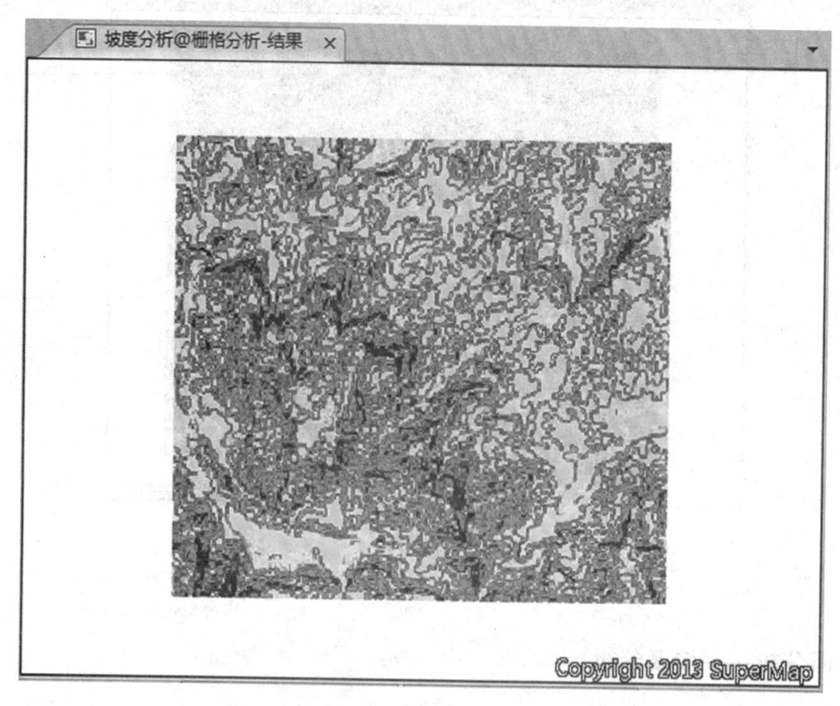

图 14-26

(4)通过“查询栅格值”，直观查询每一个地区的坡度情况，如图 14-27 所示。

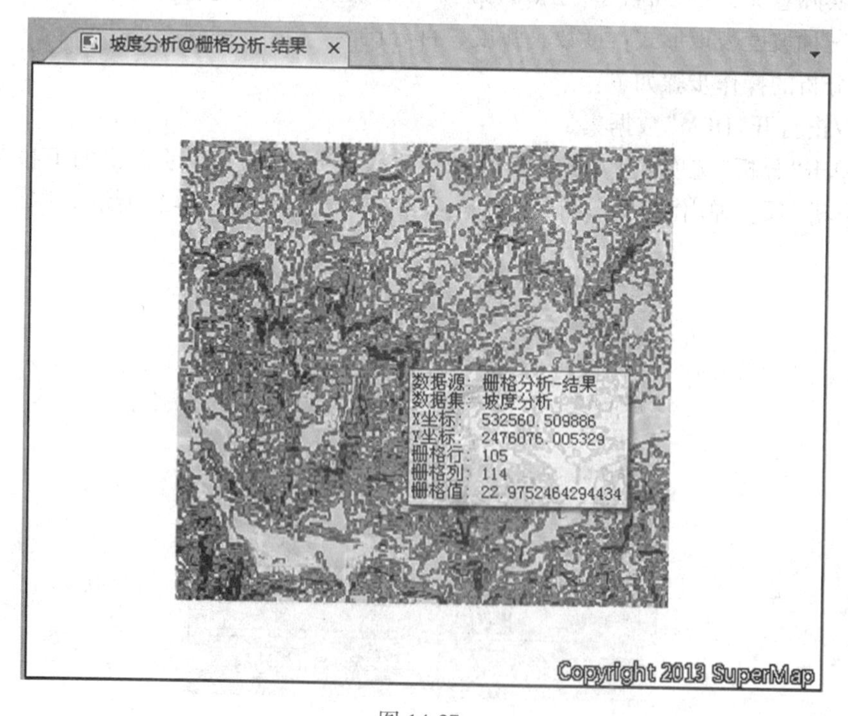

图 14-27

9. 表面分析——坡向分析

坡向分析用于计算栅格数据集(通常使用 DEM 数据)中各个像元的坡度面的朝向。坡向计算的范围是 0°~360°，以正北方 0°为开始，按顺时针移动，回到正北方以 360°结束。平坦的坡面没有方向，赋值为-1。

坡向分析的操作步骤如下：

(1)单击“分析”选项卡中“栅格分析”组的“表面分析”按钮，在弹出的下拉菜单中选择“坡度分析”项，弹出“坡度分析”对话框。

(2)在“坡度分析”对话框中进行参数设置，如图 14-28 所示。

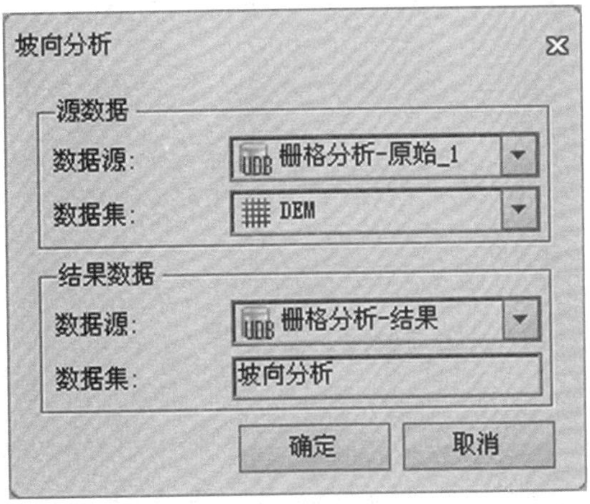

坡向分析

源数据

数据源: 栅格分析-原始_1

数据集: DEM

结果数据

数据源: 栅格分析-结果

数据集: 坡向分析

确定 取消

图 14-28

(3)单击“确定”按钮，执行坡向分析操作，效果如图 14-29 所示。

图 14-29

此外，栅格分析还有其他几种分析方法，读者可以参考联机帮助进行学习，这里不再一一赘述。

六、拓展练习

利用“Jingjin”数据源中的DEM数据“JingjinTerrain”：

（1）制作三维晕渲图，并将颜色改为黑白渐变色，突出地形起伏变化；

（2）制作正射三维影像图；

（3）对其进行提取等值线操作，得到等高线数据。

实验十五　三维场景应用

一、实 验 目 的

(1)理解 SuperMap iDesktop 7C 三维场景中的图层组织方式。

(2)掌握如何使用各种格式的数据，添加到相应的图层中，制作三维场景。

(3)了解三维场景其他特性。

二、实 验 背 景

SuperMap iDesktop 7C 的三维模块主要包括三维建模和三维可规化两部分功能。通过三维模块，用户可以有效地管理三维数据，建立三维模型并自由浏览三维场景，甚至可以设置三维场景的不同属性以及进行模拟飞行浏览与淹没演示。

三维可规化是对三维模型的可规化表达，即以视觉化的形式将他们表现出来，可以为用户提供一些二维地图数据无法直接提供的信息。三维可规化广泛应用于医学、军事、地质、勘探等领域。在三维 GIS 中，三维数据可规化可以真实地表现空间数据、逼真地模拟地理信息现实，进而可以直观地展现用户感兴趣的数据。

三维窗口是用来浏览三维场景，进行动态飞行浏览、淹没演示、控制图层、设置属性等三维操作的工作窗口。在 SuperMap iDesktop 7C 中，一次只能打开一个三维窗口。

在 SuperMap iDesktop 7C 中，三维模块引入了三维图层的概念。它与地图中的图层概念相类似，一个三维图层对应一个数据集，而一个或多个三维图层按照某种顺序叠放在一起，显示在一个三维窗口中，就可以成为一个三维场景。一般而言，三维场景可以对二维点/三维点、二维线/三维线、面、文本、DEM/Grid、TIN、影像数据进行三维实时浏览，并且可以设置并存储背景色、光源、雾化等场景的效果。

三维场景图层的组织方式如下：

(1)屏幕图层：用于放置诸如 Logo、说明性的文字等需要静止显示在三维窗口中的内容。

(2)普通图层：也可以称为三维图层，二维世界中的数据(矢量/栅格/影像数据集/网络数据)、模型数据、KML 数据、缓存数据(除地型缓存)添加到三维场景中，都将作为三维图层来管理。

地形图层：向三维场景中添加的地形数据(DEM 数据集/GRID 数据集)都会作为地形图层来管理；地形图层有地形起伏的效果，如图 15-1 所示。

图 15-1

三、实验内容

(1)练习三维模型的加载。

(2)练习向新建场景中加载数据。

(3)设置图层风格。

四、实验数据

SuperMap iDesktop 7C 安装目录\ SampleData\ 3D

五、实验步骤

1. 加载三维模型

我们以奥林匹克公园建模为例，说明如何使用 SuperMap iDesktop 7C 建立场景，描述真实世界。SuperMap iDesktop 7C 的"安装目录\ SampleData\ 3D"文件夹提供了一系列的奥林匹克公园的建筑物模型，包括鸟巢、水立方、国家室内体育场、国家会议中心、玲珑塔、道路、树木等，模型以 *. sgm 格式提供，我们将这些模型加载到场景中，就会生成奥林匹克公园的真三维场景。

1)新建三维场景

(1)启动 SuperMap iDesktop 7C 应用程序。

(2)单击"开始"选项卡"浏览"组的"场景"按钮，新建场景，如图 15-2 所示。

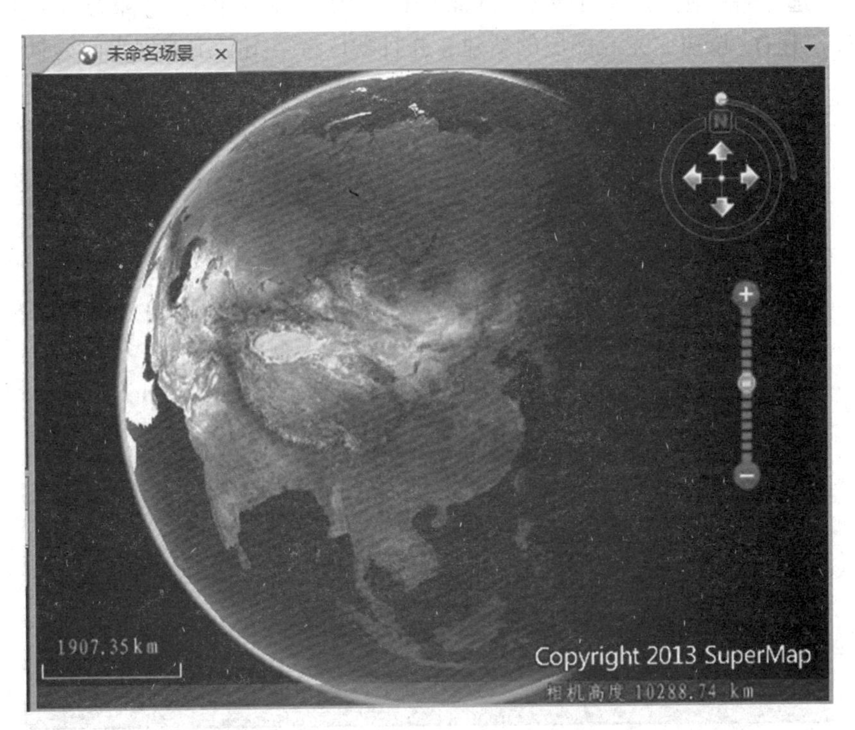

图 15-2

2) 单击“场景”选项卡“数据”组中的“添加模型”按钮

单击该按钮后，弹出“添加模型”对话框，如图 15-3 所示。

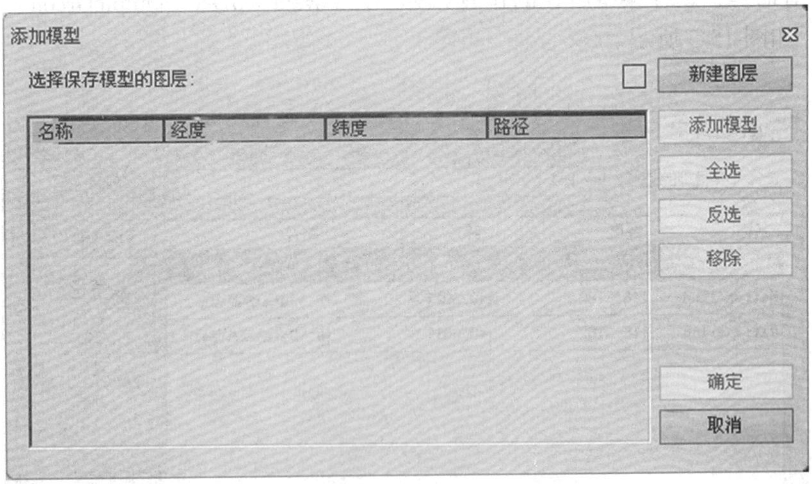

添加模型

选择保存模型的图层:

新建图层

名称	经度	纬度	路径

添加模型

全选

反选

移除

确定

取消

图 15-3

3) 选择保存模型的图层

数据是以图层的形式加载到场景中的，因此，需要先建立一个 KML 图层用来存储模型。单击“添加模型”对话框中的“新建图层”按钮，弹出“新建三维图层”对话框，如图

15-4 所示。选择路径为“安装目录\ SampleData \ 3D”，输入图层名称为“my_kml. kml”，然后，单击“保存”按钮，完成图层的新建，并且默认将空图层添加到当前场景中。

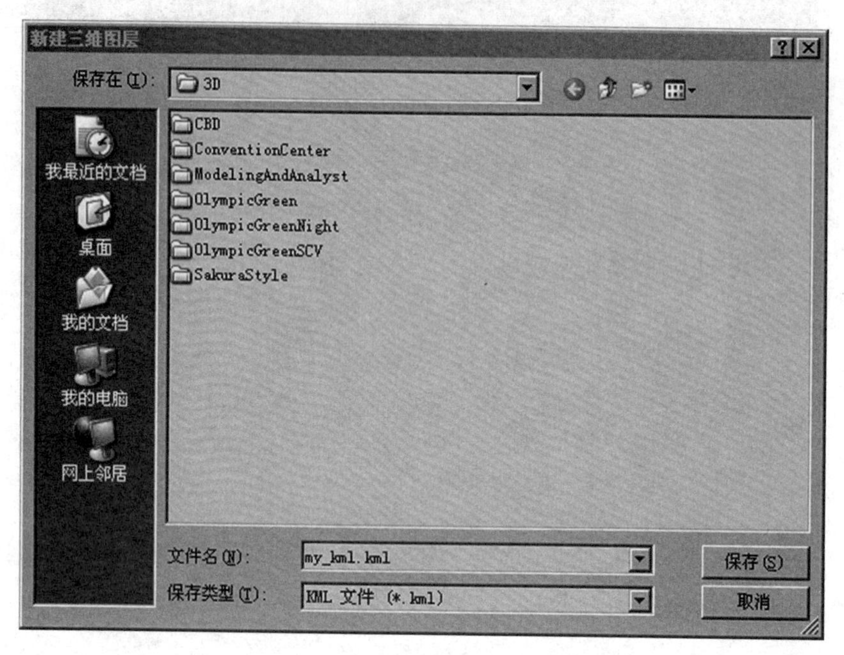

图 15-4

4)添加模型

(1)选择保存模型的图层为“my_kml. kml”后，单击“添加模型”按钮，弹出“打开三维模型文件”对话框，选择模型所在的位置，如“E:\ Data \ 3D \ OlympicGreen”，加载模型到列表中，如图 15-5 所示。

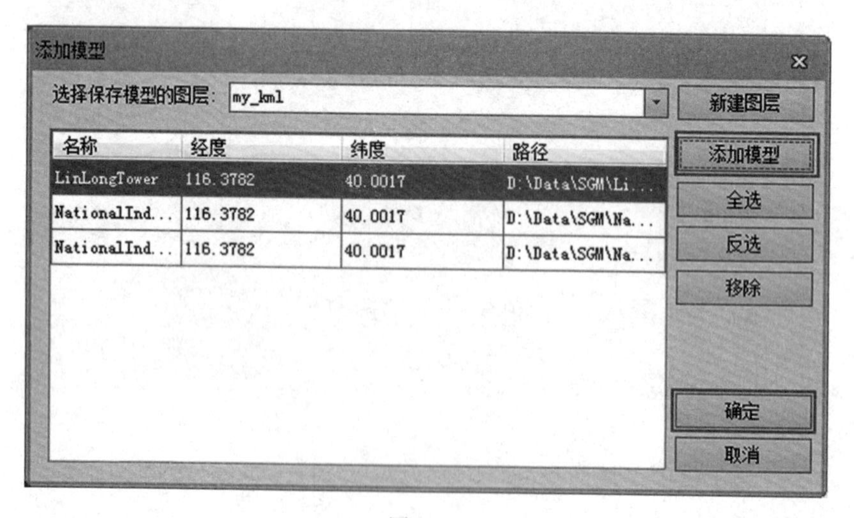

图 15-5

(2)将模型添加到列表中后，可以将鼠标移动到“名称”、“经度”、“纬度”的列中，单击鼠标左键或者按 F2 键，使之处于可编辑状态，进行经纬度或模型名称的修改。修改完成后，单击“确定”按钮，将模型加载到场景中来，效果如图 15-6 所示。

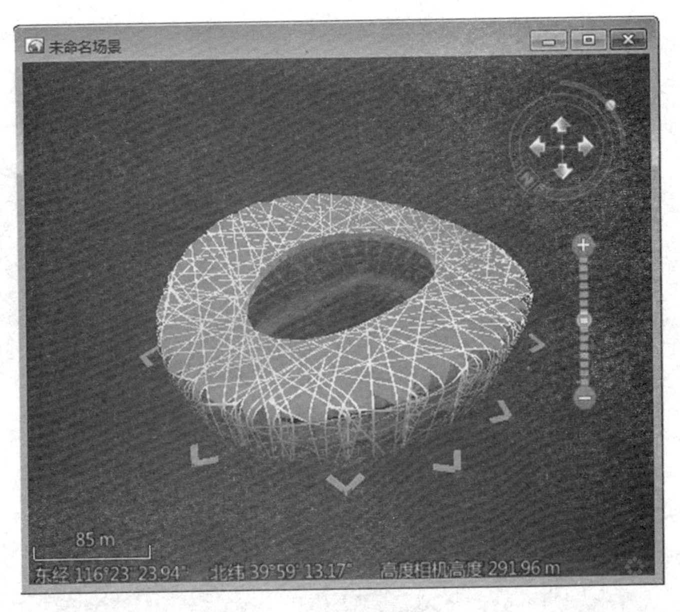

图 15-6

(3)在进行模型加载时，为了保证模型位置的准确性，建议准备一幅模型所在区域的影像图，叠加在模型图层下面，将模型加载到场景中后，以影像图为参考，选中并移动模型到准确的位置，如图 15-7 所示。

图 15-7

(4)继续添加“E:\ Data \ 3D \ OlympicGreen”目录下的其他模型到当前场景中，如 Buildings、Square、StreetStructure 等模型，效果如图 15-8 所示。

图 15-8

5)保存图层

模型加载完成后，在图层管理器中，选择“my_kml”图层，在右键菜单中，选择“保存”命令，即可完成模型图层的保存，如图 15-9 所示。

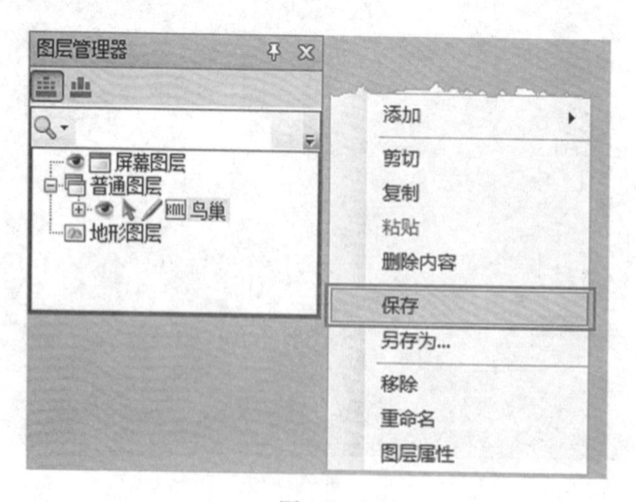

图 15-9

6）模型数据的分发

保存模型图层后，下次直接将模型图层加载到场景中即可，不需要再经过第三步到第六步的操作。将模型分发到其他机器上时，要同时分发模型图层文件和模型文件，并且保证模型图层文件与模型文件的相对路径与本机一致。

模型图层加载有以下两种方法：

方法一：单击“场景”选项卡“数据”组的“KML”按钮，弹出“打开 KML 文件”对话框，选择已保存的模型图层，再单击“打开”按钮，即可完成模型图层的加载。

方法二：图层管理器中，右键单击“普通图层”节点，在弹出的右键菜单中，选择“添加 KML 图层”命令，弹出“打开 KML 文件”对话框，选择已保存的模型图层，单击“打开”按钮，亦可完成模型图层的加载。

2. 加载数据

新建一个场景窗口，向场景中添加地形缓存数据、影像数据和 KML 数据，并对所添加的数据进行简单的浏览，最后保存场景。

1）新建一个场景窗口

（1）启动 SuperMap iDesktop 7C 应用程序；

（2）点击功能区“开始”选项卡中“浏览”组的“场景”下拉按钮的下拉按钮部分，在弹出的下拉菜单中选择“新建场景窗口”按钮；或者在工作空间管理器中，右键点击场景集合结合节点，在弹出的右键菜单中选择“新建场景”项，如图 15-10 所示。

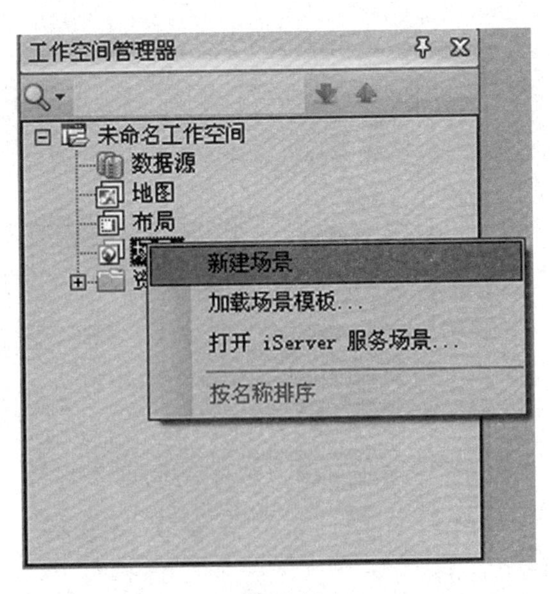

图 15-10

（3）新建的场景窗口中的场景如图 15-11 所示。

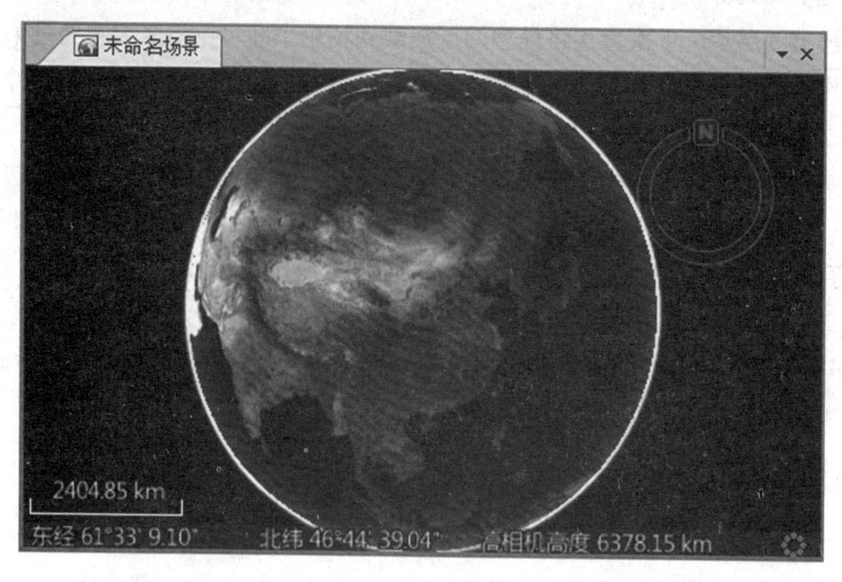

图 15-11

用户如果需要加载全球框架数据，可以打开“文件”选项卡中的“选项”按钮，通过修改“选项”对话框上的“常用”项来设置。勾选“新建三维场景时自动加载框架数据”项，则场景中会加载 SuperMap iDesktop 7C 安装包所提供的框架数据，如图 15-12 所示。因此，新建一个场景窗口后，场景中默认具有了一些图层，这些图层均为全球范围的数据，如图 15-13 所示。

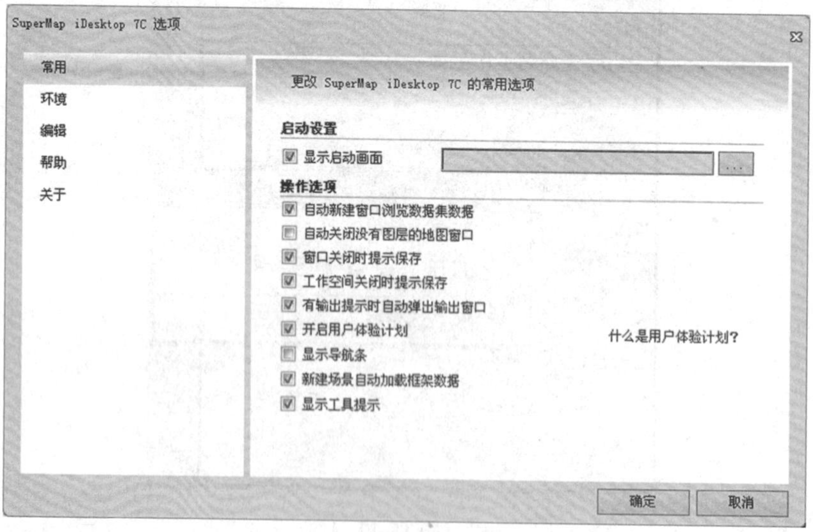

图 15-12

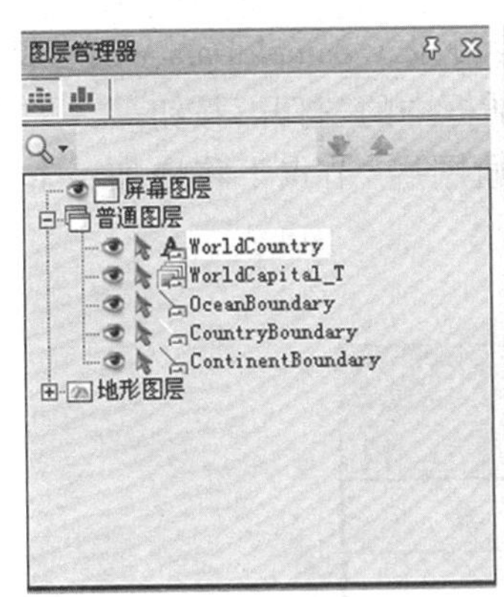

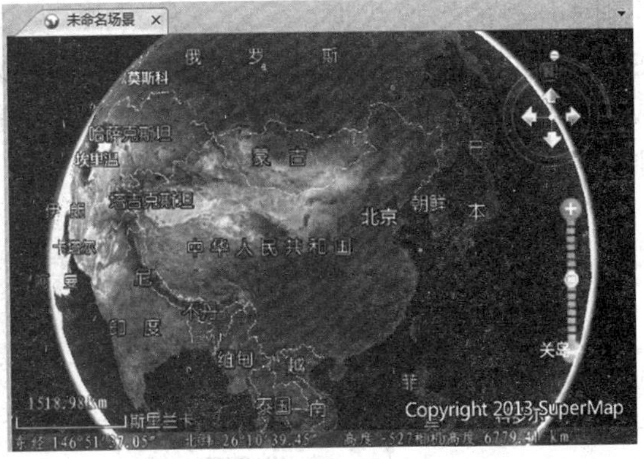

图 15-13

2)加载数据

向场景中添加地形缓存数据、影像数据和模型数据，所使用的数据均为 SuperMap iDesktop 7C 安装包所提供的示范数据，即“安装目录\SampleData”目录下的数据。

(1)添加地形缓存数据，操作步骤如下：

①点击功能区的“场景”选项卡中“数据”组的“缓存”按钮或“缓存”的下拉按钮“加载缓存…”；或者右键点击图层管理器中“地形图层”节点，并选择右键菜单中的“添加地形缓存…”项，打开“打开三维地形缓存文件”对话框。

②找到要加载的地形缓存数据(＊.sct 文件)，即“安装目录\SampleData\3D\BeijingTerrain”目录下的“BeijingTerrain.sct”文件，选中该文件，点击对话框中的“打开”按钮。

③成功添加地形缓存数据后，图层管理器中“地形图层”节点下将增加一个子节点，对应刚刚加载的地形缓存数据，如图 15-14 所示。

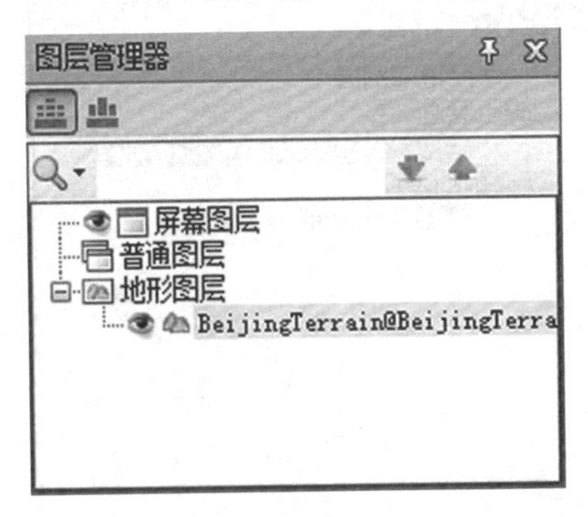

图 15-14

(2)添加影响缓存数据，操作步骤如下：

①点击功能区的“场景”选项卡中“数据”组的“缓存”按钮或“缓存”的下拉按钮“加载缓存…”；或者右键点击图层管理器中“普通图层”节点，并选择右键菜单中的“添加影像缓存图层…”项，打开“打开三维影像缓存文件”对话框。

②找到要加载的影像数据（*.sit文件），即“安装目录\SampleData\3D”目录下的“BeijingShadedRelief.SIT”文件，选中该文件，点击对话框中的“打开”按钮。

③成功添加影像缓存数据后，图层管理器中“普通图层”节点下将增加一个子节点，对应刚刚加载的影像缓存数据，如图15-15所示。

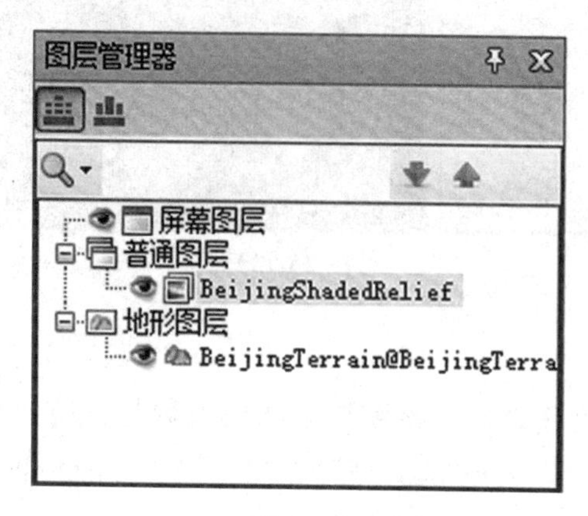

图15-15

（3）浏览场景

①在图层管理器中，鼠标左键双击普通节点下刚刚加载的影像缓存数据“BeijingShadedRelief.SIT”对应的图层节点，如图15-16所示，场景将自动缩放、飞行到影像缓存数据对应的地理范围的视图。

②缩放、飞行后的效果如图15-17所示。

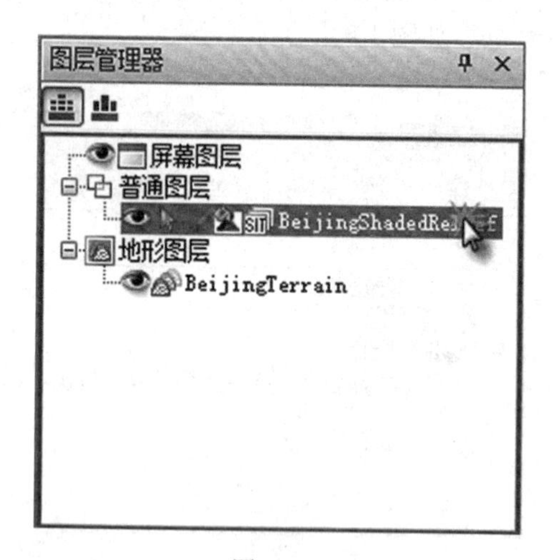

图15-16

③如图15-18所示，鼠标左键点击导航罗盘上的圆按钮，并按住不放，沿着四分之一圆弧轨迹拖动圆按钮，可以对场景进行拉平和竖起。

另外，在场景中按住鼠标中键不放，上下拖动鼠标，也可以实现场景的拉平竖起操作。

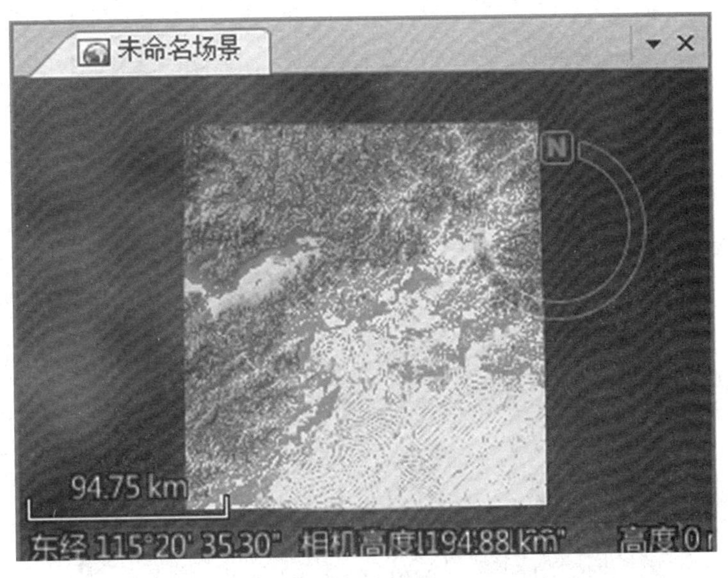

图 15-17

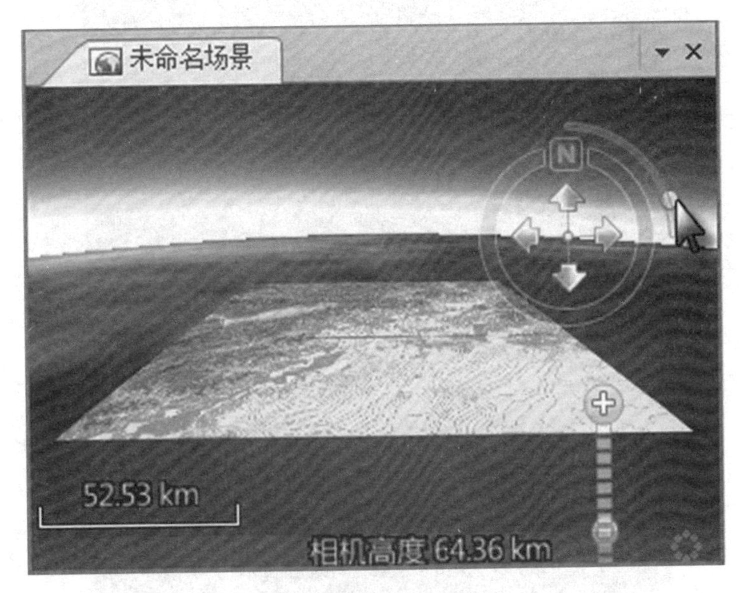

图 15-18　拉平竖起场景

④如图 15-19 所示，鼠标左键点击导航罗盘上的放大按钮，可以放大场景。另外，在场景中滚动鼠标中键，也可以实现缩放场景的操作。

⑤如图 15-20 所示，鼠标左键点击导航罗盘上的上下左右方向键，可以平移场景。另外，在场景中按住鼠标左键不放，拖动鼠标，也可以实现平移场景的操作。

⑥如图 15-21 所示，鼠标左键点击导航罗盘上的带有字母“N”的按钮，并按住不放，沿着圆弧轨迹拖动按钮，可以改变场景的正北方向，即旋转场景，改变观察角度。另外，在场景中按住鼠标中键不放，左右拖动鼠标，也可以实现旋转场景的操作。

(4)设置地形缩放比例，具体操作为：

图 15-19　放大场景

图 15-20　平移场景

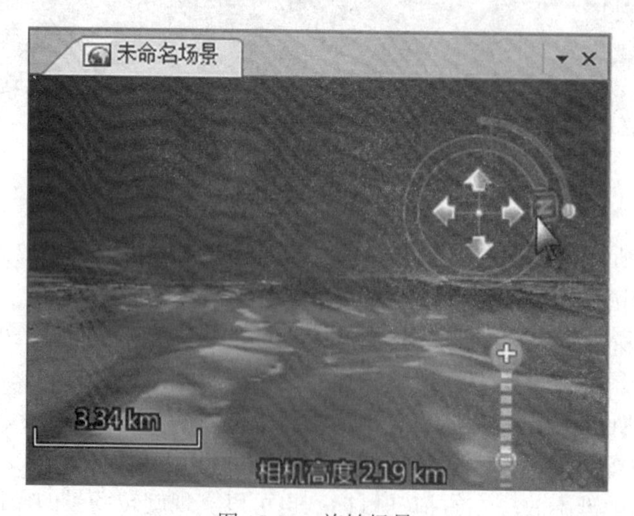

图 15-21　旋转场景

“场景属性”面板上的“地形缩放比例(倍)”参数，是用来设置地形数据的垂直夸张程度，即对原始的地形数据夸张多少倍，可以在其右侧的文本框中输入数值。这里设置地形缩放比例为“2.5”，设置后的地形起伏更加清晰可辨，如图 15-22、图 15-23 所示。

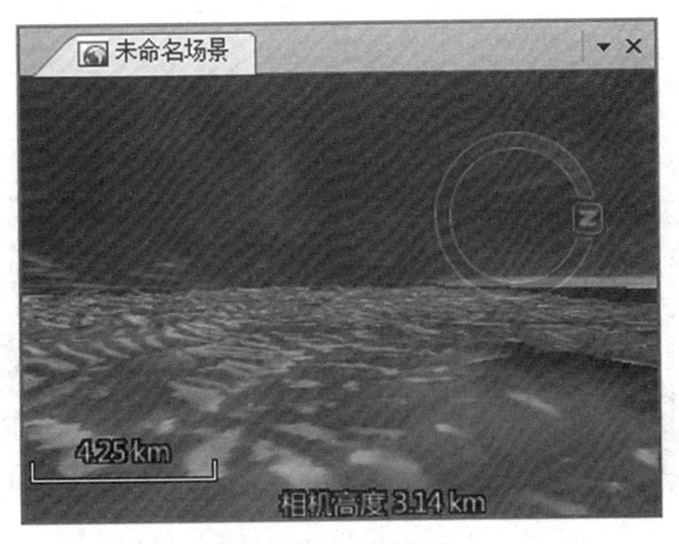

图 15-22　地形缩放比例=1

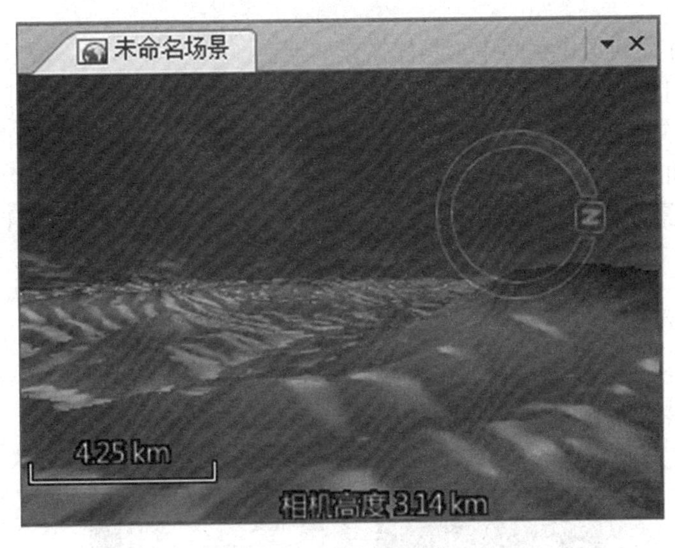

图 15-23　地形缩放比例=2.5

(5)添加 CAD 模型数据集，操作步骤为：

①在数据源节点下，右击鼠标，在弹出的右键菜单中选择“打开文件型数据源”命令，打开“打开数据源”对话框。

②找到要加载的 CAD 模型数据所在的数据源，即“安装目录\SampleData\3D\OlympicGreen”文件夹下的“OlympicGreen.udb”文件，选中该文件，点击对话框中的“打开”按钮。

③成功添加 CAD 模型数据后，工作空间管理器将增加一个数据源节点，在此数据源

中包含了刚刚加载的CAD模型数据集。

④在“OlympicGreen”数据源节点下，右键单击“OlympicGreen”数据集，将该数据集添加到新场景中浏览，如图15-24所示。

图15-24

3)保存场景

(1)将场景保存到工作空间中，具体操作如下：

在场景窗口中右键单击鼠标，在弹出的右键菜单中选择“保存场景”项，如图15-25所示。如果是第一次保存该场景，则会弹出“保存场景”对话框，输入场景的名称，单击“确定”按钮即可，如图15-26所示。这样，场景将保持在当前的工作空间中，但只有保存了该工作空间，场景才能最终保存下来，再次打开该工作空间时，就可以获取已保存的场景。

图15-25

(2)另存场景，具体操作如下：

①在工作空间管理器中，右键单击“场景”节点下要进行保存的场景，在弹出的右键

图 15-26

菜单中选择“场景另存为”，如图 15-27 所示。

②打开“场景另存为”对话框，输入新场景的名称，单击“确定”按钮。

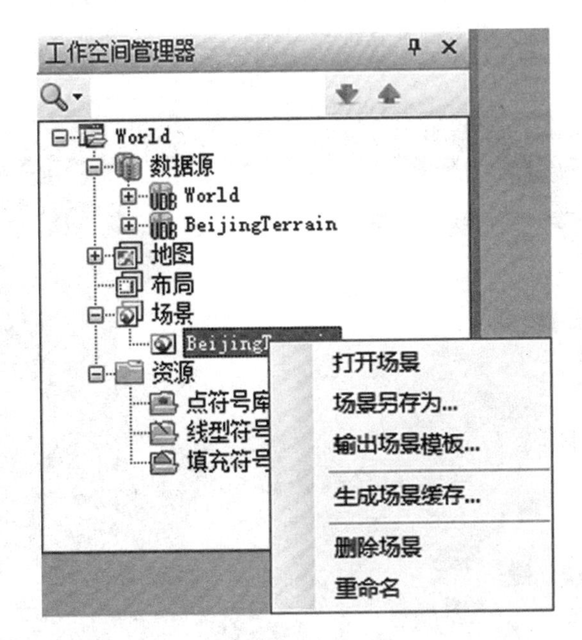

图 15-27

③工作空间管理器中，“场景”节点下将增加一个子节点，对应刚刚另存的场景。

④另存的场景是保存在当前打开的工作空间中的，只有保存了该工作空间，场景才能最终保存下来。

3. 设置图层风格

新建一个场景窗口，将二维数据(地图和数据集)添加到场景中，设置三维图层风格，制作三维专题图。

1)打开数据

(1)启动 SuperMap iDesktop 7C 应用程序。

(2)打开示范数据中的工作空间文件，即“安装目录\SampleData\China\China400.smwu”；打开数据源：“安装目录\SampleData\City\Jingjin.udb”。

2)在打开的 China400 工作空间中新建一个三维窗口

点击功能区的“开始”选项卡中“浏览”组的“场景”下拉按钮的下拉按钮部分，在弹出的下拉菜单中选择“新建场景窗口”按钮；或者在工作空间管理器中，右键点击场景集合节点，在弹出的右键菜单中选择“新建场景”项。

3)加载数据

向场景中添加制作好的二维地图、二维矢量数据集和二维栅格数据集，所使用的数据均为 SuperMap iDesktop 7C 安装包所提供的示范数据，即“安装目录\SampleData”目录下的数据。

(1)将制作好的二维地图添加到场景中，具体操作如下：

①在工作空间管理器中，鼠标选中“China400.smwu”工作空间中的“中国 1：400 万地图”的地图节点，按住鼠标左键不放，将该地图拖放到当前场景窗口中。

②图层管理器中，在“普通图层”节点下增加一个地图图层的子节点，对应该地图，双击该地图图层节点，场景将飞行到其地理范围，如图 15-28 所示。

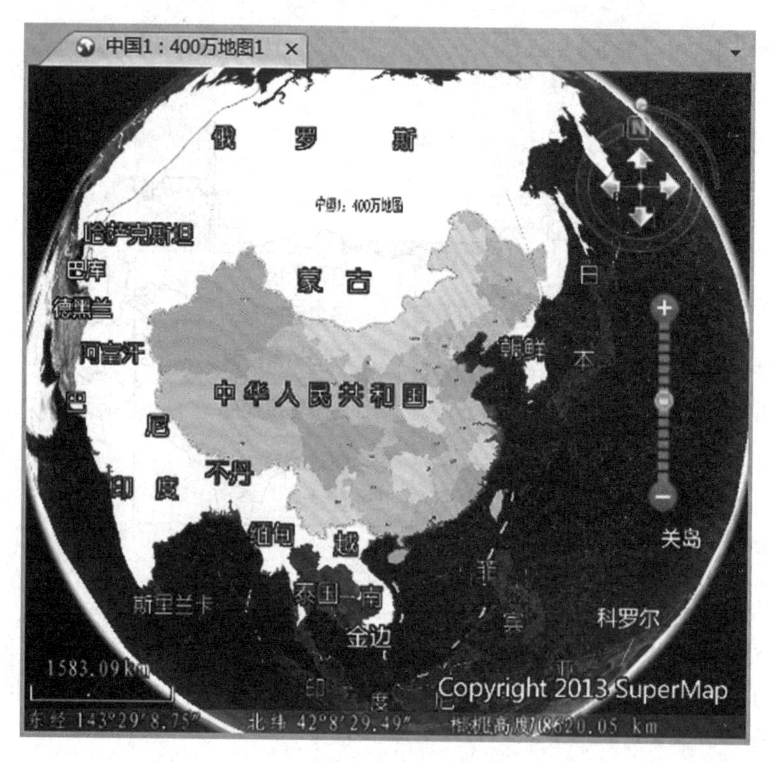

图 15-28

(2)将二维数据集添加到场景中。

①添加栅格数据集，操作步骤为：

a. 将栅格数据作为地形数据添加到场景中：在工作空间管理器中，选中“Jingjin”数据源下的“JingjinTerrain”栅格数据集，右键点击鼠标，在弹出的右键菜单中选择“添加到当前场景”或者直接将该栅格数据集拖放到当前场景中；

b. 弹出如图 15-29 所示的对话框，询问用户该栅格数据集是作为地形数据还是作为影像数据加载到场景中。

图 15-29

c. 这里同时勾选对话框中的两个复选框，即将该栅格数据集分别作为地形和影像数据加载到场景中；

d. 添加“JingjinTerrain”栅格数据集后，图层管理器中增加了两个图层，分别位于“普通图层”节点下和“地形图层”节点下；

e. 双击“普通图层”节点下的栅格数据图层，视角飞行到该数据的地理范围内，浏览数据到合适的视角，如图 15-30 所示。

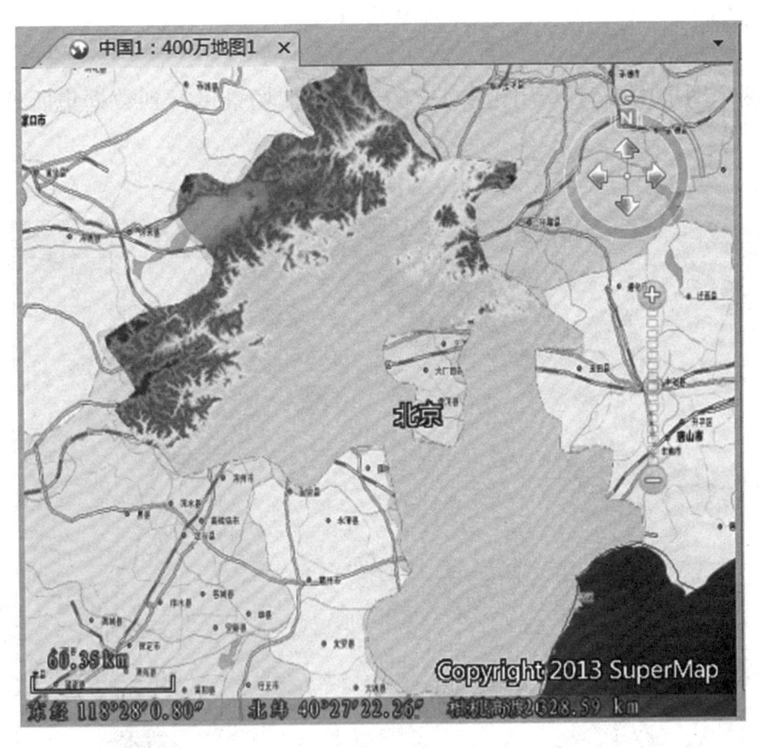

图 15-30

②添加适量数据集，操作步骤为：

a. 在工作空间管理器中，选中“Jingjin”数据源下的矢量数据集，包括“BaseMap_P”、“Road_L”数据集。右键点击鼠标，在弹出的右键菜单中选择“添加到当前场景“或者直接选中的数据集拖放到当前场景中。

b. 添加矢量数据集后，图层管理器中增加了两个图层，位于“普通图层“节点下，如图 15-31 所示。

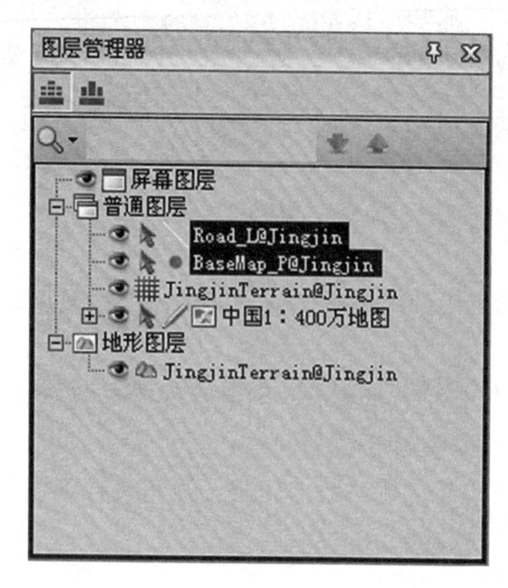

图 15-31

c. 双击两个图层中任意一个图层对应的节点，使场景飞行到数据集所处的地理范围，如图 15-32。

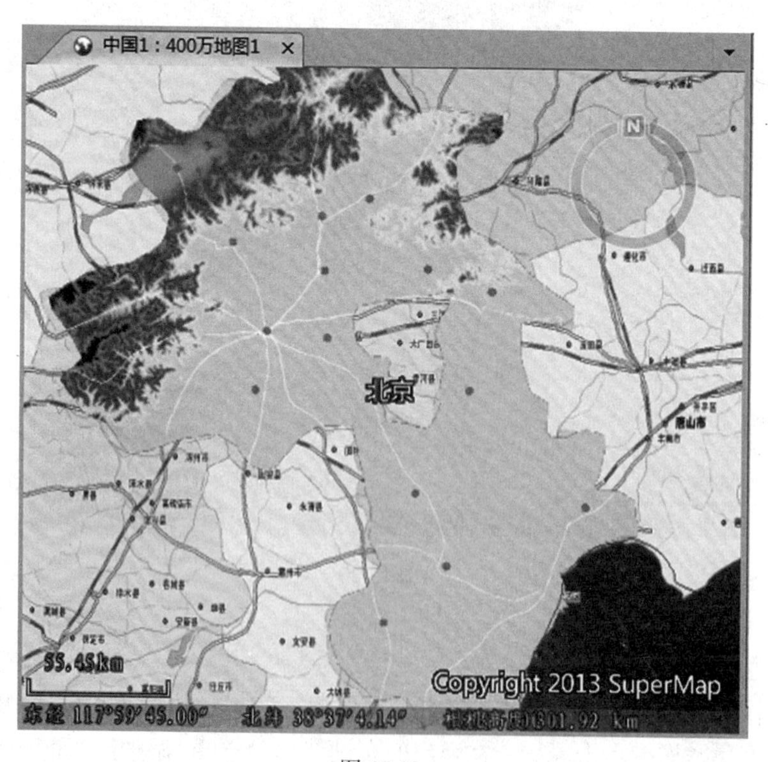

图 15-32

4)设置三维图层风格

设置三维场景中的点矢量图层、线矢量图层的风格，同时，对点矢量图层制作三维专题图。

(1)设置点图层风格，具体操作如下：

①在图层管理器中，选中 BaseMap_P 点图层，使其为当前图层；

②进入功能区上的"风格设置"选项卡，用来设置三维图层的风格；

③在"点风格"组中，点击颜色按钮，用来设置点图层中点符号的颜色，这里设置为：RGB(192，0，0)；

④"点风格"组中颜色按钮右侧的组合框，用来设置点符号的大小，可以输入数值，也可以选择提供的参考值，如图 15-33 所示。

图 15-33

⑤设置的结果如图 15-34 所示。

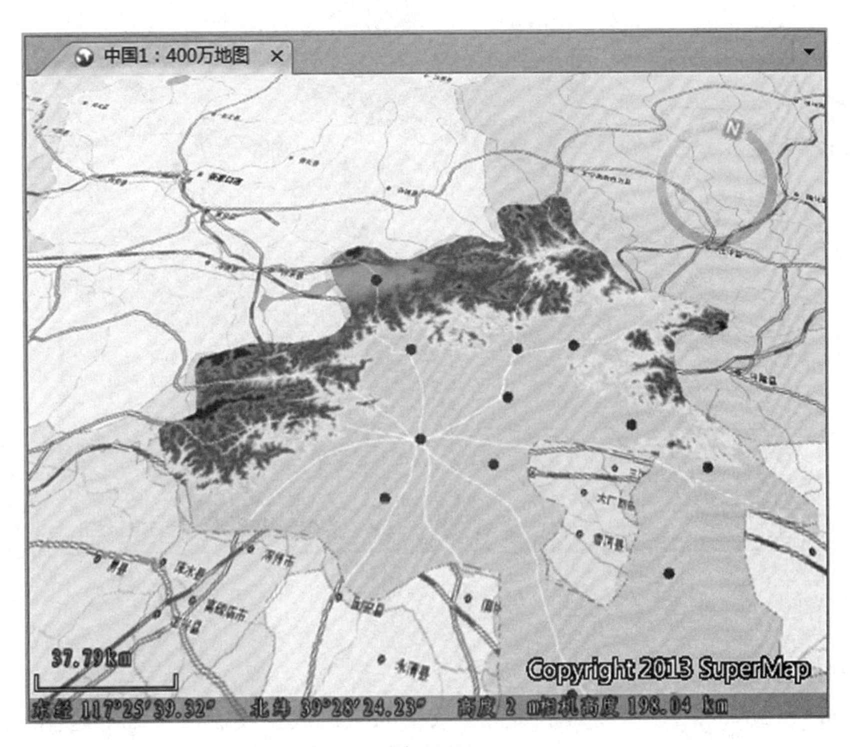

图 15-34

(2)设置线图层风格，具体操作如下：

①在图层管理器中，选中 Road_L 线图层，使其成为当前图层；

②进入功能区上的“风格设置”选项卡，设置三维图层的风格；

③在“线风格”组中，点击“颜色”按钮，设置线图层中的线颜色，这里设置为：RGB(246，197，103)；

④“线风格”组中，设置线宽度为 8，可以输入数值，也可以选择提供的参考值，如图 15-35 所示。

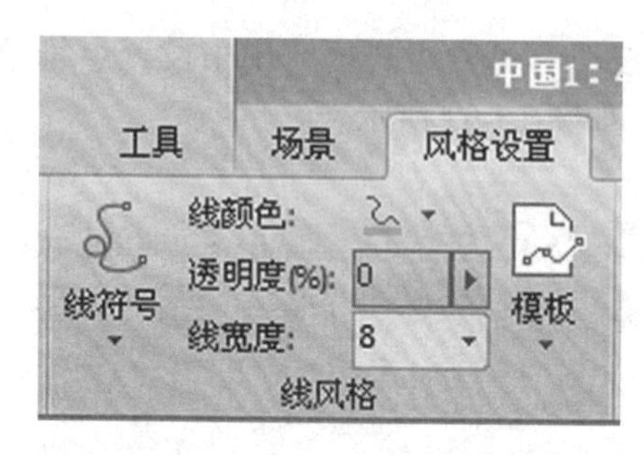

图 15-35

⑤设置的结果如图 15-36 所示。

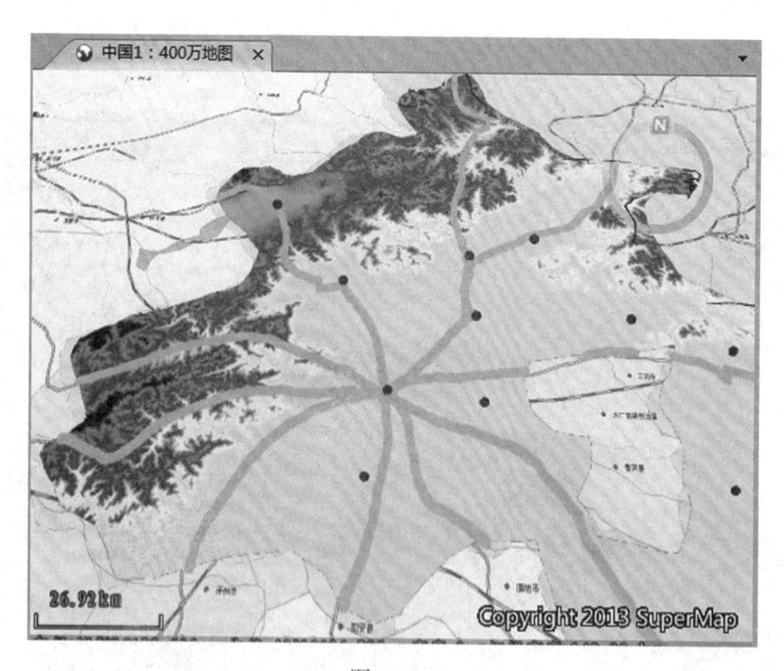

图 15-36

(3)制作三维标签专题图

SuperMap iDesktop 7C 可以对添加到场景中的矢量数据集制作三维专题图，下面以当前场景中的 BaseMap_P 点图层为基础，对其制作标签专题图。

①在图层管理器中，选中 BaseMap_P 点图层，使其为当前图层；

②进入功能区上的“专题图”选项卡，用来制作各类三维专题图，如图 15-37 所示。

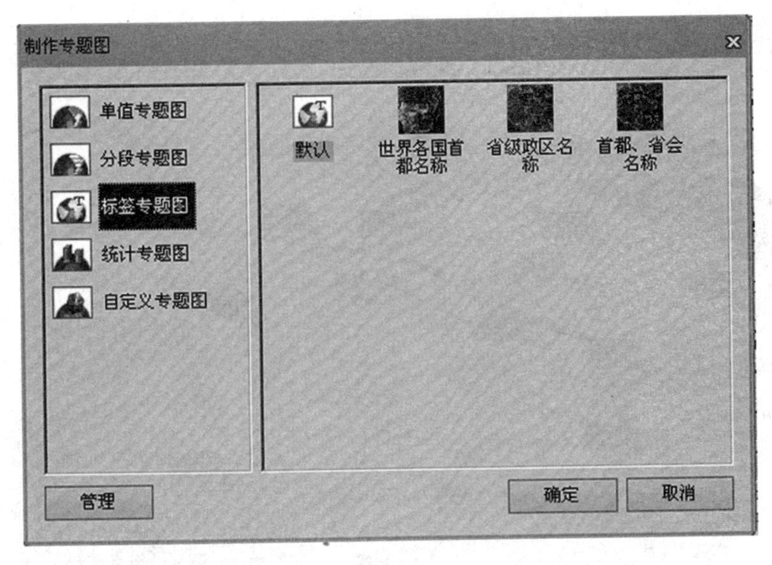

图 15-37

③点击标签组中的“确定”按钮，即可使用默认的设置快速制作出标签专题图。此时，图层管理器的“普通图层”节点下增加了一个子节点，对应刚刚制作的标签专题图图层，如图 15-38 所示。

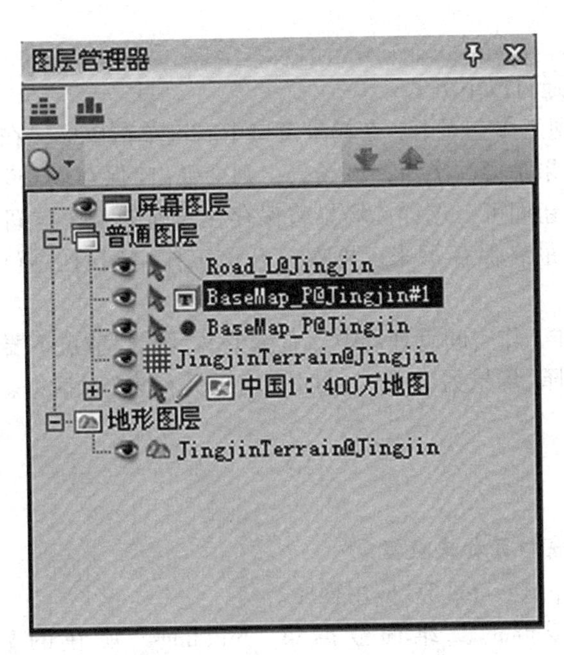

图 15-38

④另外，双击图层管理器中的三维标签专题图图层，在弹出的“三维标签专题图”窗口中，可以修改默认专题图的设置，更使专题图符合用户需求。

⑤专题图的效果如图 15-39 所示。

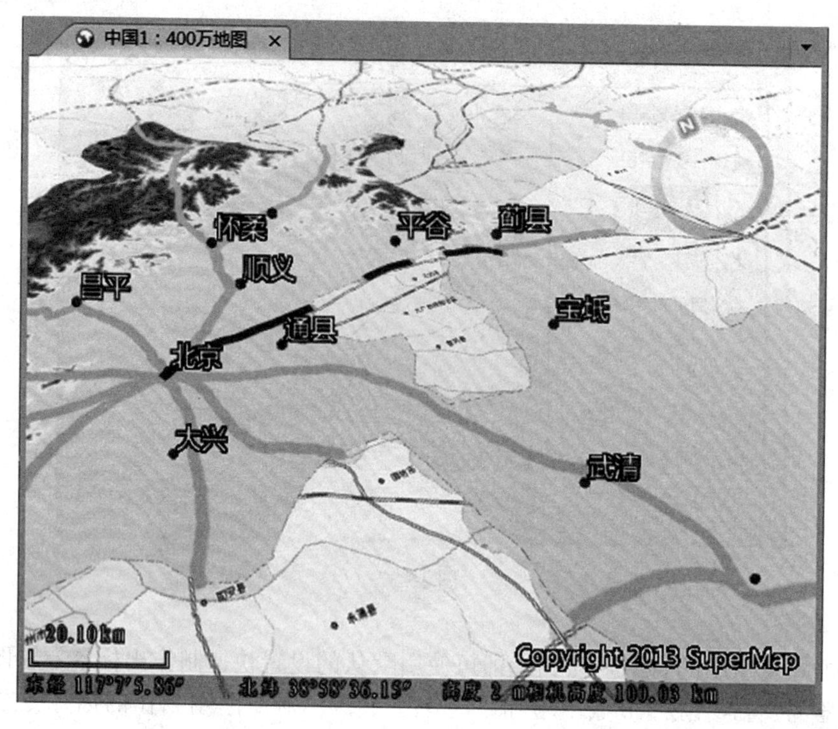

图 15-39

5)保存场景

场景的保存可以通过以下方式：

(1)将场景保存到工作空间中。在场景窗口中右键单击鼠标，在弹出的右键菜单中选择“保存场景”项，如果是第一次保存该场景，则会弹出“保存场景”对话框，输入场景的名称，单击“确定”按钮即可。这样，场景将保存在当前的工作空间中，但只有保存了该工作空间，场景才能最终保存下来。再次打开该工作空间时，就可以获取到已保存的场景。

(2)另存场景。在工作空间管理器中，右键单击“场景”节点下要进行保存的场景，在弹出的右键菜单中选择“场景另存为”。打开“场景另存为”对话框，输入新场景的名称，单击“确定”按钮。

4. 快速建模

1)新建一个场景窗口并加载数据

(1)启动 SuperMap iDesktop 7C 应用程序。

(2)打开某处楼群的二维面数据集“Buildings”所在的数据源“ModelingAndAnalyst. udb”、“ModelingAndAnalyst. udd”，数据所在的位置为：“安装路径：\ SuperMap iDesktop 7C \ SampleData \ 3D \ ModelingAndAnalyst”。

(3)新建一个场景窗口，操作为：单击功能区的“开始”选项卡中“浏览”组的“场景”下拉按钮的下拉按钮部分，在弹出的下拉菜单中选择“新建场景窗口”按钮；或者在工作空间管理器中，右键点击场景结合节点，在弹出的右键菜单中选择“新建场景”项。

(4)将二维面数据集“ModelRegion”添加到当前场景中。在工作空间管理器中，选中“ModelingAndAnalyst”数据源下的面矢量数据集“ModelRegion”，右键点击鼠标，在弹出的右键菜单中选择“添加到当前场景”或者直接将选中的数据集拖放到当前场景中。

(5)添加面矢量数据集后，图层管理器中增加了一个图层，位于“普通图层”节点下，双击该图层节点，使场景飞行到数据集所处的地理范围，同时，进行浏览操作，调整到合适的视角，如图 15-40 所示。

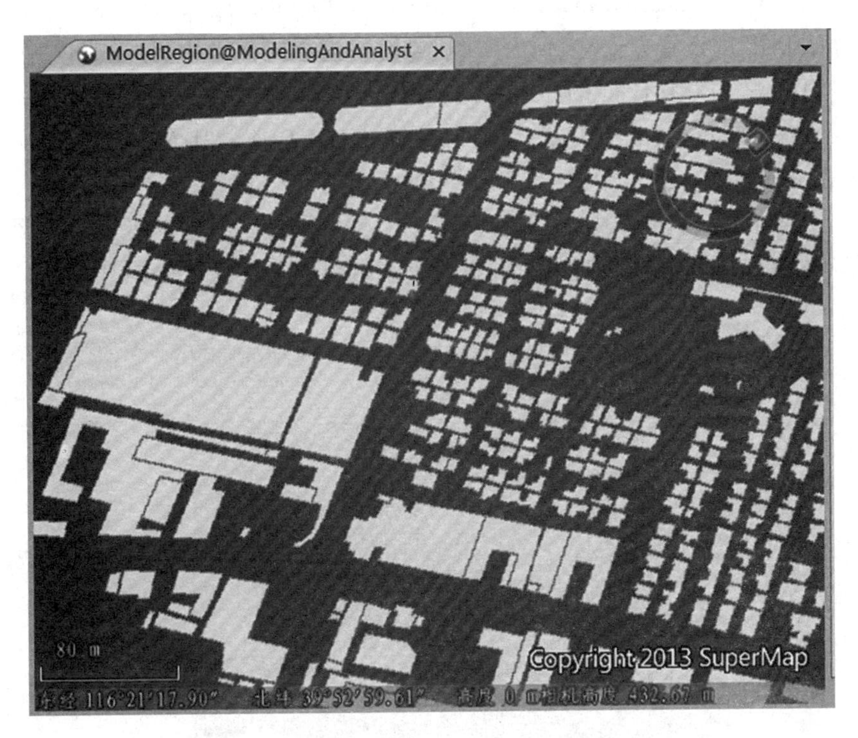

图 15-40

2)快速建模

基于二维面数据集进行三维快速建模，实质是通过对面矢量图层进行扩展属性设置，从而对面图层中的面对象进行垂直拉伸，同时进行顶面和侧面贴图，从而实现批量快速的建模，具体操作如下：

(1)在图层管理器中，选中 ModelRegion 面图层，使其为当前图层。

(2)在“风格设置”选项卡中的“拉伸设置”组，选择和设置高度模式为“相对地面”。只有高度模式为非贴地模式，才能对二维数据进行拉伸建模。

(3)在“风格设置”选项卡中的“拉伸设置”组中的“拉伸高度”下拉箭头内设置面对象被拉伸的高度，单位为米，这里输入数值 35。另外，“拉伸高度”组合框下拉列表中列出了该面数据集所包含的所有数值型字段，可以使用某个字段的数值作为相应面对象的拉伸高度。

(4)单击“拉伸设置”组中的“贴图设置”按钮，在弹出的“三维贴图管理”面板中可以设置面对象被拉伸为体对象后的顶面贴图和侧面贴图。

①单击“顶面贴图”组中“贴图来源”右侧的组合框下拉按钮，弹出的下拉菜单中列举了“ModelRegion”面数据集所包含的所有文本型字段的名称。如果数据集中某个字段存储了各个对象顶面贴图所使用的图片全路径信息，则可以通过指定该字段为顶面贴图字段，从而使各个对象使用自己的贴图。

②本实例中，我们使用统一的图片作为顶面贴图。因此，在弹出的下拉菜单中选择“选择文件”项，找到路径“D：\ Program Files \ SuperMap \ SuperMap iDesktop7C \ SampleData \ 3D \ ModelingAndAnalyst \ TextureFiles \ TopFile. jpg”。

③“侧面贴图”的设置方式与“顶面贴图”类似，这里同样采用统一的图片作为侧面贴图，即在“侧面贴图”组合框的下拉列表中选择“选择文件”项，找到路径“D：\ ProgramFiles \ SuperMap \ SuperMap iDesktop7C \ SampleData \ 3D \ ModelingAndAnalyst \ TextureFiles \ SideFile. jpg。”

(5)“三维贴图管理”面板中，“侧面贴图”和“顶面贴图”的“横向重复”、“纵向重复”均使用默认数值1；“重复模式”使用默认的“重复次数”模式，如图15-41所示。

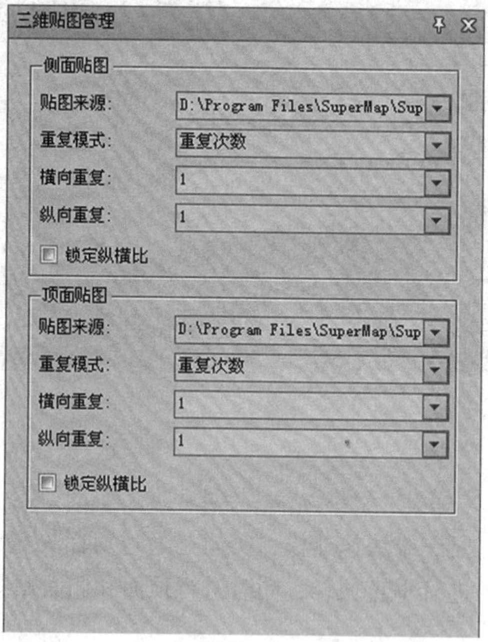

图 15-41

(6)另外，进入到功能区的“风格设置”选项卡中，在“填充风格”组中，修改该面图层的风格：设置“填充颜色”为白色(255，255，255)，“填充模式”为“填充”。

(7)设置完成后，浏览数据，调整到合适的观察视角，如图15-42所示。

3)保存场景

图 15-42

六、场景操作快捷键

快捷键	功 能 描 述
N	航向角复位
R	航向角及相机视角复位
F6	全球
F11	全屏显示
Page Up	相机拉近
Page Down	相机拉远
左箭头←或 A	向左移动
右箭头→或 D	向右移动
上箭头↑或 W	向前移动
下箭头↓或 S	向后移动
Alt+移动键	降低步长移动(速度降为原来的$\frac{1}{4}$)

续表

快捷键	功 能 描 述
Alt+鼠标中键	以鼠标点击点为中心进行旋转
Ctrl+左箭头←	以第一人称视角方式向左旋转
Ctrl+右箭头→	以第一人称视角方式向右旋转
Ctrl+上箭头↑	以第一人称视角方式向下倾斜视角
Ctrl+下箭头↓	以第一人称视角方式向上倾斜视角
Ctrl+鼠标中键	以第一人称视角方式调整场景方向倾斜角度
Shift+左箭头←或 Shift+A	场景中心点为目标逆时针旋转相机视角
Shift+右箭头→或 Shift+D	场景中心点为目标顺时针旋转相机视角
Shift+上箭头↑或 Shift+W	场景中心点为目标降低相机倾斜视角
Shift+下箭头↓或 Shift+S	场景中心点为目标抬高相机倾斜视角
Shift+鼠标中键	场景中心点为目标调整摄像机角度
鼠标中键	1. 当以常规方式浏览，若俯仰角<0°或>90°，或遇到地形不能继续调节时，会自动切换为第一人称方式浏览； 2. 当以第一人称模式浏览，按住鼠标中键拖动场景，逐渐减小俯仰角度，会自动切换为常规模式浏览
Ctrl++	飞行过程，加快飞行速度，即加速
Ctrl+-	飞行过程，减慢飞行速度，即减速
J	可将当前相机位置，作为一个新的观测点添加到当前飞行路线中

七、拓展练习

新建三维场景，加载二维面数据，根据其楼高属性值对面数据进行快速建模。

实验十六　海图模块

一、实验目的

(1)熟悉海图基本操作。
(2)掌握查看海图物标信息方法。
(3)掌握如何编辑物标属性信息。
(4)了解海图模块其他特性。

二、实验背景

海图，是一种以海洋水域及沿岸地物为主要绘制对象的地图，为航海的安全性提供必备的数据基础。海图主要分为普通海图和专用海图两类，本文档中提到的海图指的是电子航海图(ENC)，是专用海图的一种。

所谓电子航海图，是指在内容、结构和格式上均已标准化，专为电子海图显示与信息系统(ECDIS)使用而由政府授权的海道测量局发行的数据库。ENC 包含安全航行需要的全部海图信息，也可以包含纸质海图上没有的而对安全航行认为是需要的补充信息(例如航路指南)。

SuperMap GIS 海图模块提供了对海图数据打开、数据转换及海图显示的支持。海图数据转换包括数据的导入和导出功能。在数据导入功能上，海图模块支持基于 S-57 数字海道测量数据传输标准的海图数据(＊.000)的导入，一个＊.000 文件被导入 SuperMap GIS 桌面平台产品后，将同一幅海图数据集存储在一个数据集分组中，该数据集组中将包含不同类型的矢量数据集(点、线、面、属性数据集)。在数据导出功能上，海图模块支持 SuperMap GIS 格式数据的导出，每一个数据集组被导出为一个＊.000 文件。在海图显示功能上，SuperMap GIS 桌面产品支持基于 S-52 显示标准的电子海图的显示，即通过在地图中添加海图图层，并对地图的海图属性进行个性化设置，来实现海图的标准显示。

三、实验内容

(1)打开海图。
(2)查看海图物标信息。
(3)编辑物标属性信息。
(4)物标要素显示控制。
(5)删除数据集分组。

四、实验数据

SuperMap iDesktop 7C 安装目录 \ SampleData \ Chart \ Chart. smwu

五、实验步骤

1. 打开海图

打开海图有两种方式，在新窗口打开海图、在当前窗口打开海图。“开始选项卡”的“地图”下拉按钮的下拉菜单中的“在新窗口打开海图”和“在当前窗口打开海图”按钮提供了打开海图的功能。该功能只有在当前工作空间中存在海图数据时可用。

1)在新窗口打开海图

(1)启动 SuperMap iDesktop 7C 应用程序。

(2)打开路径：安装目录 \ SampleData \ Chart \ Chart. smwu。

(3)在工作空间管理器中选中要浏览的海图数据集分组，可以配合 Shift 键或 Ctrl 键同时选中多个数据集分组。

(4)单击“开始”选项卡的“浏览”组中的“地图”下拉按钮，选择“在新窗口打开海图”按钮，则新建一个地图窗口，同时，整幅海图显示在新的地图窗口中；或执行以下操作：

①右键单击工作空间管理器中的数据集分组节点，在弹出的右键菜单中选择“在新窗口打开海图”按钮，如图 16-1 所示。

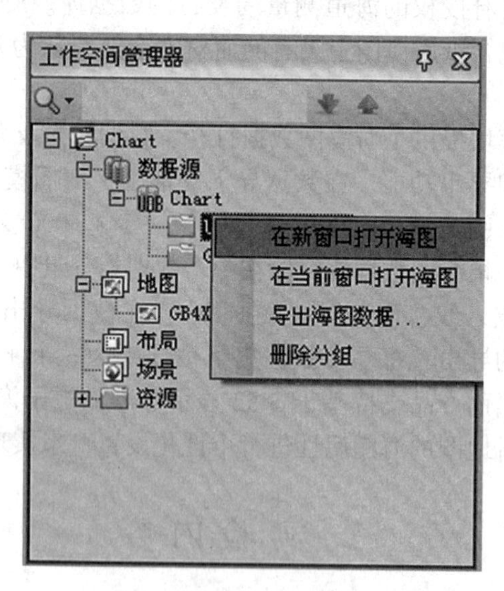

图 16-1

②双击工作空间管理器中的数据集分组节点，则海图在新窗口中打开。

2)在当前窗口打开海图

(1)在工作空间管理器中选中要浏览的海图数据集分组，可以配合 Shift 键或 Ctrl 键同时选中多个数据集分组。

(2)单击“开始”选项卡的“浏览”组中的“地图”下拉按钮，选择“在当前窗口打开海图”按钮，整幅海图显示在当前窗口中；或执行以下操作：

右键单击工作空间管理器中的数据集分组节点，在弹出的右键菜单中选择“在当前窗口打开海图”按钮，如图 16-2 所示。通过“在当前窗口打开海图”功能，将多幅海图在一个地图窗口中打开，可以实现多幅海图的追加。

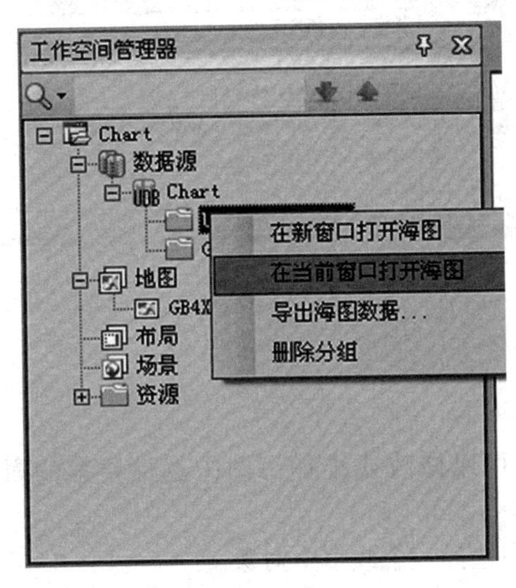

图 16-2

2. 查看海图物标信息

“物标信息”命令，用来显示当前海图窗口中选中的一个或多个对象的物标信息。物标信息包括基本信息和属性信息。其中基本信息包含物标简称、物标名称、物标长名、物标编码、物标类型、主物标长名、集合物标长名、几何对象类型、RCID 标识、机构简称、水深值。属性信息包含物标简称、属性编码、属性名称、属性字段值。

查看海图物标信息的操作步骤如下：

(1)在海图窗口中选择对象，使用 Shift 键或者使用拖框方式选择同时选中多个对象。

(2)在海图窗口中右键单击鼠标，在弹出的右键菜单中选择“物标信息”命令。

(3)弹出“属性”窗口，窗口中显示了选中物标的详细信息，包括物标的基本信息和属性信息，如图 16-3 所示。

(4)单击“属性”窗口左侧目录树中的“物标信息”节点下的任意一个节点，窗口右侧区域将显示该物标的信息，包括基本信息和属性信息。如果只想单独查看基本信息或者属性信息，可以单击收缩按钮，查看关注内容。

此外，系统提供物标信息的自动定位功能，当鼠标单击“物标信息”节点下的任意一个节点时，地图窗口会自动定位到该物标要素的位置，并在地图窗口中最大化显示该物标要素。

(5)过单击物标属性列表内属性右侧的字段值，可以对相应属性进行编辑。

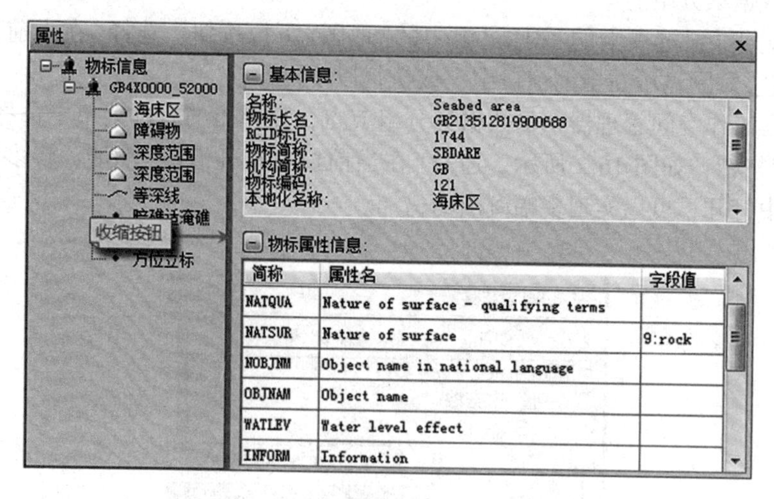

图 16-3

3. 编辑物标属性信息

编辑物标属性信息，可以修改或维护海图中物标要素的属性信息，具体操作步骤如下：

(1)在当前海图窗口中选择一个或多个对象。

(2)右键单击鼠标，在弹出的右键菜单中选择“物标信息”命令。

(3)在弹出的“属性”窗口中，在左侧目录树的“物标信息”节点下，选择需要修改属性信息的物标要素，此时，右侧物标属性信息列表内会列出该物标要素对应的所有属性信息。

(4)找到需要修改的属性信息，单击右侧“字段值”一栏，即可编辑该物标要素的属性。

4. 物标要素显示控制

“物标要素控制”窗口，用于控制当前海图窗口内物标要素的显示状态，包括“可显示”和“可选择”两种显示状态，前者控制物标要素是否可见，后者控制物标要素是否可以被选中，从而进行相关操作。

物标要素显示控制的操作步骤如下：

(1)打开海图数据。

(2)在功能区“地图”选项卡“属性”组，单击“海图属性”按钮，在弹出的海图属性窗口，点击“物标要素控制”按钮，即可弹出如图 16-4 所示的“物标要素控制”对话框，相关参数说明如下：

①工具条按钮说明：

- 按钮：全部选中列表框中的所有物标类型。
- 按钮：反选列表中的所有物标类型。
- 按钮：将对话框中所有的设置恢复到界面刚加载的情况，但对于搜索结果不起

图 16-4

作用。

②物标类型列表说明：

• 可显示：通过控制物标要素在当前地图窗口中是否可见。默认状态下，当前地图窗口中的所有物标要素均可显示。

• 可选择：用于控制物标要素在当前地图窗口是否能够被选中，从而可以对选中的物标类型开展进一步操作。默认状态下，当前地图窗口中的所有物标要素均可被选中。

• 物标类型：显示当前地图窗口内所包含的全部物标要素类型。

(3)在控制物标要素的显示方式时，用户可以选中某一物标类型，设置该物标类型的显示控制方式；也可以结合 Shift 键或 Ctrl 键选中多个物标类型，同时对其进行显示控制的设置。选中多个物标类型以后，在修改其中一个物标类型的显示方式时，其他被选中的物标类型会同时发生相同的变化。

(4)完成物标要素显示方式的修改以后，可以单击“物标要素控制”窗口右下方的应用按钮，在当前地图窗口查看修改效果。

5. 删除数据集分组

“删除分组”是用来将该海图数据集组从工作空间的数据集分组集合中删除的命令。删除数据集分组的操作步骤如下：

(1)右键单击工作空间管理器中的数据集分组节点，在弹出的右键菜单中选择“删除分组”按钮，如图 16-5 所示。

(2)选择“删除分组”按钮后，弹出提示对话框，提示是否确认删除数据集分组，如图 16-6 所示。

(3)单击“确定”按钮，则删除数据集分组，而且将其关联的数据一并删除，在输出窗口中显示所删除的数据集；单击“取消”按钮，则取消删除数据集分组的操作。

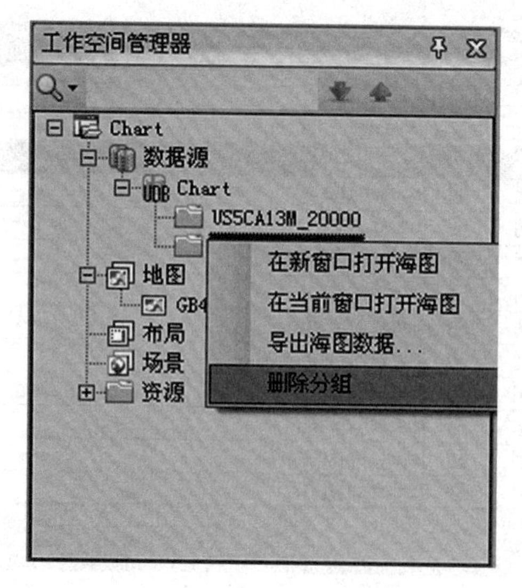

图 16-5

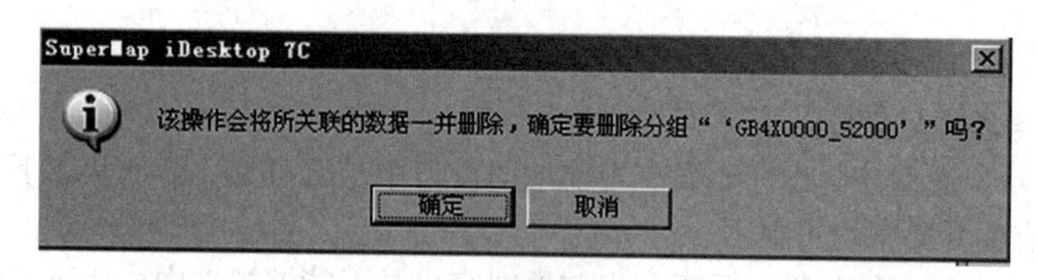

图 16-6

六、拓展练习

利用软件自带示范数据进行打开、查看、编辑等操作，熟练掌握海图数据操作流程，加深对海图模块特性理解。

参 考 文 献

[1]汤国安，杨昕，等．ArcGIS 地理信息系统空间分析实验教程[M]．2 版．北京：科学出版社，2012.

[2]郑春燕，邱国锋，张正栋，等．地理信息系统原理应用与工程[M]．2 版．武汉：武汉大学出版社，2011.

[3]宋小冬，钮心毅．地理信息系统实习教程[M]．3 版．北京：科学出版社，2013.

[4]吴静，李海涛，何必．ArcGIS 9.3 Desktop 地理信息系统应用教程[M]．北京：清华大学出版社，2011.

[5]吴秀芹，张洪岩，等．ArcGIS 9 地理信息系统应用与实践(上下册)[M]．北京：清华大学出版社，2007.

[6]段拥军，杨位飞．地理信息系统实训教程[M]．北京：北京理工大学出版社，2013.

[7]陆守一．地理信息系统实用教程[M]．北京：中国林业出版社，2000.

[8]罗年学，陈雪丰，虞晖，等．地理信息系统应用实践教程[M]．武汉：武汉大学出版社，2010.

[9]张正栋，胡华科，钟广锐，等．SuperMap GIS 应用与开发教程[M]．武汉：武汉大学出版社，2006.

[10]http://support.supermap.com.cn/.

[11]陈述彭，鲁学军，周成虎．地理信息系统导论[M]．北京：科学出版社，1999.

[12]龚健雅．当代 GIS 若干理论与技术[M]．武汉：武汉测绘科技大学出版社，1999.

[13]胡鹏．当代地理信息系统教程[M]．武汉：武汉大学出版社，2001.

[14]黄杏元．地理信息系统概论[M]．北京：高等教育出版社，2001.

[15]李德仁，龚健雅，边馥苓．地理信息系统导论[M]．北京：测绘出版社，1993.

[16]刘南．地理信息系统[M]．北京：高等教育出版社，2002.

[17]刘耀林．地理信息系统[M]．北京：中国农业出版社，2004.

[18]汤国安．地理信息系统原理和技术[M]．北京：科学出版社，2004.

[19]邬伦，刘瑜，张晶，等．地理信息系统——原理、方法与应用[M]．北京：北京大学出版社，2001.

[20]吴立新．地理信息系统原理与方法[M]．北京：科学出版社，2003.

[21]吴信才．地理信息系统原理与方法[M]．北京：电子工业出版社，2002.

[22]朱光，赵西安，靖常峰．地理信息系统原理与应用[M]．北京：科学出版社，2010.

参考文献